听南怀瑾讲最具影响的人生哲理课

赵文池◎编著

中國華僑出版社

图书在版编目（CIP）数据

听南怀瑾讲最具影响的人生哲理课/赵文池编著．—北京：中国华侨出版社，2011.6

ISBN 978-7-5113-1403-1

Ⅰ.①听… Ⅱ.①赵… Ⅲ.①南怀瑾—人生哲学—通俗读物 Ⅳ.①B26—49②B821—49

中国版本图书馆 CIP 数据核字（2011）第 075370 号

●听南怀瑾讲最具影响的人生哲理课

编　　著／赵文池
责任编辑／棠　静
责任校对／李向荣
装帧设计／天下书装
经　　销／新华书店
开　　本／710×1000 毫米 1/16　印张 /18　字数 /259 千字
印　　刷／北京忠信诚胶印厂
版　　次／2011 年 6 月第 1 版　2011 年 6 月第 1 次印刷
书　　号／ISBN 978-7-5113-1403-1
定　　价／32.00 元

中国华侨出版社　北京市朝阳区静安里 26 号通成达大厦 3 层
邮编：100028
法律顾问：陈鹰律师事务所
编辑部：（010）64443056　64443979
发行部：（010）64443051　传真：（010）64439708
网　址：www.oveaschin.com
E-mail：oveaschin@sina.com

前言

每天面对着滚滚而过的车流，你有没有从心里产生了一种厌烦？每天看着那么多做不完的工作，你是不是觉得生活真的很没有意思？每天看着别人的笑脸，你有没有想过自己为什么会那么地不快乐呢？

我们每天的生活都是平淡的，我们的工作都是重复的，我们的日子在这样日复一日的学习、工作、烦躁中度过了，你有没有觉得很遗憾？其实换个角度想想，也许我们的生活是平淡的，但是这样我们过得很舒坦；也许我们的工作是重复的，但是我们每天的生活却是新的。日子是重复的，心情却可以每天不同；生活是枯燥的，但是每天的太阳都是新的。

1918年出生的南怀瑾先生，现在已经是一位93岁高龄的老人了。他是我国的国学大师，是中国传统文化的积极传播者，也是儒释道思想方面的专家。这位高寿的老人曾经吃过很多的苦，也走过不少的弯路，当然他的人生也留下了遗憾。但是在这么多年的生活当中，他积攒了很多的智慧，并把这些智慧和我们分享。

他是个传奇的老人，他有着传奇的一生。他年轻的时候习过武，后来也参过禅，精通中国古代文化。他做过的善事很多，他的学生桃李满天下，他受人尊敬，谦卑待人。

南怀瑾先生的智慧对人的一生有很大的启发意义。因为他的智慧来源于古代的文化，也来源于自己的生活和亲身经历。

读懂了南怀瑾先生的智慧，就读懂了人生，就能够在繁华喧嚣中保持一颗安宁的心；就能在烦躁中获得一种平静；就能在看透生命之后获得一种洒脱；就能领略人生的美好；就能在人生的十字路口做出属于自己的最正确的决定。

在阳光暖暖的午后，让我们沏一壶清茶，手捧一本智慧之书，开始一段不同寻常的人生之旅吧。

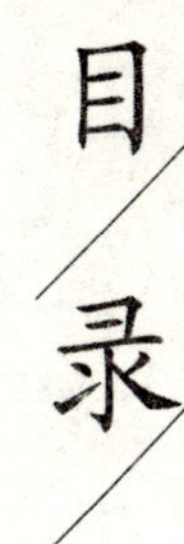

目录

第一章　要想做事先学做人

一介布衣，言有物，行有格，贫贱不移，宠辱不惊。南怀瑾先生用一面心镜，映照着过眼的云烟，无常的聚散。虽不敢说纤毫必显，但确实并不迟钝。欲观人，先观己；欲立事，先立人。普天之下，谁敢放肆地说自己已懂得做人。

第二章　追求一个幸福的人生

人生，是世间最平凡的不凡之作。它的平凡显现在其普遍性上，每个人都有属于自己的人生路，它是世间最平常的存在。人生又是不凡的，它各具特色，承载着不同人的不同梦想，一路前行。

每个人的人生都只有一次，同样每个人的人生都不可能完美，但是我们可以努力将自己的人生过得幸福。就像曲子一样，动听的曲子都有自己的曲调。对个人而言，这既是一种遗憾，又是一种希望。遗憾的是，人生中有很多的美丽不能尽享。而希望在于，在这种遗憾中仍然有幸福存在。

第三章　为人处世的哲学

“尽人事以听天命”是中国古人就有的智慧。现代人常说，重过程不重结果，其实表达的也是相同的含义。很多时候，人生之事根本无法辨清是非对错，尤其是处在人生低谷的时候，更无法用常理判断事情的发展动向。这时要想保持一颗平常心，不为忧愁和烦恼所累，强求和妄为都不是正确的选择。只有用“尽人事以听天命”开解自己，一边努力创造新的形势，一边在旧环境中等待时机，才是真正的智者所为。

第四章　学习是一个人前进的动力

学海无涯，他一直纵舟其中；书山有路，他一直以书籍为台阶进行攀登。治学，南怀瑾先生从来都是不遗余力地全身心投入；做人，他亦勤勤恳恳，不肯有丝毫怠慢。唯有学习才是我们前进的动力。

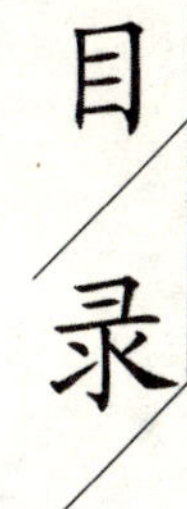

目录

第五章　朋友是一路前行的支持者

“相识遍天下，知己有几人”。朋友就是成功时为你喝彩的那个人；失败时默默安慰你的那个人；快乐时一起分享的那个人；也是痛苦时握住你的手的那个人。人生一路上芳华散落，朋友是你永远的支持者。

第六章　把握自己，找对方向

人生是一场赛跑。不过这场赛跑可以自己定终点，胜利的奖品是自己的心灵。看清自己，再看准目标，你就会在人生的赛场上一路领先。

第七章　如何做个好的领导者

一个优秀的领导者应该具备什么样的品格？一个优秀的领导者又是如何搞好和下属的关系呢？借助南怀瑾先生的智慧，教你如何成为一个受人爱戴和尊敬的领导者。

第八章　孝敬父母是儿女应做的

人生最大的痛苦莫过于“子欲养而亲不待”。父母是我们的第一任导师，是照亮我们人生路的灯塔。他们把自己所有的爱都给了自己的孩子，任凭世事变迁，任凭年华老去。作为儿女，我们最应该做的就是孝敬父母。

目录

第九章　面对困难，让它助你成长

困难犹如船上的帆，带你驶向成功的彼岸；困难犹如一双翅膀，带你飞向成功之巅。没有人喜欢困难，但它却是助你成功的动力；没有人喜欢困难，但是它却不断地拉近你与成功的距离。走出困难，原来成功离你并不遥远。

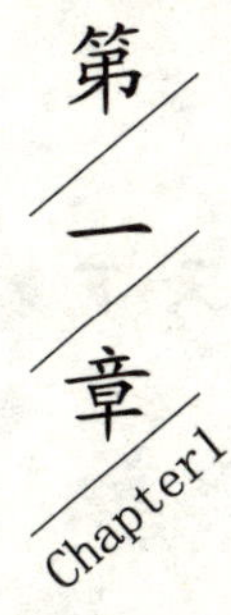

要想做事先学做人

一介布衣，言有物，行有格，贫贱不移，宠辱不惊。南怀瑾先生用一面心镜，映照着过眼的云烟，无常的聚散。虽不敢说纤毫必显，但确实并不迟钝。欲观人，先观己；欲立事，先立人。普天之下，谁敢放肆地说自己已懂得做人。

做人是天下第一的学问

大师语录

学问不是文学，文章好是这个人的文学好；知识渊博，是这个人的知识渊博；至于学问，哪怕不认识一个字，也可能有学问——做人好，做事对，绝对地好，绝对地对，这就是学问。

人格教育、学问修养是贯穿一生的。所以社会除了政治、财富力量以外，还有独立不倚、卓尔不群的人格、品格修养，作为社会人心中的中流砥柱。

学问则是一生的事，学问不是知识，做人做事都是学问。

点亮智慧

南怀瑾大师不仅是一名学者，对于知识有自己的见解；他更是一名“隐者”，他的一生能在各种复杂的社会环境和人际关系中进退自如。他不仅知道如何去做好学问，更深知如何去学好做人这门学问。

常言道：“做人难，难做人”，可见，做人也是一门学问，而且是一门不太好学的学问。南怀瑾先生认为：做人好，做事对，绝对地好，绝对地对，这就是学问。他推崇做人之道，认为做人是天下第一的学问。

所谓的学问和知识是不同的。文章写得好只能代表你个人文学好；你知识渊博，也只能说明你广闻博见，知道的比别人多而已。知识多数都是从书本里学来的，或者是从老师那里教授出来的，是死板的，是平面的。而学问则是你一生都要学的事，是立体的，是生动的，是要不断学习的。知识就是一个工具，运用这个工具我们可以很快地到达成功的彼岸，但是学问确实告诉我们应该如何去运用这些工具。只有工具而不会运用的人，徒有工具；而懂得如何运用工具的人，即便没有工具，也可以凭借工具的原理创造出工具来。一个没有知识的人并不代表他没有学问，他做人做得好，做事做得对，和别人的关系都很好，就说明他学问学得好。

其实，学问就是一个人的文化修养。有知识的人普遍具有较高的文化水平，但是文化水平并不一定和个人修养、个人道德水平成正比。没有知识而有学问的人，会自觉地学习知识，用所学的知识为自己的国家，为自己的小家作出贡献。而有知识没有学问的人，他们对某些方面极为精通，如果造福于社会，是社会之幸；如果把平生所学用于邪路，将是社会之害。

2007 年初，熊猫烧香的病毒致使许多电脑瘫痪无法正常工作，给广大的电脑用户带来了不小的损失。而熊猫烧香的作者是一个 25 岁的年轻人。可以说他是计算机病毒方面的精通者，但是知识丰富而缺少学问的他却走了一条危害别人的道路，而他最后也受到了应有的惩罚。

那么我们要怎样学习做人的学问呢？其实，处处留心皆学问。尺有所短，寸有所长，每个人都有自己的长处和自己的短处。看到别人的长处，虚心学习；看到别人的短处，就要反省自己有没有同样的错误。随时随地地思考，反省自己的行为，每时每刻提升自己，这就是学问。

学问还是一门综合学科，是一种人生的态度，是一种心境，是一种感悟。学问是和别人交往时的以诚相待；学问是对别人永不欺骗的诚实守信；学问是路见不平的拔刀相助；学问是遇到难题时的灵活机动。学问是要我们学习人类所拥有的一切美德，学问是提高个人修养的大厦基石。

有学问的人，都能处理好人和人之间的关系。对待父母，他们知道关心疼爱，知道乌鸦反哺；对待伴侣，他们好好地珍惜与爱护，小心翼翼维护这个用爱连接起来的家；对待上司，他们尊重他，把他视作自己学习的榜样；对待同事，他们友善有加；对待朋友，他们珍惜来之不易的友情。

做人是一门学问，南怀瑾先生所言甚是。一个有知识而无学问的人

要比一个有学问而无知识的人更加地可怕。我们的社会要发展，我们的理想要实现，我们的人生要想获得成功，这一切的开始都应来源于对于学问的学习。所以我们应该扎根于生活，从生活中的日常小事做起，学习做人的学问，不断提高个人的素质和修为，做一个有知识、有学问之人。

难得糊涂的学问

大师语录

绝顶聪明的人，不是故意装糊涂，而是把自己聪明的锋芒收敛起来，而转进糊涂，这就更难了。吕端就是一个绝顶聪明的人，他知道对什么事该聪明，对什么事该糊涂，这对一个官场中人来说实是难得。

清朝名士郑板桥，说过几句很了不起的话："聪明难，糊涂亦难，由聪明而转入糊涂更难。放一着，退一步，当下心安，非图后来福报也。"

点亮智慧

南怀瑾先生所说的吕端是北宋人，他是北宋一代名相，他是"小事糊涂大事不糊涂"的典型。吕端才华出众，受到宋太宗的赏识。宋太宗想任命吕端为宰相，但当时有人说吕端糊涂，而宋太宗却反驳说："端小事糊涂大事不糊涂"。确实，吕端为人旷达，对关于个人利益的一些事情从来不会计较，这确实有些"糊涂"，但是对于大事，吕端坚决果断，深谋远虑，这就不难看出，吕端其实并不"糊涂"。

"难得糊涂"是很多人都比较信奉的处事原则，这也是南怀瑾先生比较赞赏的一种处世原则。一个人的聪明才智是很容易表现出来的，也可以被很多的人所效仿，但是这种难得糊涂的"糊涂"却并不是每个人都能学得来的。

“难得糊涂”是一种处世态度。对于很多的人而言，做到聪明和智慧是容易的。但是聪明处世总是会招来很多人的嫉妒。一个聪明的人难免会锋芒毕露，难免会引起众人的关注，也就很容易成为大家攻击的对象。而一个表现愚笨的人则正好恰恰相反，他不会成为人们关注的焦点，不会引起人们的注意，因此就可以过自己安宁自在的生活。

糊涂和聪明一样，是为人处世的一种方法。方法无所谓好坏，要看人怎么去运用它。懂得如何运用糊涂的人必然是聪明人。而聪明的人学习一点糊涂的处世方法，对自己则只会有利不会有弊。对一些琐碎的事情，一些非原则性的事情，糊涂一点。对于一些小细节的矛盾则更要糊涂一点，大事化小，小事化了，更何况是一些小细节。难得的“糊涂”为自己的心灵腾出了更多的空间，不去计较什么得和失，随之而来的烦恼自然就会减少了。聪明是智慧的表现，而“糊涂”更是聪明的体现。与人相处最可贵的就是把“糊涂”和聪明结合起来，该聪明时聪明，拿出自己的智慧，该糊涂时糊涂，藏起自己的锋芒。

一个人一直聪明于世很简单，一个人一直糊涂于世也不难，难的是聪明的人把自己聪明的锋芒收敛起来，转而糊涂。难得糊涂是一种智慧的体现，是一个人对社会洞悉所有后，最明哲保身的做法。

春秋时期卫国一位很有名的大夫叫做宁武子，他曾经历经卫文公到卫成公两朝。《论语·公冶长》上说：“宁武子，邦有道则智，邦无道则愚。其智可及也，其愚不可及也。”也就是说，宁武子这个人，在国家繁荣太平时期他就是个聪明绝顶的人，而在国家混乱之时，他就变得愚笨不堪。但是，就是这个在卫文公时期是“第一聪明人”，而在卫成公时期“愚笨不堪”的他却凭借自己“糊涂”的本领安然度过了两个局面完全不同的王朝。所以可以看出，他的聪明是真聪明，但愚蠢却是假愚蠢。

糊涂在日常生活中可以让内心波澜不惊，好好享受生活；糊涂动荡的年代又可以使人明哲保身；糊涂让你在回首自己的一生时欣慰微笑；糊涂可以在让你与人交往过程中获得一个好的人际关系。对待别人的小错糊涂一点，既显得自己大度，又给别人以改正的机会；对待朋友糊涂

一点，就会让友谊之花开得更久；对待生活糊涂一点，就会让自己的烦心事少了不少。何乐而不为呢？放下那些困扰你的琐事，做一个糊涂而又快乐的人。

随着年龄的增长，阅历的丰富，我们会逐渐地发现，我们原本以为那个完美的世界其实存在着太多的不完美。所以我们只能学会用浊眼来看现实的世界。有些事情不需要我们去计较，有些事情不值得我们去计较，该糊涂的时候就糊涂，即使不糊涂也要适当装糊涂。这样我们便能在繁华而又喧嚣的世界中保持一颗平静的心。

曲线是世界上最近的距离

大师语录

老子把我们老祖宗传统文化的原则抓住，指出做人处世与自利利人之道——“曲则全”。为人处世，善于运用巧妙的曲线，只此一转，便事事大吉了。

“曲成万物而不遗。”注意这个“曲”字，是非常妙的。老子有一句话“曲则全”，告诉我们不要走直路，走弯路才能全，处理事情转个弯就成功了。如小孩玩火，直接责骂干涉，小孩跑了，但用方法转个弯，拿一个玩具给他，便不玩火了。这是“曲则全”。老子这个“曲”字的原则，也是从《易经》这里来的，孔子也发现这个道理。现代科学也证明，到了太空的轨道也是打圆圈的，所以万物的成长，是需要走曲线的。人懂了这个道理，就知道人生太直了没有办法，要转个弯才成。现在讲美也讲求曲线，万事万物，都没有离开这个原则。

点亮智慧

在几何学中，两点之间最短的距离是直线，但是在人和人的交往中，最短的距离却是曲线。老子说："曲则全"，这是老子告诉我们不要一直走直路，走弯路才能全。处理事情也是一样，拐个弯儿事情可能也就迎刃而解了。从自然界来看，我们所处的宇宙是曲线的，是圆的；大江大河要汇入大海，走过的路也是弯的；植物生长也不全是笔直地长高，尤其是藤蔓植物；人造卫星上天轨道也是一个圆形，不是直线。其实"直"也就是把一个圆切断拉开形成的，不过是曲线的一种特殊形式。南怀瑾先生说：为人处世，善于运用巧妙的曲线，只此一转，便事事大吉了。其实这句话要告诉我们的就是一种为人处世的艺术，就是说凡事要讲求婉转的美。

就拿批评别人这件事情来说，如果你直接说出这个人的缺点，可能你是好心，但是由于你的话太直白，没给对方留面子，对方很可能就不会接受你，反过来还有可能说你一顿。南怀瑾先生有个朋友，其为人心直口快，经常因为批评别人的缺点而把别人给得罪了。有一次办公室没有其他人，南先生把他请进来，送给了他两句话："扬善于公堂，规过于私室。"然后说，你和你妻子最大的不同就是，你妻子做每件事情的出发点都是为别人好，去帮助别人，即使是她批评或指责了别人，别人还是会心存感谢。你虽然最后的目标和你妻子是一样的，但是你的出发点却不同，你总是认为别人做得不好，所以你自己一定要做好，你是不服气，所以你做起来也辛苦。你的做法是儒家所谓的"中流砥柱"，而你妻子的做法是道家所谓的"顺其自然"，也就是她会顺势，知其力，用其势。在对这位朋友进行批评的时候，南怀瑾先生并不是上来就说他的做法哪里有问题，而是拿他和他的妻子做比较，指出他们做法的不同和最后结果的不同。在批评中虽然没有什么直接批评的话，但是却很好地指出了对方的错误和缺点。这也就是一种委婉的"曲线"批评法。而朋友听完南怀瑾先生的话之后觉得非常中肯，所以就愉快地接受了这些批评。

有些事情我们不能选择最简单的途径走，即便是选择了最简洁的途径，这件事情未必会圆满地完成。这个时候我们不妨换一种解决问题的方法，看起来似乎绕了远，但是我们却可能最后成功了。

记得有一个故事，讲的是一个计算机博士在美国找工作，他奔波数日仍然没有一家公司愿意录用他。在万般无奈之下，他只好来到一家职业介绍所，以最低的身份做了登记。很快接到职业介绍所的通知，有一家公司录用了他，职位是程序输入员。这个工作对一位计算机专业毕业的博士来说实在是太简单了，但是他却答应了下来，而且特别珍惜这份来之不易的工作。他干得很投入，也很认真。不久之后，这家公司的老板发现这个小伙子和其他的程序输入员不一样，因为他能察觉出别的程序输入员察觉不到的问题，是一个很有能力的人。此时，他亮出了自己的学士证书，老板给他换了一个相应的职位。又过了一段时间以后，老板发现这个小伙子能提出许多比一般大学生高明很多的独特见解和建议。此时，他亮出了硕士证书。老板又给他换了一个相应的职位。半年之后，老板发觉他能解决实际工作中遇到的所有技术难题，于是邀他晚上去家中喝酒。在老板再三盘问下，他承认自己其实是一名计算机专业的博士。因为四处奔波一无所获，才隐瞒了自己的博士学位。等到第二天上班，博士证书还没有出示，老板就已经宣布他担任公司副总裁了。

可见这个计算机博士是一个深谙“曲线”处世之道的人。曲线处世的内涵是丰富的。变通，灵活，低调，适度的退让，适度的妥协，隐藏，隐忍等等。人生在世，善于运用这些曲线，正是为了我们可以不折不屈。其实，弯曲是一种生存的智慧，弯曲也是一种处世的心态。

人生一路沟沟坎坎，曲曲折折，不知道什么时候我们就会背负巨大的压力。所以我们就要学会“弯曲”的心态，学会任凭三尺大雪压不垮一寸灵松的弯曲智慧。当松树的枝条承受的雪的重量很大的时候，它们就会弯曲，把自己身上的重量卸掉一部分。而松枝却能完好无损。人们在背负巨大压力的时候，就要像松枝那样，卸掉一部分的重量，以保护自己不受伤害。人们在矮檐下，低一低头是为了以后更好地昂首挺胸；人们在困难面前退后一步，是为了在跨越困难时积攒更多的力量。学会弯曲的处世态度，很多的事情也就自己释然了。弯曲和懦弱不是对等的，弯曲是一种智慧，是一种心态。

弯曲让我们拥有了更为广阔的飞翔的天空，弯曲让我们的生命更加地坚强，弯曲让我们有了更多面对困难的勇气和智慧。学会“曲”的智慧，人生旅途方可游刃有余，我们才能走得更加稳健，走得更远。

方圆有度

大师语录

“德厚信矼”，人很容易犯这个字的毛病，尤其知识分子，受了教育有了知识，把道德的规范看得很严重，根基深厚。“信”就是自信太强。佛学中有五种见，见就是观念，有一种叫戒禁取见，自己牢牢地立了一个戒条，认为违反了这个戒条就不符合道德。许多人的道德修养很好，所谓方刚的人，很方正，很刚强，觉得道德是不能碰的，方者就是方者，圆者就是圆者。道理讲得非常对，可是他实在是“未达人气”，对人生的气味，生命的气息都不懂，他自己虽然也是个人，但不通人情，不懂得做人的道理。

点亮智慧

方与圆是做人的智慧，也是做事的智慧。南怀瑾先生就是一个懂得方圆之道的大家。“和若春风，肃若秋霜；取象于钱，外圆内方”是黄炎培写给儿子的话，他希望自己的儿子可以做到方圆有度，就像内圆外方的铜钱那样。掌握了这方与圆的智慧，则掌握了做事的全部技巧。

方是从做人方面来讲的。方指的是一个人做事应该有自己坚持的原则，要表里如一，有做人的骨气和品格。身为官员就应该在其位谋其政，就要奉公守法，不能为了自己一点点的利益而损害了别人的利益。东汉时期有个颇为让人称赞的清官叫做杨震，他在调任为东莱太守，去东莱上任的时候，路过冒邑。冒邑县令王密是他荐举的官员。王密听说杨震

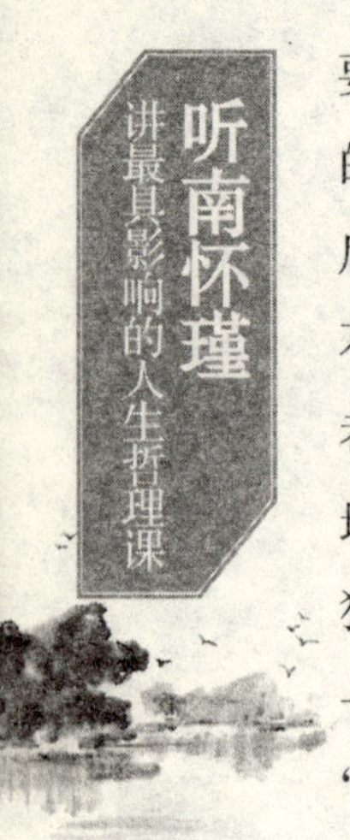

要来，晚上带了金十斤悄悄去拜访杨震。王密送这样重的礼，是有缘由的。一来是想对杨震的荐举表示感谢，二来是想通过贿赂杨震希望他日后对自己多加关照。但是杨震当场拒绝了这份礼物，说："故人知君，君不知故人，何也?"王密以为杨震的客气是装出来的，便说："暮夜无知者。"这句话的意思是说，晚上没有人知道啊！杨震很生气，说："天知、地知、你知、我知，怎说无知?"王密觉得羞愧难耐，只得带着礼物，狼狈地回去了。这就是杨震的"方"。身为国家官员，理应廉洁奉公，造福一方百姓，怎么能因为一己之私利而收受别人的贿赂呢？这就是官员之"方"。

方圆之道同样适用于商人。商人经商贵在一个"诚"。这个"诚"字即是商人的"方"。虽然商场如战场，虽然也有很多的商家为了蝇头小利做一些损人利己的事，但是到头来，这样的商家亏的不只是钱，还有自己的信誉。而那些以诚信为本的商人，找他做事的人多，生意也多，何愁没有顾客，没有钱赚呢？乔致庸是历史上以"诚"经商的商人代表。他经常告诫儿孙，经商处世要以"信"为重，其次是"义"，不哄人、不骗人，第三才是"利"，不能把利放在首位。因此乔家的大德通、大德恒两大票号活跃在全国各大商埠及水陆码头，实现了他汇通天下的理想。正是由于他以信为重，把握人生准则的"方"，他才成为了历史上富甲一方的商人。

方就是要每个人把握自己做人的准则。没有自己行为准则的人在这个社会上也很难立稳脚跟，而且很容易走上歧途，留下终身遗憾。

圆是从为人处世来说的。圆就是要我们为人处世做到细致、周到、谨慎，就是要把事情办圆满了。圆是做人的大智慧，并不是每个人都可以做到的。但凡做到圆的人必然是有着大智慧，能够真正自立自强的人。

我们所说的"圆"不是圆滑的圆，也不是左右逢源的"源"。这里所说的圆是一种面对弱小不咄咄逼人的圆，是一种面对强大不随波逐流的圆，是一种处处为别人考虑的圆，是一种能够让你和别人融洽相处的圆。这个圆是一种圆融，是一种善良，是一种大智若愚的智慧，是一种心智

的成熟和健全。

要做到圆就有很多的牺牲。每个人都会因为一些事情而把自己的锋芒、把自己的棱角收敛起来。做事情要讲规矩、讲原则，有些事情我们不能做，有些事情我们又不能不做，有些事情我们要做出艰难的取舍。有些事情应该去做，但是一旦去做就会得罪很多的人；而有些事情我们不该去做，一旦去做我们又对不起自己。有时候我们在做一件事情，这件事情可能是从长远来说是对大家有益的事情，而现在却不被很多人理解，所以我们也就会难免被人误解。在这个时候我们只能选择牺牲小我，去履行那些神圣的职责。不去管旁人的误解。

古人说：天圆如张盖，地方如棋局。我们都知道其实宇宙是无边无际的，地球也是一个圆球体，这句话放到现在来讲是错的。但是这句话却从另外一个角度阐述了古代人的世界观和人生观。人应当如同我们广阔的宇宙一样，内方外圆。

人要想获得发展，只能从两方面入手：一个是向内的发展；一个是向外的发展。向内的发展就要求我们坚持“方”的原则。自己的所作所为应该符合“方”的标准。向外发展就是说我们在人际关系的相处方面应该有“圆”的原则。试想，如果每个人在和别人的交往过程中都以锋芒示人，我们又如何去和别人合作，又如何获得人生的成功呢？而每个人都以“圆”为原则，圆的周围是光滑的，这样人和人之间就会少有摩擦，大家生活也就更加和谐了。

方和圆是做人的智慧，是做事的智慧。但是凡事都有一个度。做人要讲究方圆，但是过分地讲求原则，那么这个人就让人觉得教条而又执拗，没有人亲近。而如果一个人做事没有自己的原则，那么后果可能会更不堪设想。为人做事，一定要把握好度，尽量走中庸之道，凡事给自己留一条后路，这样才能进退自如。

懂得方圆智慧的人，给别人留出一份自在，给自己留出一份逍遥。心中无事，天地自宽。凡事鱼与熊掌不能兼得，何必费心劳神，机关算尽？

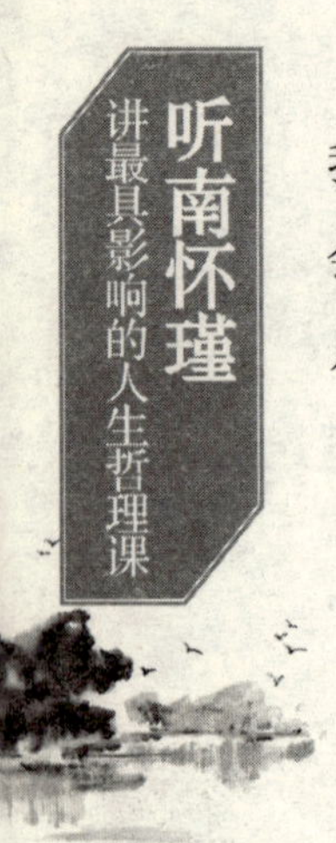

方和圆的智慧教会我们用另外的一种眼光去看待我们的世界，看待我们身边的人，当我们用另外的一种思维去思考我们的世界的时候，你会发现其实这个世界没有那么多的烦心事，也没有那么多不尽如人意，只是我们没有懂得如何去看待这个活生生的世界而已。

低调做人

大师语录

凡有才具的人，多半锋芒凌厉，到不得势的时候，一定受不了，满腹牢骚，好像当今天下，舍我其谁？如果我出来，起码可比诸葛亮。有才具的人，往往会有这个毛病，非常严重！

我们看到许多朋友，个性非常倔犟，人又很清高，但是这样性格往往锋芒太露，不但伤害了别人，同时也伤害了自己。

每个人的境界，知识境界，比量不同，看法不同，不过自己看自己，却都像那个小鸟一样，觉得很不错，刷拉一声，跳到那棵树上了，这有什么了不起啊！每个人都是这样的看法。我们拿个镜子来看一看，每个人都是愈看自己愈漂亮，愈看愈像样子，看看别人都不如我，看看自己真可爱，没有一个人讨厌自己的。

点亮智慧

南怀瑾大师这两段话讲了两种不同的人，第一段话讲的是锋芒毕露的人，第二段话讲的是自视甚高的人。这两种人都有一个共同点，就是他们都觉得自己很不错，有很多的学问，很强的能力，别人就应该对我另眼相看。但是这两种人又是不一样的，第一种人恃才傲物，但可能也会有真学问；到了第二种人，他们则是自己把自己看的过于强大，而实际上真的没自己认为的那样优秀。这两种人在生活和工作中都犯了一个共同的错误，就是违背了低调做人的原则。

说低调做人是做人的原则，是有原因的。俗语说得好，枪打出头鸟，出头的椽子先烂。有真才实学而又四处炫耀的人，必然首先成为人们关注的焦点，总免不了被有些人嫉妒。在竞争的社会环境中，你也就必然成为了人家的目标。如果低调做人，虚心向别人学习，不仅会赢得别人的好感，而且还能不断地充实自己的知识。是金子总会发光，即便是你有意遮盖自己的光芒，总有一天你也会得到别人的重用。山是无言的，但是山的高度人们有目共睹；海是无语的，但是海的深度却不可测量。而那种没有才学还把自己看得很高的人，不仅不会赢得别人的尊重，还会让别人厌烦你。

南怀瑾先生是一个为人低调的人。在20世纪70年代，南怀瑾曾在台湾辅仁大学教授《易经》课程。每次南先生讲课时，除了教室里坐得满满当当的学生，窗外还有很多慕名前来听课的人。但是一年之后，南先生主动把课程停了下来，而他自己的解释是：正因为课程太受学生欢迎，所以不能讲了，为了避免造成别人的不愉快和难过，自己应该急流勇退，以免他日遭忌，反而不妥。这种担心看似多余，其实却不无道理。他的学生在台湾一所学校任教后，向另一位文史哲的教授建议聘请南先生来学校任课。但这位教授却说：如果请南先生来教孔孟学说，当然是一流的教授；如果讲道家的学术，南先生也很精通；如果是讲禅宗，那更是他的老本行；所以说，请了他来，我们这些老师恐怕就失业了，到时到哪里讨饭吃呀？

或许这只是教授开的玩笑，但也指出了其中的利害关系。或许对于这一点南先生早已知晓，所以再有大学邀请，他也只接受研究所的约聘，指导几个博士生。博士生人数少，一般不会出现这类问题。更何况，博士生可以前往他的住所就教，就更为简单了。

有真本事的人才更加地低调。因为他们明白“山外有山，人外有人”的道理。低调做人也是做人的一种境界。低调的人会忘记以前的荣耀，会虚心向别人学习，从而取得更大的成就。居里夫人是世界上著名的科

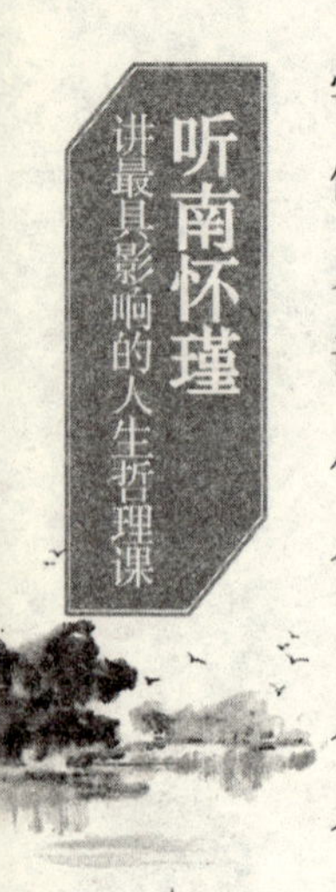

学家，她曾经发现了放射性元素镭和钋，还曾经两次获得了诺贝尔奖。但是她对这些名誉丝毫不在意。有一次，她的一个朋友来她家做客，看见她的小女儿正在玩英国皇家学会刚刚颁发给她的金质奖章。于是很惊讶地问，你怎么能给孩子玩这个呢？居里夫人只是笑笑说，我想让孩子从小就知道荣誉只是玩具，只能玩玩而已，不能看得太重。如果居里夫人过于看重这些所谓的荣誉，很难想象她可以取得如此大的成就。

越是没有真本领的人越是觉得自己了不起，就越是傲慢。这也就是人们所说的"一瓶子不满，半瓶子咣当"。越是傲慢的人，越不能接受别人的建议，也就失去了自我提高的好机会。

傲慢其实就是傲气、轻慢之意。它时常和偏见是联系在一起的。傲慢的人总是不能清楚地认知自己身上存在的缺点，而且听不进去别人的意见。看待事情的时候只是以一种高傲的态度去看待一切，看待事物自然就难免偏颇了。如果这种傲慢的态度用在了行军打仗中，那么必输无疑了。

楚汉相争时，项羽手下大将龙且奉命日夜兼程向东进入齐地，救援齐王田广。韩信此时正要向高密进军，听说龙且兵到，遂召见曹参、灌婴二将，嘱咐他们要智取，不能和龙且硬拼。然后命令部队后撤三里，选择险要的高地安营扎寨，按兵不动。

龙且以为韩信怯战，想渡河发起攻击。属下向他建议说："齐王田广数万，部队已经吃了败仗，又都是本地人，顾虑家室，容易逃散；他们溃逃，我们也支持不住。韩信来势很凶，恐怕挡不住。最好是按兵不动，暂不与他正面交锋。汉兵千里而来，无粮可食，无城可守，拖他们一两个月，就可不攻自破了。"

龙且心高气傲，目空一切，他连连摇头道："韩信不过是一个市井小儿，有什么本领？听说他少年时要过饭，钻过人家的裤裆。这种无用之人，怕他什么！"

副将周兰上前进谏道："将军不可轻视韩信。那韩信辅佐汉王平定三秦，平赵降燕，今又破齐，足智多谋，还望将军三思而行。"

龙且把手一摆，笑着说：“韩信遇到的对手，统统不堪一击，所以侥幸成功。现在他碰上我，他才晓得刀是铁打的，我管教他脑袋搬家！”

当下龙且派人渡水投递战书。

为准备决战，韩信命军士火速赶制一万多条布口袋。黄昏时分，韩信召部将傅宽授予密计：“你带兵各自带上布口袋，偷偷到潍水上游，就地取泥沙装进口袋里，选择河面浅窄的地方堆上沙口袋，阻挡流水。等明天交战时，楚军渡河，我军发出号炮，竖起红旗，即命兵士捞起沙口袋，开闸放水，至要至要！”

韩信命众将今夜静养，明日见红旗竖起，立即全力出击。第二天，他又命曹参、灌婴两军留守西岸，自己率兵渡到东岸，大声挑战道：“龙且快来送死！”

龙且本是火暴性子，他跃马出营，怒气冲冲，举刀直奔韩信，韩信急忙退进阵中，众将出阵抵挡。韩信拍马就走，众将也忙退兵，向潍水奔去。

龙且哈哈大笑，说道：“我早说过韩信是个软柿子，不堪一击嘛！”说着，领头追去，周兰等随后紧跟，迫近潍水，那汉兵却渡过河西去了。

龙且正追赶得起劲，哪管水势深浅，随即跃马西渡。周兰看见河水忽然浅了，有些怀疑，急追上去，想劝住龙且。楚军两三千人刚刚渡到河中，猛然一声炮响，河水忽然上涨，高了好几尺，接着便汹涌澎湃，如同滚筒卷席一般。河里的楚兵站立不稳，被汹涌的大浪卷走，不久便是满河浮尸。

这时汉军阵中红旗竖起，曹参、灌婴从两旁杀来。韩信率众将杀了个回马枪。不管龙且如何骁勇，周兰如何精细，也冲不出汉军的天罗地网。结果是龙且被斩，周兰被擒，两三千楚兵有的被水淹死，有的当了俘虏。

楚军一溃而散，项羽失掉了后期最强劲的几万精锐和心腹大将，被汉三面包围。历史也就被改写了。高傲的人目中无人，以为自己所做的都是正确的，听不进别人的意见，必然导致最后的失败。

低调做人是一个丰富自己的过程，自古以来谦虚使人进步，因此，做人低调的人都有着丰富的学识，总有一天可以发挥自己的长处，赢得别人的尊重。所以，人要放弃自己那种骄傲自满的情绪，踏实地走好每一步，这才能为自己赢得更多的机会，这也才是通向成功的捷径。

做一个诚实正直的人

大师语录

一个人的修养，对人对事，都要有这种“祭神如神在”的心理。否则，表面上非常恭敬，内心里又是另一回事，那是没有用的。所以由于孔子的这番话，了解了祭礼，依此来讲做人的道理，也就可以触类旁通了。

点亮智慧

在《论语别裁》中，南怀瑾先生对孔子的“人之生也直，罔之生也幸而免”这句话进行了一番分析。孔子这句话原本的意思是说，人活在世上本来就应该是正直的，但是那些不正直的人，活在世上也许能侥幸免于灾祸。南先生也告诫他的学生们，做人应该正直诚实，虚伪的人一般都不会有好结果，就算是有时候可能由于某些原因免去了祸患，但这并不是必然的。作为平常的人，我们更应该要做一个诚实正直的人。

“谎言来自卑鄙、虚荣、懦弱和道德的败坏。谎言最终会被揭穿，说谎者令人鄙视。没有正直、公平和高尚，就没有人能够取得真正的成功，能赢得他人的尊敬。说谎的人迟早都会被发现，甚至比他自己想象的还要快。你真正的品格一定会为人所知晓，一定会受到公正的评价。”这是美国的一个政治家在写给他儿子的信当中提到的。正直、真理、公平是永远的朋友，它们永远分不开。

南北战争时，罗伯特·李将军在和一个军官讨论进军方向时，一个农民的儿子不经意间听到了一个机密内容。原来他们的军队要向葛底斯堡进军，而不是向哈里斯堡进军。这个孩子通过电报把这个消息告诉了总督柯廷。总督说："如果我能够知道这个男孩说的是真话还是假话，我愿意拿我的右手来交换。"一个下士说："总督，我认识这个男孩，他是个正直的人，他不可能撒谎。"15分钟后，联邦军队行进到了葛底斯堡，获得了大捷。

对于人们来说，品格就是这个人为人处世的最基本的力量。高贵的品格，认真的态度，才能达到最后的成功。有些事情虽然看起来不大，但是一个人的品质就是从这些小事中磨炼出来的。

一个贫穷的意大利人在学校的路上走，捡到了一枚两美元的金币。他该怎么办呢？把它据为己有了吗？他没有这样做，他用一片纸把金币包起来，放在了失主可能来找的地方。后来失主果然来了，找到了金币。也许这件事微不足道，但是，从此以后，大家都愿意与这个人做生意了，因为这个事情说明了这个人诚实和高贵的品质。

如果你经过仔细观察发现一个人是诚实和坚定的，你会觉得这样的人值得信任。因为你相信这样的品质，所以你相信具有这种品质的人。正直的意大利人，因为自己的诚实和正直不仅帮助了别人，更快乐了自己。一个值得人们信任的人，无论他做什么，最后都会获得成功。

电影《手机》中费墨的经典台词"做人要厚道"伴随《手机》的热映而风靡一时，更是被评为"2004年度十大网络流行语"第一名。

这里说的"做人要厚道"和我们所说的做一个诚实正直的人是一个意思，只是"做人要厚道"是人们的口语表达而已。人要怎么做才能算是厚道呢？这就是做人不能尖酸刻薄，无论是待人还是接物都要实实在在，始终表里如一，说实在话，干实在事，做实在人。在生活中厚道做人，会为自己带来更多快乐；在学习中厚道做人，会让自己学到更多的知识；在生意场上厚道做人，会让自己的员工团结一心，会赢得更多客户的青睐，更会赢得更多商家的信任。

美国的一家大型纺织厂发生了火灾，一夜之间这家工厂被烧得一片狼藉。此时恰逢圣诞节前夕，全厂5000名员工面临着被集体解雇的厄运。然而，纺织公司董事长却出人意料地宣布下个月全厂员工继续发月薪，并宣布要重建厂房。当时5000名员工正发愁该如何过节，听到这消息后都欢呼雀跃。而更让员工感到惊喜的是，圣诞节刚过，这位董事长再次宣布续薪一个月。这回员工们都惊喜得“傻”了。当1月过去，2月来临，厂房尚未建成，员工没有开始正式工作的情况下，董事长又出人意料地第三次宣布再支付全体员工薪酬一个月，这次员工们不是“傻”了，而是禁不住潸然泪下。员工们被董事长的行为感动了。

当时，许多企业家听闻此消息对该董事长的这种做法不以为然。批评他太感情用事，缺乏经济头脑，然而，那位董事长却说：“我视员工为‘资产’，而不是一项‘开支’。”很快，在他的指挥下，员工们在临时搭建的厂房中，发动起重新购置的机器，员工们昼夜不停地卖力干活，恨不得一天工作24小时。半年之后，纺织厂便建起了一座崭新的厂房，效益大增。

无独有偶，有位巨商在发迹前，有一次到一家外国人的服装店推销一批成衣。服装店老板打量了一下，觉得这个人的打扮实在寒酸，便毫不客气地让他马上离开店铺。他回到家后，认真地反思了一夜。第二天早上，他仔细地“包装”了一下，穿着笔挺的西服，然后，又来到了昨天那家服装店。进门后他就很恭敬、很有礼貌地对那个老板说：“对不起，昨天冒犯了您，请原谅。今天能不能给个面子，赏光一起喝早茶?”老板被他真诚的态度打动了，于是同意了他的请求。两人来到一家茶馆，边聊天，边喝茶，越谈越投机。喝完茶后，老板问他：“衣服呢?”他却坦诚地回答说：“今天是专门来登门道歉的，不谈生意。”老板大吃一惊后，终于被他的真诚感动了，从此以后，他和这家服装店的老板成了最好的朋友。两个人推心置腹、真诚合作，这个真诚的小伙子终于打开了他事业成功的第一道门。

这两位老板最后都获得了成功，其法宝就是为人正直诚实。诚实的人把诚实作为一种长期投资，而最终的收益却远远地大于投资本身。

在实际的生活中，我们有时候也会看到很多自以为聪明的人，使用各种手段损害别人的利益从而达到自己的目的，可能最后也会小有成就，有些人还会羡慕这些人的“聪明”手段。其实，这根本就不值得羡慕，干坏事的人自己心里都清楚，这在他们心里会成为一个包袱。这样的人是不会快乐的。而且，上天也是公平的，那些用小聪明、要小手段的人也会受到应有的惩罚。

以前有一个人在火车上坐下后，把自己的包裹和行李放在了旁边的座位上。后来车厢越来越拥挤，车上人越来越多。这时，有一位先生问他旁边的座位是否有人。他说：“有人。那人刚刚去了吸烟车厢，他一会儿就回来。你看，这些东西就是他的。”但这位先生怀疑他所说的话，就说：“好吧，我坐在这儿等他回来。”

于是，这位先生把行李和包裹拿下来，放在了地板上和行李架上。这个人感到非常生气，却什么话也说不出来。因为那位在吸烟车厢的人是他编造出来的，他自己撒了谎。过了不久，这个人到站了，他开始收拾自己的东西。但那位先生说：“对不起，你说过这些行李是一个在吸烟车厢的人的。我有义务保护这些行李不被你拿走，因为你说这些行李不是你的。”这个人发怒了，他开始骂人，却不敢去碰那些行李。

有人叫来了车上的乘务员，他听了这两个人的话后说：“那好吧。我来掌管这些行李，我会把它放到这一站。如果没有人认领，那就是你的。”乘务员对着那个为了占座位而否认自己行李的人说。在乘客们的哄笑声和鼓掌声中，这个人没带行李就灰溜溜地下了车。他刚下车，火车就开动了。第二天，他拿到了自己的行李。他撒了谎，为了霸占一个不属于他的座位。因为他的谎言，为此他受到了惩罚。

“狂而不直、侗而不愿、倥倥而不信，吾不知之矣”。这句话的意思是说：我不理解那些狂妄不直率，优秀不老实，看上去忠厚却不讲信用的人。这句话是孔子质疑那些表里不一的人的说法。那些表里不一的人乍一看来和好人没有区别，但是相处的时间久了，大家也就能看清楚他

们的真面目。这样的人大家不愿和他们交朋友，最后都会离他们远去。

要想成为一个真实的人，就要从小事做起，即便有些事情不能讲真话，宁肯保持沉默也不应该对别人撒谎。或许这些看起来微不足道，但是这对形成正直诚实的人格至关重要。做人是一门高深的学问，而表里如一的人如春天的阳光，夏天的清风，让人踏实，让人信赖。这样的人可以成为朋友，可以成为生意上的伙伴，可以成为值得信赖的上司，可以成为得力的助手。我们每个人都有自己选择生活的权利，但是无论选择什么样的生活，我们都应该做一个正直诚实的人，精彩地走完自己的一生。

做一个有始有终的人

大师语录

一个人要有始有终，就是孔子讲过的，“久要不忘平生之言”。我们有时候慷慨答应一件事，说一句话很容易，不能过了几天，把自己原先讲那句话的动机忘了。所以孔子说，一个人经过长久的时间，不忘平生之言，讲的话一定做到，有始有终，能做到的话，就是了不起的人了。

点亮智慧

谎言与誓言，一个是说的人当真了，一个是听的人当真了。有的人会轻易地许下诺言，但是渐渐地他自己也会忘记，让别人空等待一场。有的人从不轻易许下承诺，但是许下承诺之后会想尽一切办法兑现，这样的人就是有始有终的人。这样的人就是人们赞赏的人。

人做不好事，不是由于做事的能力差，而是因为没有认认真真把事情做到最后，如果能够一心一意去做事并坚持到最后，那这个事情就一定可以做到最好。

《庄子·德充符》上说：“夫保始之征，不惧之实，勇士一人，雄入于九军。将求名而能自要者而犹若是，而况官天地、府万物、直寓六骸、象耳目、一知之所知而心未尝死者乎！”

这句话的意思是说，那些无所畏惧的战士，为了先前许下的承诺，就算是独自一个人，也敢于闯进千军万马中去作战。那些为了求得名誉而能够严格要求自己的人尚且如此，更何况是主宰天地，蕴藏万物，把身体六骸只当做寄托的躯壳，把耳目当做一种象征性的摆设，把世间万般认知视为一回事而未曾丧失常心的人呢？庄子的这段话道出了一个做人的原则，那就是要有始有终。能做一个有始有终、善始善终的人就是一个了不起的人，就是一个让人们佩服的人。

包拯刚到开封府上任时，开封府外经常出怪事，连续有好几个恶霸在睡梦中被人勒死，而家里人连声音也听不到。官府出重金、官差捕捉，连杀人者的影子也没有见到，只好将案情报告给包拯。包拯反复研究、勘察后，发现这些人都是刚刚做过一件伤天害理的坏事后而被杀死的。百姓称杀人者为“无名大侠”。一天，有人来密告开封府里有一恶霸，仗着亲戚有在朝中做大官的，抢了民女，还将姑娘的父亲打伤致死。包拯用计等着那“无名大侠”的到来。时辰不长，“无名大侠”果然如期而至。包拯对无名大侠说：“今后我若有哪件对不起百姓的事，你随时可来取我的头。我也有一事要你答应，日后再有恶霸害人之事，请不要擅自杀人，我一定以国法治他的罪。”“无名大侠”爽快答道：“只要大人能秉公执法，我决不杀人。若有违背，我会以死来向大人谢罪。”双方击掌为誓，各自归去。后包拯果然定恶霸为死罪。此后，当包拯遇到困难时，就想到和“无名大侠”的誓约，总没辜负那义士的期望。那义士再没出现。三年后的一天清晨，一把匕首把书信插到包拯的书桌上。他展开一看，大意是：我守约三年，未杀一人，昨日遇一伙歹人拦路抢劫，不听我劝阻，我一时激愤，杀了四人，留下一活口，绑在大人房后树上。我已违约，请到城隍庙验我的尸首。包拯深受感动，叹道：“这真是自古以来少有的义士啊！身怀绝技，替天行道，除暴安良，诚待誓约。视生死

如鸿毛，守大义如泰山，惊天地，泣鬼神！可惜命归黄泉了。”以后，包拯更是以这位义士的高尚行为激励自己，一生为民除害，严明执法，从不忘记自己的誓言。

无名大侠的事迹感动了很多人，就是因为他是一个有始有终的人。他的一生都遵守着自己的约定，我想我们可以从这个故事当中学到不少的东西。

有始有终是很难做到的，因为我们不知道当我们今天说完这句话之后，事情会有什么样子的变化，我们也无法预料到未来会发生什么样的变化，我们更无法预料到自己的以后会有什么样的变化。所以说做一个有始有终的人是很难的。但是，我们不能否认还是有很多有始有终、遵守诺言的人，这些人也被历史所铭记，他们的精神是我们今人所学习的对象。

东汉时期，山东人范式和河南人张劭在太学期间是一对好朋友。学成分别时，两人相约两年后的某天要聚一次，重聚地点是张劭家，并定了具体聚会日期。两年后的这一天，张劭告诉母亲他的同学范式要到他家来，希望母亲准备一些酒饭。张劭的母亲不相信，说两地相距这样远，你肯定他今天一定到？但范式果真这一天来了，张劭的母亲说，范式真是一个守信用的人，与这样的人交朋友，肯定错不了！后来，张劭得重病去世了，下葬的那一天，乡邻们忽然发现远处有一辆车疾驰而来，白马素帷，并能听到痛哭的声音，张劭的母亲说：一定是范式来了。范式手执麻绳，牵着灵车为张劭落葬，痛哭说道：“去吧！元伯，生死异路，无法挽回，我和你就此永别吧！”周围的人听到范式的话无不落泪，都说没有见过像范式这样诚心诚意、信守诺言的朋友。

对别人信守诺言，有始有终是君子的风格。现实生活中，我们也要信守承诺。对别人有始有终的人大家信任他，对自己有始有终的人则更加地令人钦佩。对人信守承诺表现在很多方面，比如举手之劳的小事，我们也应当尽心尽力地去做。别人让你帮忙买点东西，既然答应别人就应该帮别人买回来。如果这些小事都做不好，做不到有始有终，别人又怎么敢把更大的事情交给你去做呢？而且，这也会让你和好友之间的关系受到一些小小的影响，多么得不偿失啊。对自己信守承诺的人，会培养自己有始有终的品格，久而久之就会成为人们所信任的人。

你看古代的曾子，就是这样。曾子每天晚上睡觉前，他都要进行反省："给人家办事，我做到诚心尽力了吗？对待朋友，我有没有不诚实，不守信用的地方呢？老师的教诲我认真复习过了吗？"日复一日，年复一年，曾子一直这样严格要求自己，成了远近闻名的人士。人们办事都喜欢找他帮忙，有时把一些性命攸关的大事也交给他办。因为大家都知道，曾子是最诚实、最讲信用的人，把事情交给他办，是完全可以放心的。可见曾子这个古代之大贤，也是在一点一滴的日常生活中来培养自己的精神品质的。

丘吉尔，这位英国的前首相，也是一个做事有始有终，对自己认真负责的人。

丘吉尔应邀参加一次演讲会，他为了取得演讲成功，在会前他认真地做准备工作，反复背诵讲稿，自己进行演讲练习，怕到时候被别人耻笑，出丑。

经过精心准备，丘吉尔如期参加了演讲会，他一进入演讲会场就非常紧张，他的心跳加速，满脸冒出了汗珠。按照会议安排，该他上台演讲了，他走上讲台给台下人鞠了个躬，然后开始演讲，没讲几句话，因为太紧张，他把已经背好了的讲稿全忘了，当时脑子里一片空白，急得他满脸通红。他无法挽回这种尴尬局面，只好回到自己原来的座位上，离开讲台，放弃了这次演讲机会，演讲会继续往下进行。

回到家里，丘吉尔非常难过，寝食难安，他为自己第一次演讲失败而感到羞愧，他把这次演讲失败，当成自己终生的奇耻大辱。他第一次登台演讲尽管失败了，他不仅没有得到台下听众的热烈掌声，而且一双双羞辱的目光一起射在他的身上。那次演讲失败以后，他并没有气馁和灰心，他把那次演讲出丑的事，当成他学习演讲的动力。他自己寻找机会演讲，在讲演过程中，他尽兴发挥演讲而不是再拟稿演讲，通过几次

讲演收到的效果一次比一次好。

1940年，丘吉尔当选为英国首相，人们都为他精彩的演讲喝彩，他的脱稿就职讲话博得了台下一阵又一阵的掌声。在反法西斯战斗中，他精辟的演讲不仅振奋了英国军民的士气，而且最后，英国、苏联、美国等几个国家一起战胜了法西斯希特勒。

丘吉尔在反法西斯的斗争中，作出了杰出的贡献，后来成了伟大的政治家、民族英雄、演讲家。他的名字和他的功绩一起载入了英国发展的史册，他不畏强暴的精神至今还鼓舞着英国人民。

如果不是丘吉尔的有始有终，在起始与最后成功之间的坚持，恐怕历史上根本不会出现他这个名字。世上无难事，只怕有心人。当一件事情开始后，努力地去坚持，慢慢走到终点，相信你一定会受益匪浅，收获颇丰。这也正像陈毅元帅所说的："年难过年难过年年难过年年过，事难成事难成事事难成事事成。"

孔子有一句话说得好，"言必信，行必果"。这要告诉我们的就是说话要算话，做事做人要有始有终。

做事做人要有始有终，这既能督促人们在遇到困难的时候要坚持下去，要有耐心，并最终实现自己的目的，也能在坚持的过程中学到一种有始有终的精神。有始有终是一种人生的态度，更是一种品格。只有具有这种精神的人才能全神贯注地关注自己的目标，才能最终实现自己的理想，不辜负他人，更不辜负自己。

第二章 Chapter2

追求一个幸福的人生

人生，是世间最平凡的不凡之作。它的平凡显现在其普遍性上，每个人都有属于自己的人生路，它是世间最平常的存在。人生又是不凡的，它各具特色，承载着不同人的不同梦想，一路前行。

每个人的人生都只有一次，同样每个人的人生都不可能完美，但是我们可以努力将自己的人生过得幸福。就像曲子一样，动听的曲子都有自己的曲调。对个人而言，这既是一种遗憾，又是一种希望。遗憾的是，人生中有很多的美丽不能尽享。而希望在于，在这种遗憾中仍然有幸福存在。

生死不过自然现象

大师语录

一个人活在这个世界上，是顺着生命叩拜自然之势来的；年龄大了，到了要死的时候，也是顺着自然之势去的。所以老子也提到：“物壮则老”，一个东西壮大到极点，自然要衰老，“老则不道”，老了，这个生命要结束，而另一个新的生命要开始了。换句话说，真正的生命不在现象上，从现象上看到有生死，那个能生能死的东西，不在乎这个肉体的生死，所以，我们要看通生死。“安时而处顺，哀乐不能入也。”这是最高的修养。把生死的道理看通了，随时随地心安理得，“而处顺”，人生除死无大事，死是最大的问题，生死的问题看空了，顺其自然，自己就不会被后天的感情所扰乱了。

点亮智慧

生死自古以来就是人们所关注的，对于生死的理解也有很多不同的见解。无论人们怎么看待生与死的问题，我们都应该明白一点，生死其实不过是自然现象。生命无时无刻不在悄然地逝去，但是，很少会有人能正视这些，当人们沉浸在欢乐的气氛中时，更无法接受生命逝去的痛苦。生命原本就没有停止过流逝。

生命是一个过程，它就如同叶子一样，经历了春风夏雨，必然会走到秋的凋零，落叶归根，开始它新的旅程。而人们所在意的金钱、权力、地位，生不带来，死不带去。生与死实际上只是人生旅途中的一个大转折，所谓“方生方死，方死方生”，有生即有死，有死即有生，生死齐一，齐一生死，这就是生命的自然规律。生死观是一个人世界观的重要内容。有什么样的人生观，就有什么样的处世哲学、生活态度。如果能有看透生死的勇气，就是等于把人生中的生死问题彻底解决了。

在中国历史上，庄子可谓是看透生死的第一人。庄子的妻子死了，他的朋友惠施去他家吊丧。一进门，他就看见庄子正叉开两条腿坐在地上，一边敲着瓦盆一边唱歌。

惠施一见，又气又不解，说："你的妻子跟你过了一辈子，为你生儿育女，还把他们抚养成人。现在她老死了，你不哭也罢了，居然还敲着盆子唱歌。这不太过分了吗？"

不料庄子却说："不要这样说。她刚死的时候，我怎么没有感慨呢？但是推究起来，她原来是没有生命的，不但没有生命，就连形体也没有；不但没有形体，就连气也没有。混杂在浑浑沌沌之中，变化有了气，气变化有了形体，形体变化有了生命，现在又变化死去了。这同春夏秋冬四季变化运行一样自然。现在她舒舒服服地睡在天地的大屋子里，而我却在这里号啕大哭，自认为这太不通达天命了，所以不哭了。"

在这个故事中，庄子把人的生死还原成一种自然的过程，把生死看做自然的回归。他是立足于生来领悟死的意义，凭借死来体察生的价值。对于生死，他看得十分透彻。

虽然生死我们无法避免，但是在遇到生死的问题时我们也应该看开一些。人生在世，本来短短几十年，我们应该享受属于自己的生活。亲人的离开，朋友的离世都会给我们带来诸多的伤悲，但是伤悲之余我们是不是也曾经想过，生命只是一个过程，他们的离开只是回到了他们最原本的状态。当我们这些活着的人看到生命的珍贵的时候，就更应该好好珍惜自己活着的时间，好好地活着。为了我们自己，也为了那些爱我们的人和我们爱的人。

有一位妇人，她只有一个儿子，所以，她对这唯一的孩子特别关爱，百般呵护。可是，人有旦夕祸福，天有不测风云，妇人的独生子突然染上恶疾，虽然妇人尽其所能邀请各方名医来给她的儿子看病，但是，医师们诊视后都束手无策，相继摇头叹息。不久，妇人的独生子就离开了人世。

这突忽而至的打击就像晴天霹雳，妇人完全无法接受这个事实。她天天守在儿子的坟前，夜以继日地哀伤哭泣。她形若槁木，面如死灰，悲伤地喃喃自语："在这个世间，儿子是我唯一的亲人，现在他竟然舍下了我先走了，留下我孤苦伶仃地活着，有什么意思啊？今后我要依靠谁啊？……唉！我活着还有什么意义呢？"

妇人决定要和自己心爱的儿子死在一起，不再离开坟前一步。四天、五天过去了，妇人一粒米也没有吃，她哀伤地守在坟前哭泣，爱子就此永别的事实如锥刺心，实在是让妇人痛不欲生。

佛陀见到这一情景，专程来点化她，缓缓地问道："你为什么一个人孤单地在这墓冢之间呢？"妇人忍住悲痛回答："伟大的世尊啊！我唯一的儿子带着我一生的希望走了，他走了，我活下去的勇气也随着他走了！"佛陀听了妇人哀痛的叙述，便问道："你想让你的儿子死而复生吗？""世尊！那是我的希望！"妇人仿佛是水中的溺者抓到浮木一般。

"只要你点着上好的香来到这里，我便能咒愿，使你的儿子复活。"佛陀接着嘱咐，"但是，记住！这上好的香要用家中从来没有死过人的人家的火来点燃。"

妇人听了，二话不说，赶紧准备上好的香，拿着香立刻去寻找从来没有死过人的人家的火。她见人就问："您家中是否从来没有人过世呢？""家父前不久刚往生。""您家中是否从来没有人过世呢？""妹妹一个月前走了。""您家中是否从来没有人过世呢？""家中祖先乃至于与我同辈的兄弟姊妹都一个接着一个过世了。"妇人始终不死心，然而，问遍了村里的人家，没有一家是没死过人的，她找不到这种火来点香，失望地走回坟前，向佛陀说："大德世尊，我走遍了整个村落，每一家都有家人去世，没有家里不死人的啊……"

佛陀见因缘成熟，就对妇人说："这个娑婆世界的万事万物都是遵循着生灭、无常的道理在运行。春天，百花盛开，树木抽芽，到了秋天，树叶飘落，乃至草木枯萎，这就是无常相。人也是一样的，有生必有死，谁也不能避免生、老、病、死、苦，并不是只有你心爱的儿子才经历这变幻无常的过程啊！所以，你又何必执迷不悟，一心寻死呢？能活着，就要珍惜可贵的生命，运用这个人身来修行，体悟无常的真理，从苦中解脱。”老妇人听了佛陀为她宣说无常的真谛后便扭转了自己错误的观念知见。

人的肉体是不可能超越生死的，但是人们的精神却是可以超越生死的。南怀瑾先生对待生死的态度是，生则重生，死则安死。人们在世的时候尽心尽力，为别人着想，做好自己的事情，过好自己的每一天，修身、齐家、治国、平天下，鞠躬尽瘁，乐天知命，而不虚此生。等到死神来的时候，便自然安息，安然无怨地接受死亡。就像丘吉尔所说：酒吧关门，我便离开。于是死亡在这里没有了它震撼人心的恐怖色彩，也失去了神秘的面纱，而呈现出一种自然的宁静。人生的时候是奔波与辛劳，死的时候却是永久的安息与了无牵挂。

生命的收与放，本质都是一样的，“一沙一世界，一叶一菩提”。面对生死，悠然自得，便是真正懂得了生命。人生苦短，生命易逝，今天能健康、自在、安乐地活着，我们就没有理由不去珍重生命，热爱生活、好好地活着，过好生命中的每一天。

幸福是一种心态

大师语录

我们一般人，被时间空间所限制，自己心里永远得不到解脱，得不到自在，始终被外在的环境障碍住了，因此达不到“滑和”的境界，也就达不到一个祥和、安适的境界。用佛学的名词来解释，达不到身体的自在和心灵的解脱，不能升华到心灵最高解脱的境界。

点亮智慧

每个人都有追求幸福的权利，每个人也都渴望幸福，但是什么样的

人才能被叫做幸福的人呢？这却仁者见仁，智者见智。我们先看看下面的小故事。

俄国诗人涅克拉索夫的长诗《在俄罗斯，谁能幸福和快乐》，诗人找遍俄国，最终找到的快乐人物竟是枕锄打瞌睡的农夫。是的，这位农夫有强壮的身体，能吃能喝，能干能睡，从他打瞌睡的眉目里和他打呼噜的声音中，无不飞扬和流露出由衷的开心。这位农夫为什么能开心？不外乎两个原因：一是知足常乐；二是劳动能给人带来快乐和开心。

法国杰出作家罗曼·罗兰说得好：“一个人快乐与否，决不依据获得了或是丧失了什么，而只能在于自身感觉怎样。”有的人大富大贵，别人看他很幸福，可他自己身在福中不知福，心里老觉得不痛快；有的人，别人看他离幸福很远，他自己却时时与快乐邂逅，这是因为他懂得知足。

无论多么灿烂的生活，到最后都会归于平淡，这个时候人们才真正地得到了幸福和快乐。世上很多的人不明白这个道理，把金钱权力，把物质财产作为自己的追求，认为只要我拥有的比别人多了，我就可以获得比别人更多的幸福。这是多么荒谬的想法啊。当你把那些所谓的能让你快乐的金钱权力作为你追求的对象的时候，你的人生就已经偏离了幸福的轨道。你会陷入一个怪圈，有了这些东西你还会想要更多的东西，渐渐地你就会成为物质的奴隶，成为你欲望的牺牲品。要知道，人生平平淡淡才是真。

18世纪，法国有个哲学家叫戴维斯。有一天，朋友送他一件质地精良、做工考究、图案高雅的酒红色睡袍，戴维斯非常喜欢。可他穿着华贵的睡袍在家里踱来踱去，越踱越觉得家具不是破旧不堪，就是风格不对，地毯的针脚也粗得吓人。慢慢地，旧物件挨个儿更新，书房终于跟上了睡袍的档次。戴维斯坐在帝王气十足的书房和睡袍里，可他却觉得很不舒服，因为“自己居然被一件睡袍胁迫了”。

这样的生活或许会在表面上让别人看起来觉得你过得很好，但是实际上只有你自己知道，你过得并不幸福，因为幸福从你穿上睡袍的那一刻开始就已经离你远去，你的心再也没有尝到过幸福的滋味。那什么才是幸福？其实就是樱桃的香甜，就是风轻云淡，就是你心里那种幸福的感觉。

《庄子·逍遥游》上说：鹪鹩巢于深林，不过一枝，偃鼠饮河，不过满腹。这句话的意思就是，藏在树林里的小鸟有一个树枝给它立足它就会很高兴。田鼠口渴了，跑到河边去喝水，喝上一点点，肚子就胀了。南怀瑾先生说：“庄子拿两个生物界的现象做比喻，揭示了一个人生哲理：不管是土里钻的，或者空中飞的，小人物，小境界，只要自己觉得满足就够了。”

知足的人才会常乐。那些知足的人感谢自己所获得一切的快乐和幸福，感谢那些帮助自己的人，他们把每一天都当做是快乐的一天，幸福当然从内心而发出。但是有些人总是认为只有有钱的人才会快乐。这实际上是大错特错。

有三个下海的文人，如今都是腰缠百万的大款。一天，他们碰在一起喝酒，第一个感叹地说：“现在天天吃筵席，却再也尝不到山珍海鲜的美味！”接着，第二个感叹地说：“我辛辛苦苦营造了富丽堂皇的别墅，哪里想到爱情却悄悄离去……”第三个没等第二个说完，便感叹地说：“我购置了奔驰轿车，再也感受不到春风抚摸脸庞带来的舒畅。”

过去有个大富翁，家有良田万顷，身边妻妾成群，可日子过得并不开心。挨着他家高墙的外面，住着一户穷铁匠，夫妻俩整天有说有笑，日子过得很开心。

一天，富翁的老婆听见隔壁夫妻俩唱歌，便对富翁说：“我们虽然有万贯家产，还不如穷铁匠开心！”富翁想了想笑着说：“我能叫他们明天唱不出声来！”于是拿了两根金条，从墙头上扔了过去。打铁的夫妻俩第二天打扫院子时发现不明不白的两根金条，心里又高兴又紧张，为了这两根金条，他们连铁匠炉子上的活计也丢下不干了。男的说：“咱们用金条置些好田地。”女的说：“不行！金条让人发现，会怀疑我们是偷来的。”男的说：“你先把金条藏在炕洞里。”女的摇摇头说：“藏在炕洞里会叫贼娃子偷去。”他俩商量来，讨论去，谁也想不出好办法。从此，夫

妻俩吃饭不香，觉也睡不安稳，当然再也听不到他俩的欢笑和歌声了。富翁对他太太说：“你看，他们不再说笑，不再唱歌了吧！办法就这么简单。”

物质的东西总是很累心。但是现代人却越来越重视对于金钱和权力的追求，钱和权确实可以让人们享受到平常人享受不到的东西，但是那并不意味着真正的幸福。有些人，为了保住自己手中的那点权力，阿谀逢迎，言听计从，没有一点做人的自由，就更谈不上什么来自于内心深处的自由了。

幸福就是简简单单，幸福就是信任别人，幸福就是有一颗感恩的心，一个健康的身体，一份称心的工作，一位深爱你的爱人，一帮可信赖的朋友。幸福就是知足，就是满足于那些属于自己的东西而不去追求那些不属于自己的东西。

知足是一种智慧，是一种生活之道，一种为人处世的态度。我们这样说幸福，并不只是在中国背景之下的，在世界上各种文化的背景下都是适用的。因为幸福的感觉是来自人类的心灵，是共通的。

美国第一位总统乔治·华盛顿，在美国独立战争胜利后，主动辞去陆军总司令职务，不当国王当农夫，回到了蒙特维尔农庄当他的种植园主，重温“在葡萄树和无花果树的绿荫下享受宁静的生活”。嗣后，即在连任两届美国总统后，华盛顿又主动辞去总统职务，不搞终身制，可以说，华盛顿的任职与辞职，都是为国为民，不存在为个人索取什么，这充分体现了一个有伟大胸怀和崇高品格的将帅风范，同时也践行着一种“知足知止”的人生哲学。

1782年，美国独立战争已结束，胜利后不久，一些阶层和集团都主张华盛顿效仿英国政体——君主制，“登基”做美利坚合众国的“国王”。华盛顿统帅的军队也表示支持。对此，华盛顿表示愤怒和坚决反对。他挥笔疾书：“让我恳求你们，如果你们对你们的国家还有一丝尊敬之情，如果你们还为自己和你们的子孙后代着想，或者你们还尊重我的话，那么就从你们的头脑中彻底清除这种念头。我认为这个念头包藏着可能降临我国的巨大灾难。”

1783 年 12 月 23 日，华盛顿即在安那波斯正式交还大陆军总司令委任状，返回到蒙特维尔农庄与家人团聚，恢复了一个平民的身份。

美国独立后，建立起来的是资产阶级和奴隶主联合专制。当时，软弱的联邦政府毫无实权，国库空虚，负债累累，投机商人囤积居奇，大发横财。作为革命原动力的广大人民群众仍旧生活在水深火热之中。因此，美国人民不满情绪日益高涨。

1786 年秋，在独立战争发源地的马塞诸塞州爆发了一场谢斯农民起义。美国独立战争的胜利果实在“濒临混乱和毁灭的边缘”，为此，华盛顿决定再度出山。1787 年，华盛顿主持制定宪法会议。1789 年，华盛顿又以他的特殊地位、荣誉和声望，当选为美国第一任总统。宪法规定，每届总统任期四年。

华盛顿连任了两届后，1796 年 11 月发表了著名的《告别书》，主动离开了政治舞台。然而，就在他离世的前一年，即 1798 年，美法关系恶化，他又应新总统的召唤，重新披上戎装，担任一支新建军队的总司令，继续为国效劳。华盛顿不贪恋终身的荣华富贵，不在自己打下的江山上搞“终身制”，知足知止，见好就收。为国为民，鞠躬尽瘁，死而后已，是他任职与辞职的本质所在！

人们常说“心底无私天地宽”。这也是幸福的一个来源，也是人们可以感觉到幸福的真正原因。“无私”和知足还是不知足紧密相连。像那些人心不足蛇吞象的人，就会被欲望之火折磨得头破血流。所以我们也可以说只要知足，天地就宽。

晏婴是我国春秋时期齐国人。他的父亲晏弱是齐国的名相，一向以清廉著称。晏婴 30 来岁的时候，父亲不幸病故了，他被任命继任父亲的相位。他在齐灵公、齐庄公、齐景公三代王公时期都为相国，历时达五十多年。由于他为官清正廉洁，人们尊称他为晏子。

齐景公即位的时候，晏婴的年岁已经很大了。一次偶然的机会，齐景公看到晏婴的车子十分破旧，连车篷的布都褪了颜色，驾车的又是一

匹毛色混杂的劣马。一天散朝以后，齐景公特意把他留了下来。

齐景公和颜悦色地对晏婴说：“爱卿，你的俸禄是不是太低了一些，为什么坐这样破旧不堪的马车呢?”

晏婴欠欠身子，爽朗地回答：“靠您的恩赐，我穿得很暖和，吃得也很好，合家大小生活过得也很美满，而且还有车马乘，我还有什么不满足的呢?”

齐景公带着赞赏的口吻说：“话虽这么说，但你毕竟是功名卓著的老臣呀，我可不能太亏了你哟!”

“不，不!”晏婴说得很急促，也有点激动，“我正因为是三朝老臣，就更应该以俭省为德呀!”

齐景公笑笑，再也没说什么。

第二天，齐景公派人给晏婴送去了一辆豪华而崭新的马车，配以一匹红棕色的高头大马。晏婴对来人说：“请给我回话，谢谢主上，可我不能收下主上赐予的车和马。”于是，他将车马都退了回去。

过了一天，齐景公又派人将车马给晏婴送去，但又被他退了回去。

一连几次都是这样。

这可让齐景公不高兴了。景公心想：这人怎么这么不通情理呢？于是，他为这件事专门召见晏婴，开门见山就责问道：“你不接受给你的马车，那是不是我也不该乘坐华丽的马车了?”

晏婴见齐景公动了真火，忙磕头施礼，并十分动情地表白道：“君是君，臣是臣，是不一样的。您委我以高位，让我管理文武百官，我的担子可不轻啊！我节衣缩食，廉洁奉公，正是为了为百官做出榜样，为百姓做出榜样呀！如果我讲究排场，衣食奢侈，行为越轨，那怎么能管理好下属呢？又怎么能促使国家繁荣昌盛呢?”

听了晏婴的这一番话，齐景公最终收回了为晏婴更换车马的成命。

懂得满足，不贪私利，晏婴以自身的行动真正为百官做了榜样，也为自己带来了美名，留足了后路。

古人曾经说过这样的话：“廉者常乐有余，贪者常忧不足。”知足天地宽不仅在为官清廉上是这样，在个人私生活上也是这样。

能否知足是一个人能否真正获得幸福的原因。知足是一种心态，是一种处世的态度，所以幸福其实也就是一种心态和处世的态度。人们常把自己的种种不幸怪罪于老天爷的不公，怪罪于别人对自己的不理解，怪罪于自己获得的东西太少。但是当我们再换一种心态去看待我们的生活，看待我们的世界时，才会发现，幸与不幸不是别人造成的，而是我们的心被太多的东西所纠缠的缘故。所以，要想获得幸福就要看你自己了。

保持一颗平静的心

大师语录

“内保之而外不荡也。”内在的心境，永远保持不受外界的影响。不管外面的处境如何，骂你也好，恭维你也好。……“举世誉之而不加劝，举世非之而不加沮。”真正的大圣人，毁誉不能动摇。全世界的人恭维他，不会动心，称誉对他并没有增加劝勉鼓励的作用；本来要做好人，再恭维他也还是做好人。全世界要毁谤他，也绝不因毁而沮丧，还是要照样做。这就是毁誉不惊，甚至到全世界的毁誉都不管的程度，这是圣人境界、大丈夫气概。

点亮智慧

南怀瑾先生是一位大师，因为他的名气，有些人在背后赞扬他，而有些人则在背后批评他。可是他却从来不会把这些话放在心上，反倒觉得自己不过是一个最为平常不过的人。

有一次，他的一位学生到北京公干时，听到一些传言：台湾一位略有名气的人，到北京时，在某高层人士面前说了一些南怀瑾的闲言闲语。

后来，这位学生回去后向他提起此事。岂料他却说："人家要吃饭嘛！我们也要吃饭嘛！"他一点都不在意什么毁谤，谣言，闲话。他也常说，明白的人自会分辨，不明白的人辩解也不明白，徒费口舌而已。

不在乎别人的闲言碎语，保持自己的独立的人格，做一个心灵自由的人，南先生确实是这方面的大师。

老子的《道德经》上说，多彩的颜色会损害眼睛；繁杂的声音会伤害耳朵；丰盛的食物会败坏口味；奔驰打猎会使人心灵狂乱；珍贵的物品会诱惑人干坏事。因此，圣人追求内心幸福而不贪求肉体享受，放弃别人追逐的享乐方式而保持纯朴本性。所以古今的圣贤追求的是心灵的超脱，追求的是一种平静的心态。

一个人要想获得真正的自由，首先来说就是保持一个自由的心灵，让这颗心灵不受外部世界的干扰，让它始终保持平静的状态。现代的人喜欢同别人比较，比别人强的时候就会特别地开心，而一旦不如别人那就给自己的生活多增加了一些悲哀。其实只要保持一个平静的心灵，自己的生活与别人又有什么相干呢？如果内心是一片荒芜的庄园，又怎么能期盼它成为一个长满鲜花的美丽花园呢？每个人的心决定你生活的态度，决定着你快乐与否。一位朋友讲过他的一次经历：

一天下班后我乘中巴回家。车上的人很多，过道上站满了人。站在我面前的是一对恋人，他们亲热地相挽着，女孩背对着我。女孩的背影看上去很标致，高挑、匀称、活力四射，她的头发是染过的，是最时髦的金黄色，穿着一条今夏最流行的吊带裙，露出香肩，是一个典型的都市女孩，时尚、前卫、性感。他们靠得很近，低声絮语着什么，女孩不时发出欢快笑声。笑声不加节制，好像是在向车上的人挑衅：你看，我比你们快乐得多！笑声引得许多人把目光投向他们，大家的目光里似乎有艳羡。不，我发觉到他们的眼神里还有一种惊讶，难道女孩美得让人吃惊？我也有一种冲动，我想看看女孩的脸，看看那张倾城的脸上洋溢着幸福会是一种什么样子。但女孩没回头，她的眼里只有她的情人。

后来，他们大概聊到了电影《泰坦尼克号》，这时女孩便轻轻地哼起了那首主题歌。女孩的嗓音很美，把那首缠绵悱恻的歌处理得很到位，虽然只是随便哼哼，却有一种特别动人的力量。我想，只有足够幸福和自信的人，才会在人群里肆无忌惮地欢歌。这样想来，便觉得心里酸酸的，像我这样从内到外都极为黯淡孤鸿无侣的人，何时才会有这样旁若无人的欢乐歌声？

很巧，我和那对恋人在同一站下了车，这让我有机会看看女孩的脸。我的心里有些紧张，不知道自己将看到一个多么令人悦目的绝色美人。可就在我大步流星地赶上他们并回头观望时，我惊呆了，我也理解了片刻之前车上的人那种惊诧的目光。我看到的是张什么样的脸啊！那是一张被烧坏了的脸，用"触目惊心"这个词来形容毫不夸张！真搞不清，这样的女孩居然会有那么快乐的心境。

朋友讲完他的故事后，深深地叹了口气感慨道："上帝真是够公平的，他不仅仅把霉运给了那个女孩，也把好心情给了她！"

也许朋友的感慨有些偏颇，但是一个人的心境却完全可以由自己决定。世上没有绝对幸福的人，只有不肯快乐的心。一个人的心境不受外界的影响，而是受我们对外界事物看法和想法的影响；我们不能改变外界事物，但却能改变我们自己对外界事物的看法，以此来保持心灵的自由与独立。所以你必须掌握好自己的心舵，下达命令，来支配自己的命运。

要想获得内心的自由与独立，要想获得内心的平静，我们就不能受到世俗的影响。很多人都喜欢随大流，别人买车自己也要跟着买车，别人吃什么玩什么自己也一定要亲自去体验一把，别人穿着一身的名牌自己也绝对是不能落伍的。或许我们可能暂时没有那么的钱供我们这样的花销，但是如果不和别人做到一样，我们就好像会很没有面子，和大家格格不入一样。这样的随波逐流就会把自己湮没在潮流中，而失去真正的自己。一个失去自己心灵自由的人哪里会谈得上人格的独立？哪里有会谈得上心灵的平静呢？在潮流一波接一波的今天，我们更应该有自己的主见，更加清楚自己的方向，去追求那些自己认为好的东西。在追求

的过程中体会心灵的独立和自由。

人的一生有时遇到顺境有时遇到逆境，这些是很正常的，每个人都会碰到这样的问题。我们应该理智地看待它。处在顺境时应该居安思危，不骄傲自大；处在逆境时就应该发愤图强，鼓起勇气面对困难。这样的人生才是积极的人生，这样的心灵才是独立与自由的心灵，超乎一切顺境与逆境就能获得心灵的平静。

要想获得心灵的平静，我们就不能被别人的夸奖与批评所困扰。时常会听到有人说，某些人不辨是非，某些人赚了大钱，某些人亏得一败涂地，某些人怎样怎样。我们谁都免不了被别人在背后说说，嘴长在别人身上我们管不了，但是我们的耳朵长在自己的身上，我们可以决定听还是不听。听到有人说别人坏话的时候，自己不应该立即下判断，听到别人夸奖或者恭维自己的时候，也不要过于听信。也许说别人坏话的人是和那个人有些过节，也许别人赞美你是因为想从你这里拿到一些好处。所以别人的话并不能作为我们衡量任何一个人的标准。听的人应该心里有数，不要让这些无所谓的话扰乱了自己平静的心。就像上面南怀瑾先生所说的那样明白的人自会分辨，不明白的人辩解也不明白，徒费口舌而已。

我们的心，我们自己说了算。人生的遥控器在我们的手里，别人无权干涉，要想怎么过全都看自己。我的心境与你无关，这样才能获得一颗自由的心，一颗独立的心，才能获得一个自由独立的身。

顺其自然是一种生活方式

大师语录

儒家所讲的圣人，“处天地之和”，不修道，不做功夫，生活于自然之间。“从八风之理”，不过注意冷暖气候的调整，注意卫生及个人身体的环境保养。“适嗜欲于世俗之间”，一样的喝酒、吃饭、吃肉，还有嗜好。但是有个条件，心理上没有仇恨人，没有发脾气，没有恼怒，绝对没有嗔恨的心理。在佛学里讲就是有“慈悲心”，有爱人的心。“行不欲离于世，被服章。”所以呢，也不出家，同普通人一样穿衣、吃饭。“举不欲观于俗”，但是他的行为略有不同，不像普通社会一般人，拼命去赚钱，拼命去做官，他都避开了。“外不劳形于事”，尽量做到生活恬淡、清静。“内无思想之患”，不但没有仇恨、怨尤的心理，他的思想是非常宁静专一的。“以恬愉为务”，每天都是快乐的，人生是乐观的。

点亮智慧

南怀瑾先生所谓的“处天地之和，不修道，不做功夫，生活于自然之间。”实际上倡导的就是顺其自然。但是怎么才算是顺其自然呢？这个小故事将告诉你答案。

三伏天，禅院的草地枯黄了一大片。“师父，快撒点草籽吧！好难看哪！”小和尚说。

“别着急，等天凉了。”师父挥挥手，“随时！”

中秋，师父买了一包草籽，叫小和尚去播种。秋风起了，小和尚一边撒，草籽一边飘。“师父，不好了，许多草籽都被吹走了！”小和尚喊。

“没关系，吹走的多半是空的，撒下去也发不了芽。”师父说，“随性！”草籽撒完了，引来许多小鸟啄食。“要命了，草籽都被小鸟吃光了！”小和尚急得直跳脚。

“没关系，草籽多，吃不完！”师父说，“随遇！”

半夜一场大雨，一大早，小和尚冲进禅房：“师父，这下完了！好多草籽都被雨水冲走了！”

“冲到哪儿就在哪儿发芽！”师父说，“随缘！”

不久，许多青翠的草苗果然破土而出，原来没有撒到的一些角落里居然也长出了许多小苗。小和尚高兴地拍手：“太好了！太好了！”

师父点点头："随喜！"

这位禅师是真正懂得顺其自然之道的。那就是凡事要不强求，不刻意为之，而是要随时、随性、随遇、随缘、随喜，这就是顺其自然之道了。当然这并不意味着顺其自然就要消极等待，就要听从命运的安排，随波逐流。顺其自然是一种心境，是一种面对现实时的超然和平静。人们常说"随遇而安"，这就是顺其自然的一种表现。这里的"安"我们可以理解成是一种心灵的安宁，一种不为外界所打扰的境地。"随遇"讲的则是一种境遇。我们如何才能在各种的境地做到心灵的安宁，就是要顺其自然，要把自己的心调节好。这说起来容易，其实是很难做到的。

但是保持一种顺其自然的心态，你的生活可能会有出乎意料的美好呢。

世界建筑大师格罗培斯设计的迪斯尼乐园，经过三年的精心施工，马上就要对外开放了。然而，各景点之间的路该怎样联络还没有具体的方案。施工部打电报给正在法国参加庆典的格罗培斯，请他赶快定稿，以期按计划竣工和开放。

格罗培斯是美国哈佛大学建筑学院的院长、现代主义大师和景观建筑方面的专家，他从事建筑研究 40 多年，攻克过无数个建筑方面的难题，在世界各地留下 70 多处精美的杰作。然而，建筑学中最微不足道的一点——路径设计，却让他大伤脑筋。对迪斯尼乐园各景点之间的道路安排，他已修改了 50 多次，没有一次是让他满意的。

接到催促电报，他心里更加焦躁。巴黎的庆典一结束，他就让司机驾车带他去了地中海滨。他想整理一下思绪，争取在回国前把方案定下来。

汽车在法国南部的乡间公路上奔驰，这儿是法国著名的葡萄产区，漫山遍野，到处是当地居民的葡萄园。一路上，他看到无数的葡萄园主把葡萄摘下来，提到路边，向过往的车辆和行人吆喝，然而很少有停车的。

可是，当他的车子拐入一个小山谷时，发现那儿停满了车。原来这儿是一个无人葡萄园，你只要在路旁的箱子里投入5法郎，就可以摘一篮葡萄上路。据说，这是一位老太太的葡萄园，她因年迈无力料理而想出了这个办法。起初，她还担心这种办法是否能卖出葡萄，谁知在这绵延上百公里的葡萄产区，总是她的葡萄最先卖完。她这种给人自由、任其选择的做法使大师深受启发。他下车摘了一篮葡萄，就让司机调转车头，立即返回了巴黎。

回到住地，他给施工部拍了封电报：撒上草种，提前开放。

施工部按他的要求在乐园撒下草种。没多久，小草出来了，整个乐园的空地被绿荫所覆盖。在迪斯尼乐园提前开放的半年里，草地被踩出许多小径，这些踩出的路径有宽有窄，优雅自然。第二年，格罗培斯让施工部按这些踩出的痕迹铺设了人行道。1971年在伦敦国际园林建筑艺术研讨会上，迪斯尼乐园的路径设计被评为世界最佳设计。

这就是一种顺其自然的做法，在自然界中，每个人是独立的，但是每个人又都是属于一些群体的。当个人和群体在遇到困难而无从下手、无所适从的时候，不如顺其自然。这是最佳的也是最聪明的选择。这样你会发现，你的心灵会减轻许多的负担，人也就跟着快乐起来了。江河在奔向大海的时候从不选择自己的道路，但却造就了最美的曲线，这是因为流水知道顺其自然之道。做人也应该这样，顺其自然，超然自得，快乐自己的心灵，简化自己的人生，反而能获得一个最为精彩的过程。顺其自然是一种高超的处世学问。

人怎么样才能做到顺其自然呢？其实我们最应该做的就是要克制自己的欲望。人生过得复杂辛劳的人都是不断地在做加法。什么金钱、权力、人际关系，一个都不舍得放弃，所以这样的人的一生注定忙忙碌碌，劳身又劳心。而那些过得洒脱自然的人都是在不断地为自己的人生做减法。《菜根谭》中说："人生减省一分，便超脱一分。"人生是一段旅途，凡事能省就省，什么事情都做减法。减少交际应酬，避免不必要的纠纷；减少口舌，少受责难；减少判断，减轻心理负担；减少智慧，保全本真。这样就会挣脱尘世的羁绊，心灵就会获得自由，精神就会空灵。换句话

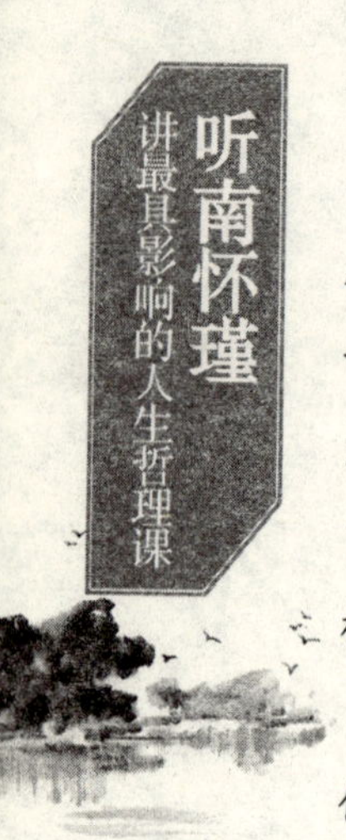

说就是，人不能太贪心。

有三只毛毛虫想要过河去采花蜜。一只说，我们必须先找到桥，然后从桥上爬过去。一只说，我们还是造一条船，从水上漂过去吧。一只说，我们走了那么多的路，已经疲惫不堪了，现在应该静下来休息两天。另外两只很诧异：休息？简直是笑话！没看对岸花丛中的蜜都快被喝光了吗？说着，那两只毛毛虫就各自忙碌起来。剩下的一只爬上最高的一棵树，找了片叶子躺下来了。

不知过了多久，一觉醒来，它发现自己变成了一只美丽的蝴蝶。它仅扇动了几下翅膀，就飞过了河。此时，对岸的花开得正艳，每个花苞里都有香甜的蜜。它很想找到那两个伙伴，可是飞遍了所有的花丛都没找到，因为它的伙伴一个累死在了路上，另一个被河水淹没了。

顺其自然就是要顺应自然，既要顺应自然的客观规律，又要发挥自己的能力，通过自己的努力去改变自己的处境和走出自己的困境；顺其自然就是要在机遇来临之时毫不犹豫地抓住它，不让它和你擦肩而过；顺其自然就是趋向自然，向自然学习，这样会获得明朗的心境，轻松的人生。

放下，即得到整片天

大师语录

许多人放不下，到老都放不下，总觉得事情没办完，年轻时忙儿女，儿女长大了忙孙儿女；殊不知，我们走了，太阳照样从东边出来，没有你这个人，人家照样过下去……古人说，几人能向死前休。这句话是有道理的，休是罢休的休，不是修行的修，人要到两眼一闭、两腿一伸才罢休，因为不罢休也不行了……

点亮智慧

禅宗云："看破、放下、自在。"这里所谓的放下，就是去除得失心和执著心，万事万物皆为人所用，但非我所属。淡泊明心，不绝望于人生之痛，也不执著于人生之苦。

人总是有一些是放不下的。每个人都会有过去，都会有失败的经历和总想抹去的记忆。放不下这些东西的人就无法得到心灵的解脱，这样的人也就脱离不了苦海。

人为什么有烦恼？为什么有痛苦？因为自己妄执。所以禅宗说到所有的佛法，只有一句话："放下。"但是，人就那么可怜，偏偏放不下！听了禅宗的放下，天天坐在那里，放下！放下！如此又多了一个妄执——"放下"，还是放不下。

南怀瑾先生有一位老友，那时大约已有90岁了，依然不舍得退休。有一次，周老先生来访，在南怀瑾的办公室里，两人展开了这样一场对话：

"你不是要退休吗？工作找到人接手了吧？"

"一时还交不下来，因为找不到合适的人接。"

"到了我们这个年纪，看见年轻人总觉得能力还不够，不能放心交给他。其实我们年轻时也和他们一样，我们因为累积了七八十年的经验，才会自觉有能力，等到年轻人活到我们这个年纪，自然有我们现在的能力了。你念佛一辈子，快点放下交给年轻人，自己专心念佛吧。"

周老听了，欣然接受。随后他就把工作交给别人接手，自己和夫人移居美国洛杉矶，每日安心念佛，清静度日。

放下那些放不下的东西，不仅是给别人一次机会，更是给自己留出一片广阔的天地去享受心灵的清净。越是放不下的人。所过的生活也就越累，到头来还得放下这些东西。所以说与其到最后放下，弄得自己身心疲惫，还不如早点放下去享受生活。

但是在这个世界上人们放不下的东西实在是太多了。除了金钱、名

利、感情之外，世人最放不下的是自己那颗早就已经疲惫的心。

放下那些钱财，钱财不过是身外之物，生不带来死不带去。放下钱财，学学李白“千金散去还复来”的洒脱。放下功名，在意自己功名的人一般喜欢争强好胜，在这种你争我夺的竞争中，我们的心灵早就已经不堪重负了。放下那些纠缠不清的感情。人世间唯有感情最说不清楚。感情就像是一团乱麻，要想把这团乱麻解开，最快捷的方式就是直接剪断。能放下感情的人就是智者。生活中家家都有一本难念的经，每个人都有自己的烦心事。忧愁自古以来就陪伴在人类的身旁。其实很多时候人发的愁根本就不会实现，能够放得下愁的人就能够得到幸福。

说了这么多的放不下，我们不难看出其实人们最放不下的还是自己的那颗心，不能给自己的内心一片安详的天空。我们生活在这个物质充裕的年代，我们的心也不可能不受这些东西的影响，但是每个人都应该知道自己最主要的追求是什么。要不然，心会迷失自己的方向。有目标、有方向，心灵也就有了努力的方向，在自己的追逐中它们会变得喜悦。

放下那些沉重的包袱，换取自己的一片天空。

活在当下

大师语录

中国文化有一句名言，“安时处顺”……活着的时候，把握现在，现在就是价值，要回去的时候，很自然地回去了。所以一切环境的变化，身心的变化都没有关系，那是自然本来的变化。

点亮智慧

人总是这样的，喜欢回忆昨天的甜蜜或者憧憬明天的美好，喜欢往后看看往前看看，就是不看看当下。但是正是无数的“当下”构成了我

们的昨天，也正是我们的今天构成了我们美好的明天，所以关注当下，关注今天，就是在回忆我们的昨天，在憧憬我们的明天。

人生无常，我们预料不到明天将会发生什么，所以我们能做的就是把握好今天，认真活在当下，享受今天的美好时光。

南怀瑾先生有一位朋友，很会享受生活，从来不担忧将来会老、会死。这位朋友对他说："我觉得非常幸福，上帝如果不给我生命，我还没有死的机会；它既然给了我这个生命，有一天还会叫我死，这个死的机会多难得啊，一生只有一次，为什么要怕死呢？所以，我更乐于享受当下的每一天。"

能够活在当下的人，对待生活都会有一种欢乐的心境。因为这些人知道昨天已成为过去，只能追忆，而未来还没有到来，不能把握。所以要尽情地享受当下的生活。这样的人是快乐的。

曾任英国首相的乔治就像是一个习惯随手关门的人，他过完了一天就关闭了一道门，把过去的事统统忘掉。

有一天，乔治首相跟一个朋友相偕散步，每走过一道门，他都要小心翼翼地把门关好。那位朋友调侃地说："你用不着关这些门呀！"

"唔！应该的，"乔治首相庄严地回答道，"我这一辈子都在关我身后的门户。这是必须的，你晓得，当你关门的时候，所有'过去'的事也都被关在后面了，然后你就可以重新开始，向前迈进！"

纵然你有值得炫耀的过去，或有值得标榜的身世，也不要去提它！好好把握人生的每一刻，珍惜此刻，尽情地生活吧！

但是在我们现实的生活中，很多的人都把那些仅有的时间耗费在了过去和未来的身上。在悔恨和担忧中，生命一点点地流逝，人生也变得越来越暗淡。大多数的人一生都是这样度过的：当我们有精力、有金钱去享受某件事情的时候，由于担心害怕一些突如其来的事情而取消了计划，我们想等以后吧，等再有时间我一定去；等到再有时间的时候，我们又由于各种事情把自己的计划往后推；而当我们真正退休没有事的时候，我们也已经进入老年，已经没有了那份精力去完成自己的计划。所

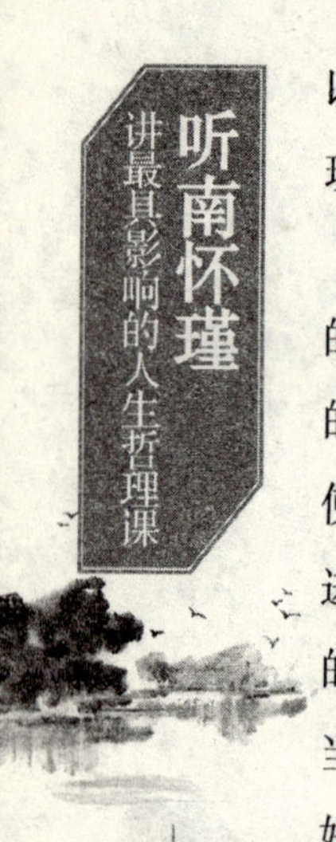

以一辈子留下了很多的遗憾。带着这些遗憾我们开始悔恨当初应该去实现自己的理想，在悔恨中我们的生命也走到了尽头……

我们所能把握的，唯有“当下”而已。生活在今天，生活在“当下”的时间里，今天这一天只有一个“当下”，它就好像是生活在你生命最后的一刻里那样。此时此刻——你在运用“当下”这一刻的时候，你就要使今天比昨天稍好一些，使每个新的今天更健康、更有成果、更朝前迈进、更快乐。如果你以前有过悲惨颓废的日子，现在你就该发掘生活中的喜乐，而不是要悔恨已过去的时光没有好好享受。当今天还属于你，当“当下”还属于你时，你就应该挖掘身边的快乐，为自己缔造一个美好的明天。如果你连当下的快乐都找不到，那么估计你可能永远也找不到快乐。因为你美好的明天完全要从你今天所想、所感、所行的播种中收获成果。这总是属于你的日子，你要如何去利用，可全在你的掌握。活在“当下”的人轻松快乐。

一次，某航空公司飞机失事了，许多人便不敢再坐飞机了。南怀瑾的一位朋友却依旧若无其事地买了票，去国外探望儿女。后来，南怀瑾问他：你就不怕飞机再失事？就不怕死？他的回答很风趣：飞机失事也是一个难得的机会，更是一个“简单明了”的死亡机会。

既然没有得到这样的“死亡机会”，这位朋友就只有好好享受每一天的“活在当下的机会”了。南怀瑾先生评价他这位朋友说：“虽然我这个朋友，既不学佛也不学道，又不学庄子什么的，讲的话素来很痛快，思想倒是很通达。”

“当下”是一个时刻，它可以让你改变自己，让你自己充实自己，让你提高自己，让你纠正自己。该做的事情在当下一点一滴去做，这样才能铺好一条通往未来的道路。

从一个人对“当下”的态度就可以看出这个人成就的大小。凡是要等到有了图书馆才能读书的，有了图书馆也不肯读书。所以那些从来不会把握当下的人，你也可以预想到他能取得什么样的成就。美国前总统亚伯拉罕·林肯经常以一种美妙的方式来结束他一天的生活。他认为，人的一生就是一天又一天的人生，因此要把人生过得好，一定要把每一天过得好。他现身说法地告诉他的国人说：“我从未立过计划，我仅仅把一天天所做的认为最好的事情做好而已。”他又说：“各行业对一个人的指导法则就是勤奋，今天能够着手进行的事情，绝不拖到明天。”

既然当下如此地重要，我们要如何才能把握住当下呢？首先是把握好今天。昨天就是昨天，时间逝去就不会回来。昨天已经终结，无论昨天发生了什么都已经成为了历史。而今天才是我们生活的起点。把握好今天，经营好今天，你的今天不要留下任何的遗憾。有些人说这还不简单，那我今天努力做好今天的事情就好了啊。或许认真地经营这一天不难，但是难的是每一天都要和今天一样努力，一样地拼命，这样的每一天都会很累，到底又有多少人能够坚持下来呢？有些人之所以成功，就是因为你坚持不了的事情人家可以坚持下来。认真地做好今天的每一件事情，总有一天你会发现，成功已经尾随其后了。这就是所谓的：不积跬步，无以至千里；不积小流，无以成江海。

其次就是我们应该用今天的努力去弥补昨天的“损失”。人生不是一路风平浪静，而是一个曲曲折折的历程。谁都会碰到困难，遇到挫折。如果遇见失败后就唉声叹气，自怨自艾，耽误了今天的时光，那将是双倍的损失。为了昨天打翻的牛奶而流泪是多么不值得的一件事情啊。如果人们可以从今天努力，那么昨天的损失也就变得微不足道起来。

把握当下，就要有勇气去面对明天的新生活。有的时候我们不得不放弃自己习惯的生活，开始一段新的生活。从离开父母独自到异地求学，从大学毕业一个人到社会闯荡，生活的变化为我们带来了许多的不适应。很多人想今天就去解决明天的烦恼，但是这样的烦恼不是一天两天就能够解决的。这时候我们就应该果断告别昨天，和过去的生活说再见。这样才能确立自己新的目标，展开自己的追求，才能从昨天的烦恼中走出来，享受今天的生活。

全身心地投入到当下的生活学习和工作中，把握住现在，活在当下，放下过去的恩恩怨怨，放下过去的所有不幸，别让过去绊住了你前进的

脚步。也不要让未来拉着你被动地向前，把你所有的力量集中在当下这一个点，你的生命就具有了无限的力量。

“一天一个现在”，现在就是“当下”，也就是此时此地。你真正活着的就是此时此地的一刹那，也只是一片刻。只有那些真正懂得生活的人才会抓住“当下”的每一分钟，认真做好应做的事情。当下只是现在的当下，过了之后便不再有“当下”。把握现在，认真活在当下。

像水一样做人

大师语录

一个人如要效法自然之道的无私善行，便要做到如水一样至柔之中的至刚、至静、能容、能大的胸襟和气度。

点亮智慧

《道德经》：上善若水，水善利万物而不争。夫唯不争，故无尤。处众人之所恶，故几于道。孔子说君子用水比喻自己的德行。水遍及天下，没有偏私，好比君子的道德；水所到之处，滋养万物，好比君子的仁爱；水性向下，随物赋形，好比君子的仗义；水浅则流行，深则不测，好比君子的智慧；水奔赴万丈深渊，毫不迟疑，好比君子的勇敢；水性柔弱灵活，无微不至，好比君子的明察；水遭到恶浊，默不推让，好比君子的包容；水承受不法，终至澄清，好比君子的善化；水入量器，保持水平，好比君子的正直；水过满即止，并不贪得，好比君子的适度；水历尽曲折，终究东流，好比君子的意向。从老子和孔子的描述中我们不难看出，水其实是一种精神，是一种人生的境界。我国古代的圣贤都推崇水的精神和品格。

我们应该学习水的精神，它刚柔相济，它清洁尘垢，它甘居下流却不卑，它为了理想积蓄能量，它高尚纯洁。如果做人也可以达到水的品格，那么人生就达到了一个至高的境界。

刚与柔自古以来就是中国人推崇的做人做事的方法。那么我们何时应该刚强，何时应该柔弱，曾国藩给了我们答案：但凡遇到的事是公事，应当刚强，而为了追逐名利，就应谦逊退让；开创家业，应当自强刚毅，而守家业则应以安乐为上，懂得谦退；为人在外遇事待物，应当刚强，在家与妻儿享受时则应以和睦谦让为主。

曾国藩初次带兵打仗时，刀光剑影，杀人如麻，人们称之为“曾剃头”，这是他人性中刚的一面。此后大半生一直与太平军交战，历经磨难，经历了无数次失败。咸丰四年正月中旬，曾国藩奉命出征，所带水师受到太平军痛击，遭到惨败。曾国藩满心沮丧，心里异常难受、灰心，决定跳水自杀，后被属员章寿麟奋身入水救起。战后，曾国藩回到长沙，遭受世人百般嘲笑，他误以为大势已去，极度悲观之下决心在四月初五又一次自戕，幸而塔齐布的捷报打消了他寻死的念头。曾国藩重新振作，埋头募兵练兵，准备再次发动攻势。咸丰四年七月初一，湘军水师“总统”褚汝航克复岳州，取得暂时胜利，八月二十三日湘军克复汉阳，曾国藩以为胜利在望。太平军将领翼王石达开力挽狂澜，咸丰四年二月十七日率兵攻克武昌，曾国藩苦战半年打下的城镇得而复失，湘军精锐，溃不成军。曾国藩再次自杀不死，黯然逃回南昌，受尽天下人的冷讽热嘲。

曾国藩历经艰难，在困境中崛起，苦心经营，于“柔”中炼就刚的意志，终于壮志得酬，一举攻克天京，成就一番大“功业”。

学习水的刚柔相济的品格，终可以磨炼出坚强的意志，成就一番大事业。就像水一样，看似柔弱但实际上却可以水滴石穿。这就是水的精神，这就是我们要学习的水的精神。俗话说，仁者乐山，智者乐水。水的品格可不仅仅如此。

水是世界上最为清洁的东西。它本身纯净清澈，可是它却从来不骄傲清高，而是有一颗荡涤世间尘埃的心，它所到之处带走泥沙污垢，它

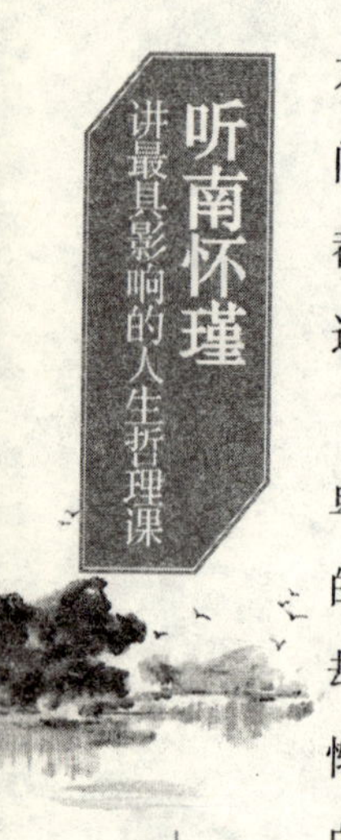

不惜用自己的身躯去换来世间的洁净。水又无处不在，它在清澈的小溪间，它在奔腾的河流中，它在一望无际的汪洋中，但是无论水到哪里它都会勇敢无畏地深入尘世，去清除世间的一切肮脏。这就是水的胸怀，这就是水的世界，是它让我们的世界干净清晰，纯真自然。

水甘居下游而不卑。常言说：水往低处流。但这并不是说明水就是卑微的。水在低谷沟壑深潭聚集，它安身于这些地势低洼处，它没有山的巍峨，没有天空的辽阔，也没有海的深远。但是它却是鱼儿的家，它却是绿树红花的镜子，是动物的生命之源。它处在低微的地势却从不自惭形秽，它身处僻静之壤却从不会孤单寂寞。它用自己的胸襟容纳蓝天白云，容纳日月星辰，容纳一切的生物。这就是水的胸怀。

我们还要从水的身上学会积蓄力量。大海是由许多的大河汇集而成，大河又是由许多的小溪汇集，小溪由雨水落下而成，雨水由雾滴组成，水汽凝聚而成雾气。水就是一点一滴，慢慢地积累而形成了广阔无垠的大洋。我们生活中也是一样，要想成就理想就要从点滴小事做起，从近处着手，把眼光放长，不断地积蓄能量。等待一飞冲天的那一刻。正所谓：不积小流，无以成江海。人生也是这样，如果没有积累，就像是空中的楼阁，就像是无根的树木，早晚有一天会以失败告终的。

做人应如水，还指做人的品格应如水。水高尚纯洁，清澈见底，没有一点的杂质，做人应如水，率真才是处世之道。做人应如水，水走过的路从来都是弯弯曲曲的，这是因为水会变通。做人应如水，学会奉献。做人应如水，有一种豪放的精神。做人应如水，遇到不如意的事忍耐一下。做人应如水，像水一样有德、有才、充满智慧。

茫茫的人世间，人生又是如此地短暂，我们想获得一个充实而快乐的人生就要靠我们自己，靠我们自己去学习做人的精神和品格。那就向水学习吧。水已经把做人的崇高境界在无声无息中阐释给了我们，剩下的就要看我们的心灵在现实的尘埃中如何净化和如何提高自己的素养。

水的品性告诉我们，人应该心存善良，善待一切，乐于奉献。低调做人，高调做事。

第三章 Chapter3

为人处世的哲学

“尽人事以听天命”是中国古人就有的智慧。现代人常说，重过程不重结果，其实表达的也是相同的含义。很多时候，人生之事根本无法辨清是非对错，尤其是处在人生低谷的时候，更无法用常理判断事情的发展动向。这时要想保持一颗平常心，不为忧愁和烦恼所累，强求和妄为都不是正确的选择。只有用“尽人事以听天命”开解自己，一边努力创造新的形势，一边在旧环境中等待时机，才是真正的智者所为。

人生的真谛在于付出

大师语录

你的所作所为对于人类社会有贡献，因为你的贡献，能使世界人类安定下来，这才算是事业。古人有一句话说“但在流传不在多”，能够真正流传下来的，它的价值不在数量多。可知但在流传不在多，真正有流传的价值，这也就是事业的定义。……反之，人若有房子，有钞票财产，不见得是成功。

点亮智慧

《庄子·大宗师》提到“有亲，非仁也”。“有亲”，是指亲人的私情。所谓真正的仁慈，如果还带有私情的话，就不能算是仁慈了。南怀瑾先生在这里解释到，讲到亲与仁，儒家所谓的仁，同佛教的慈悲、基督教的博爱，都有相同之处；不过范围解释说法各有不同。佛家的慈悲是平等爱人，儒家的仁也等于慈悲，但它是有范围、有层次的爱，是先爱自己所亲的人，再爱社会上的其他大众。而佛家则不然，佛家讲究慈悲平等，爱一切众生。

南怀瑾先生为说明儒家与佛家“仁爱”的不同，还给我们讲了一个理学家们风趣的比喻。说释迦牟尼佛跟孔子两人站在河边，看见两人的母亲都掉到河里去了，释迦牟尼佛肯定会觉得众生平等，两个人都得救。而孔子则毫不客气，先跳下去救自己的母亲，再去救释迦牟尼的母亲。

从这个比喻中可知，儒家的思想是“亲亲”、“仁民”、“爱物”，有一定的步骤次序。庄子这里对儒家没有批判，可是下了一个注解：“有亲，非仁也。”也就是说，仁慈是爱天下，没得私心，如果中间有所亲，有所偏爱，已经不是仁的最高境界了。所以，无私是求仁的最重要的前提。

心中无私，才能做到自己为人刚毅正直，办事公正有度。这既是一种高洁的品行，也是一种做人做事的智慧。东汉时期的马皇后，在这方面的表现就很令后人敬服。

东汉光武帝时期，有一位南征北战、功勋赫赫的名将马援。他有个女儿，自幼聪明伶俐。然而，不幸的是母亲过早地离开了人世，马援又长年征战在外，关照弟弟、妹妹的家事，不得不过早地落在她的肩上。这也使她早早地懂事、成熟起来，马援后来在征讨武陵“五溪蛮”时，病死军中，实现了“以马革裹尸还葬”的雄心。马援死后，光武帝爱怜其后，将马援13岁的女儿召入宫中，留在阴皇后身边使唤。太子刘庄（即汉明帝）见其秀丽端庄，礼仪周全，渐生感情。公元57年二月，光武帝卒，刘庄继位，立马援之女为贵人。公元60年二月，又立贵人马氏为皇后。

马皇后是个才貌双全、很有能力的女性。她在宫中熟读经史，尤其喜读《春秋》、《楚辞》等著作。所以，涉及国家的重大政令，她总能提出自己比较高明的见解，使汉明帝很佩服。公元70年，有个叫燕广的人揭发楚王英有密谋造反之嫌，汉明帝没有调查清楚，就大兴问罪之师，将楚王英赶到丹阳。英自杀，京师之内凡与英王有牵连的亲属、朋友、诸侯、州郡豪杰都被连坐，上千人被赶出京师。全国因楚王英一案下狱的有数千人。公元73年，又发生了类似的冤狱。马皇后对这种情况非常忧虑，她从国家长远利益出发，大胆向明帝谏言，说明这样发展下去十分危险，将危及自己的统治。明帝采纳了马皇后的意见，制止了这类事件的恶性发展。马皇后能够虚心听取来自各方面反映的问题，平等而又宽宏待人。凡有人想要通过她向明帝反映情况，她总是能认真地听取，认真地思考、调查，以便把真实的情况反映给明帝。

马皇后没有生子，汉明帝因见她考虑事情周到，又有较高的修养，就把贾妃生的儿子刘炟送到她身边，由她抚养教育。马皇后则以自己的严格律己，教育、影响刘炟。她在生活上注意节俭，爱穿粗布衣服，衣裙也不饰华丽。在宫中她经常对宫妃们说，粗布衣料容易染色而又大方

耐用。所以，经她提倡，宫廷生活一度变得严谨而俭省，后来的人们既尊敬她，又愿意接近她。汉明帝有时外出游乐，前呼后拥声势浩大，马皇后常常推说自己身体不适，不陪伴同行。

公元 75 年八月明帝卒，太子刘炟即位，是为汉章帝。马皇后被尊为皇太后。为了辅佐刘炟，使其了解前朝的历史，她开始撰写汉明帝起居注。马皇后的哥哥马防曾任负责汉明帝健康以及用药方面的官吏，本应在起居注中提到一笔，但是，马皇后只字未提。章帝看了对太后说："我的舅舅在父皇身边忙碌一生，没有功劳也有苦劳，书中总该写上他。"马皇后却说："他们多尽些力是应该的。"

她从不凭借自己的地位为亲戚谋私利。反之，她对兄弟们平日的言行要求非常严格。她曾向京城官吏们表示："如有马家兄弟违犯地方法令，请依法制裁并报告给我，他们若做了好事，也请给予表彰和赏赐；眼下他们都有一定的官职，如不称职或违法，就应当罢官，送回老家。"

汉章帝初登基时，曾打算给几位舅父加封爵位，一些拍马屁的大臣也怂恿年轻皇帝这样做。马皇后却坚决不同意。章帝担心不封侯于众舅父，会使他们终生怀恨皇帝。马皇后经过反复认真的考虑，为章帝想了个两全其美的办法，她说："高祖时就有规定，没有军功者不能封侯，马氏兄弟目前还没有给国家立下什么军功。何况现在国家连年遭灾，谷价涨了好几倍，我为这些事昼夜不安。你未成年时，一切依靠父母，现在你已成人即位了，就应该全力去实现你的志向，把国家治理好。只有这样，我才能放心。你应该鼓励你的舅舅们努力建功立业。"章帝听了这番话，深受感动，终于打消了给舅舅封侯的念头。他鼓励舅舅们去沙场建立军功。公元 77 年八月，马防同耿恭率兵平定了当羌。第二年，马防又大败西羌兵，年末，被任命为车骑大将军。

公元 79 年六月，为宫廷和国事操劳一生的马皇后得了重病，她不相信那些神巫邪术，也不欢迎人们为她而祈祷。不久，马皇后离开人世，死时才四十几岁。

马皇后的一生可谓是行事公正、做人无私的一生。她虽贵为皇后，但并没有像大多数人那样卷入后宫的钩心斗角之中，不但留下了美名，同时也合情合理地维护了家族利益。而这一切是与她正确的为人处世之道分不开的——少为自己和亲人考虑一些，多为他人着想一些，私心少一些。仁爱就会多一些，你的仁爱多一些，你所得到的回报也会多一些。

如果按世俗的观点来看，南怀瑾先生可谓“事业有成，富贵多金”，对于成功他有独到的见解，他说成功不在于得到，而在于贡献；真正的富有不是占有，而是布施。

所谓布施，一方面是财物上的付出，而更高意义上的富有是向他人传授真理。一个人如果不能明理，不能心安理得，即使他拥有再多的钱财、再高的地位，也是贫穷。真理是每个人都需要的，假如能把真理布施给人，把知识技术传授给人，则不仅能改善人们的生活，还能开发人们的智慧，以此使更多的人获利。这种给予他人心灵启发的付出，被佛教认为是上等的布施，是“法施”。

20 世纪 90 年代，南怀瑾先生毅然决定由个人出资与政府共同兴建浙江省的金温铁路。金温铁路的建成开通，有力地促进了温州市和浙西南地区经济与社会的发展，并为完善东南沿海铁路路网建设奠定了良好的基础。他看到了个人的付出带来的社会效益，他带来的不仅是铁路，还有经济发展的契机以及社会和谐的动力。

南怀瑾先生的布施不仅仅停留在物质层面，或许存在的事物终有一天会消亡，人们也会淡忘，然而精神的光辉却永放光芒。南怀瑾先生精通儒、释、道三教，熟读诸子百家，并将其融会贯通，“经纶三大教，出入百家言”，被世人誉为当今的“国学大师”。他著作颇丰，个人著作近百本，洋洋洒洒上千万言，出版发行上百万册，并在台湾创立“东西精华协会”，开办各种讲座，同时还创办台湾老古文化公司，专门出版有学术价值的书籍，其思想惠及万民。

以诚待人

大师语录

一个人的修养，对人对事，都要有这种“祭神如神在”的心理。否则，表面上非常恭敬，内心里又是另一回事，那是没有用的。所以由于孔子的这番话，了解了祭礼，依此来讲做人的道理，也就可以触类旁通了。

点亮智慧

从我们小时候，老师家长就告诉我们要诚实。从小就培养我们诚实的品质是有原因的。诚实的人才会受到人们的欢迎，诚实的人人们才愿意和他交往，诚实是人们立足于这个社会的根本。子曰：“居上不宽，为礼不敬，临丧不哀，吾何以观之哉?”

对孔子所说的“为礼要敬”南怀瑾先生是这样理解的，“敬”不仅包括下级对上级行礼要恭敬，还有包括上面对下面的爱护。我们要互相“敬”对方，也就是都要做到诚恳、真挚，不真诚没有用。

真诚待人，是待人之道，更是处世之道。待人真诚，那些有才干的人才会被你的真诚打动，才能留下来成为你成功道路上的帮手。俗话说：书到用时方恨少，用人也是这样，我们不能等到急需要人才的时候才开始招揽人才，这样既耽误了办事，又会显得没有诚意，更没有人愿意在这个时候能帮你一把。所以，以诚待人，关键时刻就会有人来帮你。

战国时，齐国的孟尝君、赵国的平原君、魏国的信陵君、楚国的春申君都非常好客，各养门客数千，其中，真正尊士识士的要算魏国的信陵君。

信陵君，魏国公子，名无忌，是魏昭王的小儿子。魏昭王死后，无忌之兄安釐王继位，封无忌为信陵君。信陵君为人仁而下士，他不敢以其富贵骄士，因此，即使在数千里外的士人也争相来投靠他，宾客有3000人之多。当时，各诸侯国正是因为信陵君贤而多客，才不敢加兵于魏。

信陵君卑身虚心待士最脍炙人口的故事是他和隐士侯嬴的结交。

侯嬴是大梁夷门的看门人，年已70岁了，是个隐居的贤士，所以很少有人知道。信陵君听说他是个贤才，便亲自前往拜访，并送给他厚礼。侯嬴不肯受礼，说："我修身洁行数十年了，决不因穷困而受公子财。"

信陵君特意为侯嬴摆了丰盛酒宴，并请了很多宾客。同时，他空着车上左边的座位，自己赶车前往迎接侯嬴。侯嬴上了车，毫不谦让地坐在上座，想以此试探公子的态度。这时，他见公子赶车更恭敬了。

车骑经过一段路，侯嬴对公子说："我有一位朋友在市场里，想顺道去看看他。"

于是，公子赶着车进入了闹市，侯嬴下车去会见自己的朋友朱亥，故意长时间地跟他谈话，斜眼看着公子的表情，而公子却和颜悦色、非常耐心地在等着。

这时，魏国的将相宗室宾客已坐满堂，正等着公子来举酒。市人都观看公子为侯嬴执辔赶车。随从人员都在暗中骂侯嬴。侯嬴见公子颜色始终不变，才向朱亥告辞上车。

等到了家里，公子把侯嬴请到上坐，介绍给宾客，宾客都很惊讶。酒过三巡，公子起身向侯嬴祝寿。侯嬴对公子说："今天我太烦劳公子了。我不过是夷门的看门人，而公子亲自为我赶车迎接，不该停留公子也停留了。可是，我却是想给公子带来一个好名声，所以让公子长时间站在市中。人们都把我当做小人，而认为公子是个礼贤下士的明主。"他又说，"我所访的朱亥也是个贤者，他隐居于屠间，世人不知道。"

侯嬴这样做，不仅是试探公子能否尊士，也是为宣传公子尊士的声誉。而途中访朱亥也使公子能与贤者结交。后来侯嬴与朱亥在公子救赵之战中导演了著名的"窃符救赵"。

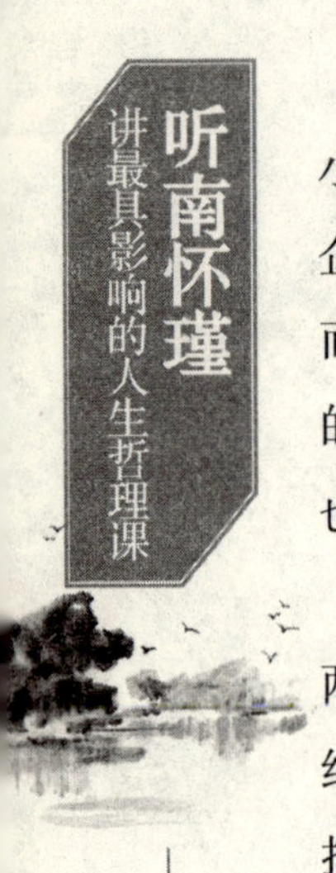

以诚为本，南怀瑾先生可谓一语道破了人际相处的原则。从上面的小故事我们不难看出，这一点对我们领导者来说是多么地重要。现代的企业或公司领导者常常强调，下属对企业、对公司、对上级要忠诚，然而，却很少有领导者认识到对下属也要以诚相待。殊不知，人与人之间的相处是相互的，所以，要想你的下属对你、对你的企业忠诚，首先你也要以真诚的态度对待他们。

那些对别人尔虞我诈的人，是不会有好的结果的。你对人这样一次两次别人可能不会说什么，但是时间久了，人们也就看出了你的本性。结果你在生意场上，没有人愿意和你合作，那些狡诈的商家到最后不仅损失了自己的物质利益，也最后损失了自己的名誉。如果你身在学术界，对人尔虞我诈，人们又会有谁愿意把自己的真才实学教给你呢？没有学到东西就已经是很大的损失了，但更大的损失是人们对于这个人都已经失去了信任。

以诚待人就是要相信别人，要尊重别人。每个人都是有自己的尊严的，也都是讲面子的。你这样对待别人的时候，或许人家嘴上不说什么，但是每个人都是有感情的，他们会把这些记在心上。反过来，当你需要帮助的时候，人家也会这样对你。你想别人怎样对待你，就要先自己怎样地去对待别人。

作为平常人，对人真诚，人们就会觉得你这个人可靠，渐渐地就会把一些重要的事情交给你干。对领导真诚，领导就会认为你这个人可靠，就会喜欢把事情交给你这样的人。对于下属真诚，下属感受到你人格的魅力，就会更加死心塌地地跟着你干。你们的团队就是一个团结的队伍，这样的队伍何愁任务会完不成呢？

对别人真诚反映的是一个人的品质，对自己真诚则有助于减轻自己心理的负担。对自己真诚就是不要自欺欺人。很多的时候我们由于办了一些错事而不愿意承认。承认那些错误的事会让别人觉得我们能力有限，也会很丢面子。但是，对自己诚实一点的话，就应该大胆地承认自己的错误。一个敢于承认自己错误的人，他获得了心理的解脱，同时也获得了一个提升自己的机会。人们不会因为你的正视错误而鄙视你，相反，人们会佩服你的勇气。

古人说："驭将之道，最贵推诚，不贵权术。"这句话不无道理。这里所说的"诚"，就是真实无妄，实实在在没有虚假，没有装饰，所以叫诚心。孟子曾说过"人天生存诚"，但这种诚必须经过修养才能达到，因为出于各种动机、诱惑，人往往不诚。所以，诚为治人之本，攻心之本。

中庸是道

大师语录

一个人的一生呀，由最绚烂而归于平淡，由极高明而归于平凡，这才是成就。这个要点就告诉我们一个人生的道理，就是儒家、道家讲的"极高明而道中庸"。

点亮智慧

"不偏之谓中，不倚之谓庸。中者，天下之正道；庸者，天下之定理。"体现在做事上，就是凡事必须做到恰到好处。不及肯定是不好的，太过了则会大贞凶。所以，最好的道就是中庸之道。

一个能做到中庸之道的人，必然是品德修养高，自我调控能力强，自己的言行、情感、欲望等适度、恰当，避免"过"与"不及"的人。

"中庸"所说的"中"，既不左冲右突，又戒参差不齐。其实这种人生哲理，从我们的日常生活的许多细节中即可体察出来。同样是放盐的故事，却能看出过犹不及和恰到好处的中庸之道。

有一个傻小子到朋友家去做客。主人殷勤地做了几道好菜招待他，但因一时匆忙，每道菜都忘记了放盐，所以每一道菜都淡而无味。

傻小子吃了后说："你烧的菜怎么都淡而无味呢？"

主人立刻想起忘了放盐，赶紧在每道菜里加了点儿盐，并请他再食用。傻小子吃了之后，觉得菜都变得非常可口。

于是，他就自言自语地说："菜之所以鲜美，就是因为放进盐的缘故。只加一点儿盐就那么鲜美，若加多一点儿，那一定更好吃了。"

接着，这个人菜也不吃了，就抓起大把盐往嘴里塞。结果，他被咸得哇哇大叫。

众所周知，盐是一种调味品，太咸或者太淡，饭菜的滋味都不好吃。只有恰当的时候我们才能体会到饭菜的美味。像这个傻小子不懂得其中恰到好处的道理，所以只能被咸得哇哇大叫。

中庸之道不仅是一种做人做事的准则，也是一条治理国家的准则。下面也是关于一个做菜放盐的故事，但是却证明了中庸之道在治国方面的重要性。

伊尹辅佐汤推翻了夏桀的残暴统治，建立了在我国历史上维系约600年之久的商朝。伊尹原来不过是汤身边的厨师，汤妻陪嫁的奴隶，他之所以被汤看中而委以重任，是因为他确实有一番才干，也善于从生活中发现人生智慧。他看到汤成天为与夏桀争夺天下而忙碌着，显得十分焦急，以致一日三餐都食不甘味。他就想出一个办法来引起汤的注意。他把上一顿饭的菜做得特别咸，下一顿饭的菜又故意不放盐，让汤吃得不对味而来责备自己。接着，他又把每顿饭的菜做得咸淡适中，美味可口，让汤吃得十分满意。伊尹早已预想到了，汤准会表扬自己。果然，有一次饭后汤对伊尹说："看来你做菜的本事确实不凡。"

伊尹已是成竹在胸，不等汤把话说完，就借题发挥说："大王，这并不值得夸奖，菜不宜太咸，也不能太淡，只要把作料调配得当，吃起来自然适口有味。这和你治理国家是一个道理，既不能无所作为，也不能急于求成，只有掌握好分寸关节，才能把事情办好。"

后来孟子对伊尹的评价是："治亦进，乱亦进，伊尹也。"意思是说，伊尹在天下太平时入仕做官，在天下动乱时也入仕做官。伊尹之所以能够做到这点，关键是善于把握好分寸，有所为有所不为，深悟中庸的为人处世哲理。

恰到好处，即是“中”，过多和过少都不好。炒菜不可太生，亦不可太熟。放盐不可太多也不可太少，生熟咸淡恰到好处，菜才好吃。又如商人卖东西，要价太贵，则人不买；要价太低，又不能赚钱。必须要价不多不少，恰到好处。

恰到好处的智慧既讲恰到好处，又讲因时而中。做任何事情都是这样。什么都死死板板的很正，言行呆呆板板，矫枉过正，并不是好事，也就是说人生要通达，不通达就不对了。坚持是一种品质，但是过分的坚持就变成了固执，就是一种“过”。在有些事上，过度的坚持可能会导致更大的浪费。比如说一个人对自己人生目标的态度。目标，这是人生的起点。一个人要想获得事业上的成功，首先要看有没有目标。没有目标就没有动力，但目标必须是合理的，即合乎实际情况；如若不是，那么，即使你再有本事，付出千百倍努力，也不会获得成功。

牛顿早年就是永动机的追随者。在进行了大量的实验失败之后，他很失望，但他很明智地退出了对永动机的研究，在力学研究中投入更大的精力。最终，许多永动机的研究者默默而终，而牛顿却因摆脱了无谓的研究，而在其他方面脱颖而出。

诺贝尔奖得主莱纳斯·波林说：“一个好的研究者知道应该发挥哪些构想，而哪些构想应该丢弃，否则，会浪费很多时间在差劲的构想上。”有些事情，你虽然作了很大的努力，但你所走的研究路线也许只是一条死胡同，迟早你会发现自己处于一个进退两难的地位。这时候，最聪明的办法就是抽身退出，放弃这个项目的研究，去研究别的项目，寻找成功的机会。

成功者之所以成功的秘诀，就是随时检视自己的选择是否有偏差，合理地调整目标，放弃无谓的坚持，轻松地走向成功。

两个贫苦的樵夫靠着上山捡柴糊口，有一天在山里发现两大包棉花，两人喜出望外，棉花价格高过柴火数倍，将这两包棉花卖掉，足可供家人一个月衣食无虑。当下两人各自背了一包棉花，便欲赶路回家。

走着走着，其中一名樵夫眼尖，看到山路上扔着一大捆布，走近细看，竟是上等的细麻布，足足有十多匹之多。他欣喜之余，和同伴商量，一同放下背负的棉花，改背麻布回家。

他的同伴却有不同的看法，认为自己背着棉花已走了一大段路，到了这里丢下棉花，岂不枉费自己先前的辛苦，坚持不愿换麻布。先前发现麻布的樵夫屡劝同伴不听，只得自己竭尽所能地背起麻布，继续前行。

又走了一段路后，背麻布的樵夫望见林中闪闪发光，待近前一看，地上竟然散落着数坛黄金，心想这下真的发财了，赶忙邀同伴放下肩头的棉花，改用挑柴的扁担挑黄金。

他的同伴仍是那套不愿丢下棉花，以免枉费辛苦的论调，并且怀疑那些黄金不是真的，劝他不要白费力气，免得到头来空欢喜一场。

发现黄金的樵夫只好自己挑了两坛黄金，和背棉花的伙伴赶路回家。两人走到山下时，无缘无故下了一场大雨，两人在空旷处被雨淋了个湿透。更不幸的是，背棉花的樵夫背上的大包棉花吸饱了雨水，重得已无法背动，那樵夫不得已，只能丢下一路辛苦舍不得放弃的棉花，空着手和挑金的同伴回家去。

人的一生都是不断地作决定，在每一个关键时刻，要懂得审慎地运用智慧，作最正确的判断，选择正确方向，同时别忘了及时检视选择的角度，适时调整。放掉那些无谓的坚持，懂得变通的道理，用冷静的开放的态度做正确的选择。每次正确的抉择将指引你走在通往成功的坦途上。

一旦确定了目标，下一步便是鉴定自己的目标，更准确地说是鉴定自己所希望达到的领域。如果你决心做一下改变，就必须考虑到改变后是什么样子；如果你决定解决某一问题，就必须考虑在解决中可能会遇到的困难是什么。

当描述了理想的目标以后，就应该考虑目标实现的可行性了。所以你必须考虑达到该目标所需的时间、财力和人力。这样才能估量出目标的可行性。如果目标是可行的，你就要量力而行，在实践的过程中也同样要不断地修改自己的目标。

我们见过许多这样的人，他们满怀雄心壮志，毅力也很坚强，但是由于不会进行新的尝试，因而无法成功。请你坚持你的目标吧，不要犹豫不前，但也不能太生硬，不知变通。如果你确感到行不通的话，就尝试另一种方式吧。要知道，路的旁边也是路。

满招损，谦受益

大师语录

有很多傲慢的人，你研究一下他们的心理，他们下意识里一定有自卑感的。所以我们常说，一个非常傲慢的人，就是因为他自卑感太重。因为傲慢是对自卑的防御，生怕别人看不起自己，所以要端起那个架子来。没有自卑感的人很自然，你看得起我，还是看不起我，我就是我，我就是这个样子，是很自然的。人到了这个境界，是真的认识了自我。所以人顶天立地，古往今来，无非一个我。

知道道的妙用在于谦冲不已，犹如来自山长水远处的流泉，涓涓汩汩而流注不休，终而会聚成无底的深渊，不拒倾注，永远没有满盈而无止境。

从个人的修养来讲，修道的基本，首先要能冲虚谦下，无论是炼气或养神，都要如此，都要冲虚自然，永远不盈不满，来而不拒，去而不留，除故纳新，流存无碍而不住。

点亮智慧

孔子带着学生到鲁桓公的祠庙里参观的时候，看到了一个可用来装水的器皿，形体倾斜地放在祠庙里。在那时候把这种倾斜的器皿叫攲器。

孔子便向守庙的人问道："请告诉我，这是什么器皿呢？"守庙的人告诉他："这是欹器，是放在座位右边，用来警戒自己，如'座右铭'一般用来伴坐的器皿。"孔子说："我听说这种用来装水的伴坐的器皿，在没有装水或装水少时就会歪倒；水装得适中，不多不少的时候就会是端正的；里面的水装得过多或装满了，它也会翻倒。"说着，孔子回过头来对他的学生们说："你们往里面倒水试试看吧！"学生们听后舀来了水，一个个慢慢地向这个可用来装水的器皿里灌水。果然，当水装得适中的时候，这个器皿就端端正正地在那里。不一会，水灌满了，它就翻倒了，里面的水流了出来。再过了一会儿，器皿里的水流尽了，就倾斜了，又像原来一样歪斜在那里。

这时候，孔子便长长地叹了一口气说道："唉！世上哪里会有太满而不倾覆翻倒的事物啊！"

这篇故事的寓意是借用欹器装满水就倾覆翻倒的现象来说明骄傲自满，往往向它的对立面——空虚转化。从而告诉人们要谦虚谨慎，不要骄傲自满，凡骄傲自满的人，没有不失败的。

满招损，谦受益，这是古人告诉我们的，"虚心竹有下垂叶，傲性梅无仰面花"这是大自然告我们的，人要有谦卑的胸怀，千万不可目中无人，自大无礼，那是不讨人喜欢的。

拿破仑登上皇位之后，有一次到外地旅行，经过一个小镇，就在一家旅馆住下来，休息了一会儿，换上一身便服，到街上去散步，由于衣服很朴实，完全显不出皇帝的身份，所以走到街上，没有人特别注意他。

没想到在街上走了很久，拿破仑竟然迷路了，他站在十字路口东张西望，不知道哪一条是回旅馆的路，刚好有一个军官模样的人站在一所房子门口抽烟，拿破仑就走过去向他问路，很客气地对他说："朋友，请问哪条路是通到镇上旅馆的？"

那个人嘴里叼着烟斗，爱理不理地看看拿破仑，随便伸手一指，意思是叫他走右边的那一条路。虽然那个人态度十分傲慢，拿破仑还是心平气和地说："谢谢您，请您再告诉我，旅馆离这里有多远？"那个人很不耐烦地回答说："一英里！"说完就转过头去，不想再理他了。

拿破仑谢了谢他，走了几步，忽然又走回来，对那个人说："对不起，请问您在军队是什么等级？"那个人烟斗里的火光闪了一下，很神气地说："猜猜看！""是中尉吧？"那个人嘴角吐出白烟，很得意地说："再往上猜！"拿破仑说："上尉？""还得往上呢！""少校？"那个人说："不错，让你猜着了！"拿破仑就向那位少校鞠躬，表示敬意。

正当拿破仑转身要走，这位少校却马上反问他："你也是军人吧？是什么阶级，快告诉我！"拿破仑眨眨眼睛："你也猜猜吧！""中尉？""往上猜！""上尉？""再往上猜！""难道你也是少校吗？"拿破仑说："还要往上猜。"

少校拿下嘴里的烟斗说："难道长官是上校吗？"

拿破仑微笑说："还要再往上猜。"

少校马上立正说："阁下一定是将军喽！"

拿破仑笑着说："还要再往上哦！"

少校立刻弯腰敬礼说："您就是当今的皇帝陛下吗？"

拿破仑说："猜对了！"少校声音发颤，很惶恐地说："陛下，请赦免我的罪吧！"拿破仑大笑说："我的好少校，你并没有犯什么罪呀！我有什么权利责罚你呢？不过我想劝你一句话，以后对待人，不要太傲慢，还是谦和一点好。"

有句俗语说得好："整瓶油，摇不响；半瓶醋，响叮哨！"越是傲慢之人，他们的个人修养就越是不足，因为他们不懂得"人外有人，天外有天"，他们那些微不足道的知识、技艺，怎么可以和别人相比呢？圣贤孔子，他认为自己难窥堂奥，尚四处虚心求教，问礼老聃、访乐苌弘；高僧印祖，修行何其高妙，仍常以"惭愧"自居，时时不忘"看一切人皆是菩萨，唯我一人实是凡夫，想想自己，尚在匍匐求知，一切懵懵懂懂，岂可贡高我慢，轻视他人。"

《老子》中说："不自伐，故有功；不自矜，故长。"不骄傲自大，才能有所成功、成就；反之，骄傲自大，则不可能有所成功、成就。这就

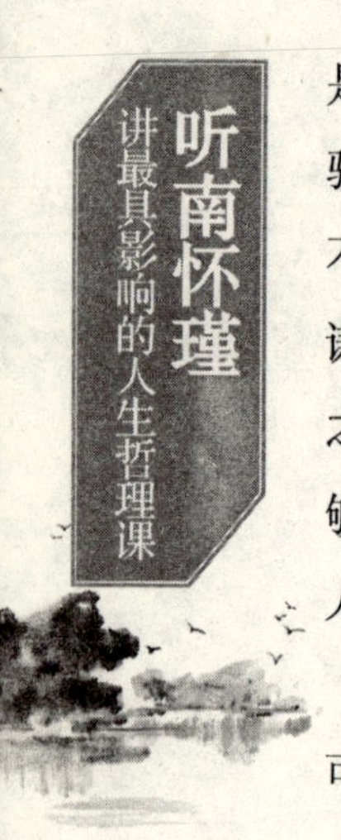

是说，谦虚是成功、成就的前提。当一个人没有功劳、成就，没有可以骄傲的资本时，做到谦虚是很容易的。而一旦有了功劳、成就，仍可以不居功自傲，很谦虚，这样的人就太少了。一时谦虚容易，而自始至终谦虚，就不容易了。历史上有很多这样的例子，像韩信、魏延、年羹尧之类，居功自傲，居功邀名，结果落得个身败名裂的下场。只有君子能够做到“劳谦”并且“有终”，因此说“吉”。只有这样才能够真正地使人折服，正如《象》说：“劳谦君子，万民服也。”

自古以来，成功永远属于那些谦虚向上的人，他们成绩的取得往往可以带来双倍的价值，从而得到物质文明和精神文明的双丰收。

“聪明？天才？思维怪异？不，我理解中盖茨的特质是谦虚。”李开复说，“一个谦虚的天才，很难得。”

在李开复的记忆里，盖茨是个很喜欢竞争的人，“他享受辩论，就想听到不同观点，又总是想赢”。可是好胜心和好奇心，并没有影响盖茨最终成为一个谦虚的人，“我记得在微软的一次内部会议上，一位技术助理跟盖茨发生争论，助理说，‘盖茨你错了！’盖茨说，‘我没错。’在‘错了和没错’的几轮僵持之后，助理列出了翔实的证据，于是盖茨恍然大悟，立刻回答，‘你对了，我错了。’”

傲慢之人，总是一副高不可攀的样子，总是以为样样比别人强，看不起别人，喜欢颐指气使，对别人呼来喝去，言谈间总是有意夸张自己的本事，挖苦别人，短时间，或许众人尚能容忍，不与之计较，但长久下来，傲慢就如一把利刃，会严重挫伤彼此的情谊，伤痕累累的怨愤，迟早会淹没了无知的身躯。所以，劝世人放下傲慢的伪装，别再做绣花枕头了。老老实实地虚心求知、谦虚待人，去一分傲慢，便是多一分进步的机会，这才是最踏实的功夫呀！

在那些复杂危险的环境中生存，应该保持谦虚；在和风细雨的环境中生存，也应该保持谦虚。空闲的时候莫生气，也别挖空心思地算计谁，看看蓝天白云，看看庭前花开花落，想想天外的世界和山外的世界，至少还能愉悦自己的心情。

包容他人

大师语录

我们人类的心理，有一个自然的要求，都是要求别人能够很圆满：要求朋友、部下或长官，都希望他没有缺点，样样都好。但是不要忘了，对方也是一个人，既然是人就有缺点。再从心理学上研究，这样希望别人好，是绝对的自私。

点亮智慧

“水至清则无鱼，人至察则无徒”，水过于清澈纯净，鱼就难以生存。人过于精明而对别人过分苛察，就不能容人。后人多用此告诫人们：对待别人不要太苛刻，看问题不要过于严厉。要学会包容别人。

人无完人，人也不可能一生都不犯错误。包容别人，有可能会改变这个人的一生。对人既要有明镜之心，又要有宽容之腹。在现代社会，竞争是如此地激烈，磕磕碰碰在所难免。在社会交往中，吃亏、被误解、受委屈一类的事也是经常发生的。当然谁都希望不要遇到这些事情，但是这样的事情一旦发生了，最明智的选择就是宽容。宽容不仅仅包含着理解和原谅，更显示出气度和胸襟、坚强和力量。宽容别人，可以给别人一次机会，也会给自己更多的快乐。很多人因为宽容而改变了他的一生。

一名少年由于父母离异，没有人管教他，所以他经常和社会上的一些小混混在一起，养成了偷窃的恶习。

这一天放了午学，看见学校门口新来了一个书摊，前面挤满了人。

少年很好奇，也挤了进去，一看，哇，全是花花绿绿的小人书。好多没有看过的。少年最爱看小人书了，看见一本本小人书被同学们一一

买走，赶紧也掏钱购买。可手一伸进裤兜，才发觉身上没有钱了。他想起昨天的两块钱都打了游戏了。

少年懊恼不已，小人书越来越少，少年心急如焚，不知如何是好。他想回去拿钱再过来买，但转念一想，家里离学校有一段路程，等他回来的时候小人书也许早就卖光了。

这可怎么办呢？这时候，一个罪恶的念头马上闪进了脑海，偷！

于是少年装作要买书的样子，拿起一本《哪吒闹海》翻了翻，趁摊主大爷找钱的时候偷偷地塞进了书包里。他刚要转身，突然一个洪亮的声音响起："大爷，他偷你的书！"一个高年级的同学指着少年说，少年吓出了一身冷汗，怔在那里，脸一阵红，一阵白。

意想不到的事情发生了，少年听见摊主大爷说："哦，同学，你误会了。他是我孙子。"

那一刻，少年被感动了。

那位高年级同学向摊主大爷道了歉离开了。少年又听见大爷对他说："你先回去叫奶奶做饭。我卖完这些书就回去。"

少年知道，大爷暗示他离开。可是他并没有离开，他躲在一个角落里，直到摊主大爷收摊回家。他很想跑过去，向大爷说声对不起，可是他丧失了勇气。他知道，摊主大爷宽容了他的罪恶。

从那以后，少年再也没有偷过东西。

多年以后，当摊主大爷快要忘记这件事情的时候，他突然收到一个厚厚的包裹，里面全是书，每本书上面都写着同样一句话："赠给改变我一生的人。"还有一封信，信上说："大爷你好。我就是当年偷你小人书的那个少年，你以无限的胸怀宽容了我，你是改变我一生的人。如果你不介意，我真想叫你一声爷爷。现在我已经是一家出版集团的董事长了，为了报答你对我的宽容，我们出版集团每新出一本书我都会寄给你，请接受这些为我的良心赎罪的书籍。"

由此可见，宽容的力量是多么地巨大。很多时候我们无法意识到这一点。我们每个人在一生中都会犯下很多的错误，我们会祈祷别人的原

谅，反过来，当我们错了，我们也希望别人可以给自己一次改正的机会。所以，宽容别人也就是宽容我们自己。做错事，本身已经就是对别人很大的惩罚了，既然他们已经受到了惩罚，我们为什么还不能宽容他们呢？和别人斤斤计较，最终不快乐的人却是我们自己。

作为一名领导者，就更要对自己的部下宽容了。这不仅可以显示一个人的胸襟和气概，更能够让手下的人团结一致。非大器量、大胸怀者不能成大事。居上位者特别需要包容、承担的能力。我们无法去估算一次包容和承担能带来多少回报，也无法预测对方会不会回报，但可以肯定的是，包容和承担所带来的人际方面的正面效应比负面效应大，而这也是人类社会维持平衡的一个很重要的机制。一个具备包容和承担能力的人更容易得到别人的帮助，也更容易成功。

十六国时期，前秦苻坚手下的重臣王猛曾率大军前去与前燕作战。开战前，徐成违背了军令，依法当斩。因徐成是邓羌的部下，所以邓羌出来说情，遭到王猛拒绝。邓羌一气之下与王猛反目为仇，要兴兵谋反，杀掉王猛。王猛问他为什么要谋反，邓羌说："我们一起出来与前燕作战，有人在内部自相残杀，所以我要除掉这个奸贼。"王猛考虑到大敌当前，以大局为重，便容忍了邓羌这种犯上作乱的行为。不仅赦免了徐成，而且为了团结邓羌，还故意说了些恭维他的话："我并非真的要杀徐成，只是试试将军。将军对自己的部下如此讲义气，何况对国家呢！这样，我就不怕前燕的军队了。"

其后，战争进行到白热化的阶段，王猛要调动邓羌的军队前去应敌。在这关键时刻，邓羌却向他提出打败燕军后要让他出任司隶校尉的无理要求。王猛很为难，回答说："这不是我可以决定得了的。"王猛说的是实情，可是邓羌竟然拉着自己的一派人按兵不动，并以此相要挟。王猛再次从全局出发容忍了邓羌，亲自向邓羌赔礼道歉，答应了他的无理要求。邓羌这才带着人马出战，一举歼灭了前燕的军队。

后人评论此事说："邓羌请郡将以挠法，徇私也；勒兵欲攻王猛，无上也；临战预求司隶，邀君也。有此三者，罪莫大焉！猛能容其所短，

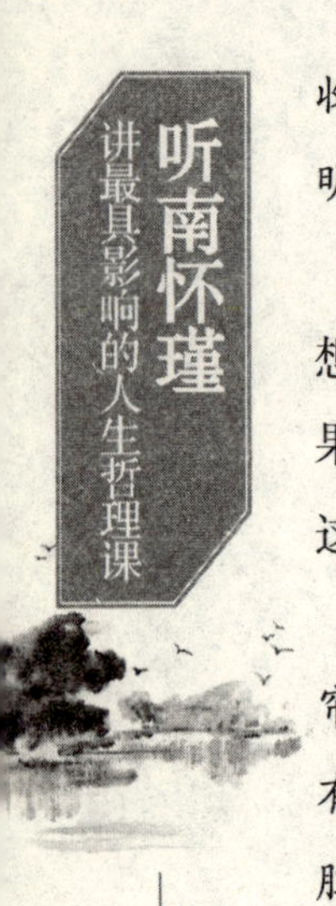

收其所长，若驯猛虎、驭悍马，以成大功。”这段评论非常中肯，深刻说明了王猛在关键时刻能够“容其所短”而“收其所长”。

在选择治国的人才时，宽容待人也是选拔人才的一个方面。国家要想团结统一，繁荣昌盛，那么国家的重臣就得做到互相包容。试想，如果一个国家的治国人才全都在背后说别人坏话，在背后尔虞我诈，那么这个国家的各种治国措施又如何来施行呢？

宋朝的吕蒙正不喜欢和人斤斤计较，他刚任宰相时，有一位官员在帘子后面指着他对别人说：这个无名小子也配当宰相吗？吕蒙正假装没有听见，大步走了过去。其他参政为他愤愤不平，准备去查问是谁如此胆大包天，吕蒙正知道后，急忙阻止了他们。

散朝后，那些参政还感到不满，后悔刚才没有找到那个人。吕蒙正对他们说：如果知道了他的姓名，那么就一辈子也忘不掉。这样地耿耿于怀，多么不好啊！所以千万不要查问此人的姓名，其实不知道他是谁，对我并没有什么损失啊！当时的人都很佩服他度量大。

谁人背后没人说，谁人背后不说人？吕蒙正身为宰相，如果因为这个事情就跟别人较劲，既没有气度又浪费时间。

宋朝的范仲淹是一个有远见卓识的人。他在用人的时候，主要是取人的气节而不计较人的细微不足。范仲淹做元帅的时候，招纳的幕僚，有些是犯了罪过被朝廷贬官的，有些是因为犯了罪被流放的，这些人被任用后，不少人不理解，产生了疑惑。范仲淹则认为：“有才能没有过错的人，朝廷自然要重用他们。但世界上没有完人，如果有人确实是有用的人才，仅仅因为他的一点儿小毛病，或是因为做官议论朝政而遭祸，不看其主要方面，不靠一些特殊手段起用他们，他们就成了废人了。”尽管有些人有这样或那样的问题，但范仲淹只看其主流，他所使用的人大多是有用之才。

俗语说：“责人之心责己，恕己之心恕人。”批评别人时应想想自己做得是否够好，宽恕自己的时候也应想想对别人不能太苛刻。如果一味地恕己责人，只会让自己不思进取，蛮横无理。责己，就会发觉有很多事并不像自己想象的那样，于是加以修正；恕人，退一步海阔天空，给别人，也给自己一个机会。其实只要多站在别人的角度上看问题，多考虑考虑别人的想法，这样就不会太主观、偏颇，而且也可以免去诸多误会，正所谓“己所不欲，勿施于人”。

失去与得到

大师语录

其实失去与得到都没有什么了不起。

点亮智慧

对于得失问题，古人认识到：自然界中万物的变化，有盛便有衰；人世间的事情也同样如此，总是有得便有失。《老子》中说：“祸往往与福同在，福中往往就潜伏着祸。”其实，得到与失去也是这样的道理。得到一些东西我们就会失去一些东西，失去的同时我们也会获得一些宝贵的东西，的确如同祸福是相互转化的。《淮南子》载：

塞上有个善于养马的人，名叫塞翁，有一天，他的马跑到胡人那边去了，大家都去安慰他，塞翁说：“你们怎么知道这不是一件好事?”过了几个月，那匹马带着胡人的骏马回来了。大家都去恭贺他，他说：“你们又怎么知道这不是一件坏事呢?”当时，他家里很富裕，又有许多好马，恰好他的儿子喜欢骑马，结果从马上摔下来，折断了大腿。人们都去安慰他，他说：“你们怎么知道这不是一件好事?”过了一年，胡人大肆侵犯，年轻健壮的男人在战争中战死的十有八九，而塞翁的儿子却因为是跛子而能够活着与父亲在一起。

失去了一匹马然后又会得到一匹马，但是却也失去了儿子的一条腿，由于儿子是个瘸子，所以免去了兵役。得到和失去就是这样，你认为得

到的，到头来让你失去了更为宝贵的东西，失去了宝贵的东西之后，却又由此而免于了更大的灾难。失去、得到也是这样转化的。所谓否极泰来，如果运气太好的话，回头霉运也还是会找到你的。

在我们的生活中，人们总是太在乎得到，认为自己得到的越多就会越幸福，但实际上并非如此。得到的东西越多，心里在意的东西就越多。心里在意的东西越多，心就越累，怎么能过得快乐和开心呢？所以有的时候，恰恰是放弃，才让我们的心更加地轻松。

放弃需要明智，该得时你便得之，该失时你要淡然地让它失去。有时你以为得到了许多，可能同时失去了更多；有时你以为失去了不少，却有可能获得了许多。不以得为喜，不以失为悲。尽自己最大的努力去做，任它花开花落，云卷云舒，顺其自然就好。

南怀瑾先生说不贪求，奥妙其实就在这里。得失这东西，关注它本身太久了，遗祸就越发明显。心不挂怀，才是最高境界。懂得在盈余时放手，在充足时放弃，需要勇气，也需要智慧。毕竟舍得二字，于凡人讲，太多人参不透的。有人说了这样一个有趣的事：

他曾经和女友做了一个小测验，说如果同时丢了三样东西：钱包、钥匙、电话本，最紧张哪一样？女友毫不犹豫地选择了电话本，而他毫不犹豫地选择了钥匙。答案说，女友是一个怀旧的人，他是一个现实的人。

后来他们分手了，女友的确总被过去纠缠得不快乐，一段未果的爱情让她念念不忘，而走出爱情的他早已为人夫，为人父。女友的心停在了过去，一直后悔当初没有坚持到底，在后悔与念念不忘中，又错过了很多不错的人。他问她："还可以挽回吗？"她摇摇头，他说："那为什么不放弃？"她无奈地说："放弃不了。"

他说："其实是你不想放弃。"

中国有句古语说："苦海无边，回头是岸。"偏偏有人就是执迷不悟，因此，烦恼都是自寻的。

放下那些让人不高兴的过往，不要去挽回那些不可能挽回的事情，你的人生或许就会变成另外的一种样子了。

有的人由于太害怕失去，所以在做事情的时候就患得患失。其实，患得患失的人到最后肯定会失去。这样的人不敢放手去完成自己想做的事，所以就无法尽力，失败就成为了必然的了。南怀瑾先生说过，为人做事应似“风过竹林，雁过长空”，“事来则应，过去不留”。为人处世就当有这份洒脱，而不是唯唯诺诺、患得患失。古往今来，成大事者一般都是宠辱不惊、当机立断的人，可以说患得患失的人最终干不成什么大事。

从前有一位神射手，名叫后羿。他练就了一身百步穿杨的好本领，立射、跪射、骑射样样精通，而且箭箭都射中靶心，几乎从来没有失过手。人们争相传颂他高超的射技，对他非常敬佩。

夏王也从左右的嘴里听说了这位神射手的本领，也目睹过后羿的表演，十分欣赏他的功夫。有一天，夏王想把后羿召入宫中，单独给他一个人演习一番，好尽情领略他那炉火纯青的射技。

于是，夏王命人把后羿找来，带他到御花园里找了个开阔地带，叫人拿来了一块一尺见方、靶心直径大约一寸的兽皮箭靶，用手指着说：“今天请先生来，是想请你展示一下你精湛的本领，这个箭靶就是你的目标。为了使这次表演不致因为没有彩头而沉闷乏味，我来给你定个赏罚规则：如果射中了的话，我就赏赐给你黄金万两；如果射不中，那就要削减你一千户的封地。现在请先生开始吧。”

后羿听了夏王的话，一言不发，面色变得凝重起来。他慢慢走到离箭靶一百步的地方，脚步显得相当沉重。然后，后羿取出一支箭搭上弓弦，摆好姿势拉开弓开始瞄准。

想到自己这一箭出去可能发生的结果，一向镇定的后羿呼吸变得急促起来，拉弓的手也微微发抖，瞄了几次都没有把箭射出去。后羿终于下定决心松开了弦，箭应声而出，“啪”的一声钉在离靶心足有几寸远的地方。后羿脸色一下子白了，他再次弯弓搭箭，精神却更加不集中了，射出的箭也偏得更加离谱。

后羿收拾弓箭，勉强赔笑向夏王告辞，悻悻地离开了王宫。夏王在失望的同时掩饰不住心中的疑惑，就问手下道：“这个神射手后羿平时射起箭来百发百中，为什么今天跟他定下了赏罚规则，他就大失水准了呢?”

手下解释说：“后羿平日射箭，不过是一般练习，在一颗平常心之下，水平自然可以正常发挥。可是今天他射出的成绩直接关系到他的切身利益，叫他怎能静下心来充分施展技术呢？看来一个人只有真正把赏罚置之度外，才能成为当之无愧的神箭手啊!”

后羿发挥失常的原因，就是他太在乎结果，因为这关系到他的土地是否会被削减。患得患失会使一个人分神在许多事情上，最终精力都被浪费在无用的胡思乱想上了，在这种情况下做事怎么会成功呢?

所谓的患得患失就是一味地担心得失，斤斤计较个人的得失。患得患失是人生的精神枷锁，是附在人身上的阴影，是浮躁的一个重要表现形式。患得患失、过分计较自己的利益，将会成为我们获得成功的障碍。我们应当从后羿身上吸取教训，面临任何情况时都尽量让自己的心处在一个平常的境地。

《老子》中说：“名与身孰亲？身与货孰多？得与失孰病？是故甚受必大费，多藏必厚亡。故知是不辱，知止不殆，可以长久。”讲的是人的一生之中，名誉、名声和生命到底哪个更重要？自身与财物相比，哪个是第一位的？得到名利地位与丧失生命相衡量起来，哪一个是真正的得到，哪一个又是真正的丧失呢？过分追求名利地位，就会付出很大的代价，你有庞大的储藏，一旦有变，则必然是巨大的损失。对于追求名利地位这些东西，要适可而止，否则就会受到屈辱，丧失你一生中最为宝贵的东西。人们总是分不清自己到底想要什么东西，太过注意细节而忘记了自己真正要达到的目标。

在楚庄王的时候，庄王有一张宝弓不见了。当时的宰相、大臣们惊慌得不得了，甚至全国人都非常震惊。为了找这张弓，弄得全国鸡犬不宁。这事被楚庄王知道了，便告诉部下说：“不要找了，我丢了一张弓，他得到了一张弓，不是不得不失吗？我用跟他们用有什么不同呢？‘楚人失弓，楚人得之’，都是我们自己人呀，这没有什么不好呀！”部下听到了很高兴，都认为楚庄王度量大，是一位非常伟大的国君。

得到和失去是人生的常态，是很平常的，无论得到什么或者失去什么都是很正常的事情。而且上天是公平的，它拿走了你一些东西，一定会还给你一些东西。南怀瑾先生说：“其实失去与得到都没有什么了不起。”

有的时候要忍一时的失，才能有长久的得，要能忍小失，才能有大的收获。有句话叫做“小不忍则乱大谋”，得和失也是这样。有的时候为了得到一些东西，我们必须学会忍耐。学会忍耐就是要等待时机，就是要用那些小的损失去换取最大的得。有的人不理解其中的道理，最后可能是偷鸡不成反蚀一把米。

北宋时期的孙伯纯，名孙冕，曾以史官的身份出任海州知州。海州是个离海很近的地区，当时，发运使准备在海州地区设置3个盐场。孙纯伯自上任以来，关心百姓疾苦，为政清廉，善于审时度势，权衡利弊，深得民心。对在海州设置盐场一事，他考虑再三，认为此事不妥，便上书朝廷，反对在海州设盐场。发运使派人亲自到海州来，坚持要在海州设立盐场。孙伯纯则据理力争，力陈利弊，不肯妥协。而当地的百姓大多不同意孙伯纯的看法，都认为一旦盐场设立，人们可以获利、就业，多得收入，劝他放弃自己的意见。孙伯纯则从长远大局考虑，坚持己见，对乡亲说：“设盐场是能在短期内获利，大家也许暂时能过上好一点的日子，但是当前盐太多，运不出去也卖不出去的时候，大患也就要来临了。那时的损失会更大，不仅乡人受损，国家也会受损失，我们不能不考虑啊！”

由于他的极力反对，在海州设盐场的事也只好被搁置下来。后来孙伯纯被免职以后，朝廷还是在海州设置了3个盐场。盐场设置以后，当地百姓不仅没有获利，被派的公差和徭役比过去繁杂得多，社会秩序也每况愈下。几年以后，3个盐场的盐堆积如山，卖也卖不掉，运又运不

走，导致朝廷本想获利现在却大亏其本。当地富家破产，盐民失业，社会也越来越不稳定，人们才怀念起孙伯纯来，但为时已晚。

孙伯纯作为一地的行政长官，在具体分析了全国食盐产供销的情况以后，认识到不能再盲目地增加投入，扩大生产，以获眼前小利。而他的后任不能忍一时的名利，只着眼于自己任上和海州地区眼前的局部利益，终于贻害百姓，使国家也遭受到不少的损失。不能正确处理得与失的关系，必然会贻害无穷。

得到了不一定就是好事，失去了也不见得是件坏事。正确地看待个人的得失，不患得患失，才能真正有所得。人不应该为表面的得到而沾沾自喜，认识人，认识事物，都应该认识其根本。得也应得到真的东西，不要为虚假的东西所迷惑。失去固然可惜，但也要看失去的是什么，如果是自身的缺点、问题，这样的失去又反而是一种得到。

做事胜于空话

大师语录

把实际的行动摆在言论的前面，不要光吹牛而不做。先做，用不着你说，做完了，大家都会跟从你，顺从你。古今中外，人类的心理都是一样的，多半爱吹牛，很少见诸于事实；理想非常地高，但在行动上做出来就很难。所以，孔子说，真正的君子，是要少说空话，多做实在的事情。

要真正的天下太平，每一个人都自动自发地要求自己，人人自治，正己而后正人，而不是要求别人。这样起作用，“确乎能其事者而已矣！”就是很实在。做任何一件事情，的的确确能做到认真去做就好了，吃饭嘛，就规规矩矩吃饭；穿衣嘛，就规规矩矩穿衣服，换一句话讲，就是没有那么多花样。人类的智慧学识越高，花样越多，人越靠不住了。

点亮智慧

南怀瑾一生不只是一介书生，还是一个实干家。他做了很多实事：他著书传播文化，他教书育人；他开创私人与政府合资进行公共建设的先例，他斥巨资修建金温铁路；为了不使中国文化发生断层，他积极倡导“儿童读经运动”；为了中国的统一，他奔波于海峡两岸穿针引线……他总是用最积极的行动诠释他心中的理念。他是一位哲学家，也是一位行动家。做这些事情的时候，南怀瑾先生总是少说多做，从来不空喊口号，他是一个真正的“行者”。正如一句谚语所说：“如果你不采取行动，世界上最实用、最美丽、最可行的哲学也无法行得通。”

想获得成功，就得多做事，就要脚踏实地，从最基本的小事情做起。任何的人想要获得事业的成功，就要付出努力。很多人能够成功，能做大事，就是因为除了他们有自己的人生理想之外，他们更愿意去行动。一步一个脚印，成功来得才让人踏实。一屋都不扫的人，又何以扫天下呢？

有一个大学生，来南怀瑾处半工半读。他工作的一部分，是保持办公室的整洁。有一次，这位同学洗了两个玻璃杯，拿来给南怀瑾看，大概自以为很努力洗了，应该可以及格。哪知南怀瑾看见就笑了，然后举起洗过的杯子，对着窗户的光给这位同学看，杯子口边缘上还隐约地看到唇印污垢。这位同学看到后不禁有些脸红。然后，南怀瑾就亲自教他洗茶杯，并且和蔼地对他说：“大概你在家中没有做过家事吧！不要看这个洗茶杯的小事，关系却很大，每个人都对着杯子口喝水，前人的口水没有洗干净，再给他人用是很不卫生的。再说杯子拿出来就代表了我们做事的水准，虽是小事也要认真，必定要用洗洁精内外洗净才行。既然在这里工作，一切都不能马虎，每桩事不论大小，都要做好才是脚踏实地。”

南怀瑾先生就是行动派的人，他自己从来不宣扬自己的成就，不宣

扬自己的贡献，他连这些最基本的小事都可以做好，所以他能成为让整个社会都佩服的大家。

少说空话多做事就是行动。如果只是一味地空喊口号，谋划自己如何有所成就，并不能代替身体力行的实践。没有行动，一切理想和目标都只是白日梦。反之，积极地做出行动，难的也会变容易。

为了行动起来，不要做过多的计划及准备工作。有时，人们之所以迟迟不采取行动，是因为准备工作做得实在是太细致了。做一件事之前，有必要做相应的计划及准备的，这样才能应对突然的变故。但这种计划及准备必须适可而止。做太多的准备却迟迟不去行动，就浪费了时间。实际上，不管你的计划有多细致，仍然不可能准确预测最后的解决方案，因为事情的发展总是充满着变数。因此，前期准备做得差不多的时候就要立即行动。

由于对未知的恐惧，许多缺乏行动力的人，都喜欢维持现状，拒绝改变。因此要行动就要克服现在的惰性。维持现在的状态是一种深具欺骗和自我毁灭效果的坏习惯，因为一切都在变化之中，没有不变的事物。一旦当你开始行动之后，就会发现，其实事情并没有你想象中的那么难。

做事情的时候我们需要一定的方法，那就是要先做最关键的部分，做最重要的事情。有时候，人们不是不想做事，而是想做的事太多，结果不但没有足够的时间去做，反而想到每件事的步骤繁多，而被做不到的情绪所震慑，以致迟迟不能采取行动。因此，你要明白，并非所有的行动都会产生好的结果，只有明智的行动才能带来有意义的结果，所以你只需要做那些最重要的工作，也就是那些将会获得正面效果的工作，或与完成最大目标有关的工作，而且要专心致志。

但凡是成功的人都有多做实事、少说空话的习惯。因此，我们每个人也要有这样的习惯。要知道，你做事情的过程决定了你做事情的结果。不论是自动自发者还是被动的人，都是习惯使然。因此，从今天起，要努力培养现在就做的习惯，最重要的是要有积极主动的精神，戒除精神散漫的习惯，要决心做个主动的人，要勇于做事，不要等到万事俱备以后才去做，永远没有绝对完美的事。培养行动的习惯，不需要特殊的聪明智慧或专门的技巧，只需要努力耕耘，让好习惯在生活中开花结果即可。

心动不如行动，勇于迈出行动的第一步，你成功的几率就会提高。而光想不做，那你将永远没有实现计划的可能性。

认真对待工作和事业，就要认真对待生活。一个事事都认真的人，必然是一个热爱生活而且懂得生活的人；或许他是平凡的，但他绝不是平庸的。因为他的生命将因为他的认真而变得充实。他的人生没有虚度年华，而且在认真对待每一件事情中获得了重要的意义。

每个人都追求事业的成功和卓越。但这种卓越是不会凭空而来的，而是需要我们去认认真真地付出：这种付出包括思考，包括心力，包括实际行动和精益求精的实干精神。

在工作中，很多人习惯于盲目地服从上司的指令，想当然地认为做好一件事很简单，当事情完成的时候，上司却依然可以很轻松地挑出毛病。难道是上司吹毛求疵吗？其实不然，你所做的事只能可以算勉强及格，离优秀或者满分还差好大一截。为了完成任务而做事，不去思考下达任务指令的人的内在需求和真实想法，那么做出的结果最多也只能算及格而已。所以，做事之前先认真思考。

还有就是认真对待那些重复的工作。人们在工作中，可能每天都在重复着做同样的事情。正因为如此，很多事情在常人看来，早就已经是驾轻就熟。于是，就凭经验做事，想当然去处理工作。这样做的话怎么会有进步呢？如果犯错误的话，那么这个错误就会一直犯下去，浪费了自己的时间，也浪费了别人的时间。事情没做好，因为没有用心去做。如果用心的话，同样的事隋也会有截然不同的结果。

对于那些做得不错但是有改进空间的事情，我们就要更加地留心，要想办法把这些事情做得更好。那怎样才能把事情做得更好呢？

首先事情要做得更细。历史上，中国人增产粮食的一条重要经验是，改变粗放的耕种方式，精耕细作。要想在事业上取得更大的成就，光靠

占有更大的生存空间、更多的人力，不是治本之道，必须“精耕细作”才行。做事如同种粮食，改变细节，可以把事情做得更好。

其次技艺要更加精湛。俗话说得好：“艺无止境。”学习知识、技能，有时好像已经精通了，跟更高的境界比起来，其实还远远不够。只有以过去的基础为起点，不断地向更高处攀登的人，才有可能超越大众，达到杰出的水准。

认真做事不仅是一种做事的态度，更是一种生活的态度。它是对自己生命历程完完全全地负起责任来的生活姿态，是一种对生命的每一瞬间注入所有激情的生活姿态。每个人的人生只有一次，因此不管发生什么样的事情，遇到什么样的人，都应该认认真真地对待。多做一些事情，少喊一些口号，少说一些没用的话，离成功也就更进一步。

取舍之间

大师语录

子曰：“君子有所为，有所不为。”该做的就做，不该做的杀头也不干，所谓“仁之所至，义所当然”的事，牺牲自己也做，为世为人就做了，为别的不做。

点亮智慧

舍得舍得，这两个字是分不开的，有舍才有得。决定了就别反悔，生命的火车是不等人的。在你作决定的同时，实际上你就已经在失去了。你唯一能够做的，就是想清楚，你所选择的是不是真的比你放弃的还重要？很多人后悔，不是因为现在的状况不如以前，而是因为他当时选择的时候，根本没有想清楚将来的状况会不如当初。

在取舍之间作出决定，舍掉那些无所谓的东西，才会有大得。西谚

云：你有所选择，同时你就有所失去。这在西方经济学上叫做机会成本，因为选择而放弃的那些东西，就是机会成本。这是客观存在的，是一种交换。可是很多人就是想鱼和熊掌兼得，想同时看到硬币的正反面。

你在外面疯狂挣钱，陪家人的时间就得减少；你去游山玩水，你就放弃了工作挣钱的机会；在同一个时间段内，你坐火车去北京，就不能同时去上海；你去思考你为什么会后悔，实际上已经为你下一次后悔埋下了伏笔。上一次选择的方向决定了下一次选择的方向，如果发现方向错了，为什么不迅速收住，做你认为正确的事呢？当局者迷，旁观者清。我们很多时候应该聆听别人的感受，以选择最优的方案。

人的一生都在选择，因此重要的是要尽可能选择适合你的。如果你发现方向错了，就应该马上停下来，不能再前进了。你选择了不适合的，却一直在坚持，那结果就只能是南辕北辙。坚持得越久，失败得越惨。所以，人应该学会变通。

有个笑话说，有一天，某地下了一场非常大的雨，洪水开始淹没全村。一位神父在教堂里祈祷上帝来救自己，眼看洪水已经淹到他跪着的膝盖了。这时，一个救生员驾着舢板来到教堂，对神父说："神父，快！赶快上来！不然洪水会把你淹死的！"神父说："不！我要守着我的教堂，我深信上帝会救我。我有上帝与我同在！"

不久，洪水已经淹过神父的胸口了，神父只好勉强站在祭坛上。这时，又一个警察开着快艇过来，跟神父说："神父，快上来！不然你真的会被洪水淹死的！"神父说："不！我要守着我的教堂，我相信上帝一定会来救我。你还是先去救别人好了！"

又过了一会儿，洪水已经把教堂整个淹没了，神父只好紧紧抓着教堂顶端的十字架。一架直升机缓缓飞过来，丢下绳梯之后，飞行员大叫："神父，快！快上来！这是最后的机会了，我们不想看到洪水把你淹死！"

神父还是意志坚定地说："不！我要守着我的教堂！上帝会来救我的！你赶快先去救别人，上帝会与我同在的！"

神父刚说完，洪水滚滚而来，固执的神父终于被淹死了。神父见到

上帝后，很生气地跟上帝说："你说你会与我同在，为什么不去救我？"上帝说："我第一次让一个救生员驾舢板去救你，你不上去，我以为你嫌船小。第二次我就叫一个警察开一个快艇过去，结果你还是不上去。于是我就派直升机去了，结果你还是没有上去，那我也没有办法了。"

读完这个故事你是不是在笑那个神父，那个神父从一开始选择坚守教堂就是一个错误的决定，沿着这个错误的决定一直下去，所以教父去了天堂。我们很多人有时候从一开始就错了方向，所以导致了最后的失败。

在取舍之间，要知道有些事情你得"有所为"，而有些事情要"有所不为"。通常情况下，人们都知道自己什么事情得"有所为"，但是很多时候，人们不知道自己对待什么事情要"有所不为"。这是什么原因呢？

首先，人自身的情况和自然界一样，是不断变化着的，同样的事情，在此处"可为"，在彼处就未必"可为"；在彼处"不可为"，在此处就未必"不可为"。同样的事情，在彼时"可为"，在此时就未必"可为"；在彼时"不可为"，在此时就未必"不可为"。

其次，人与人之间的情况是千差万别的，同样的事情，张三"可为"，李四就未必"可为"。同样的事情，张三"不可为"，李四就未必"不可为"。

最后，情理法三者之间是相互制约的，有些事情，"为"了"合情"，但未必"合理"；有些事情，"为"了"合理"，但未必"合法"。

因此，什么样的事情要有所为，什么要的事情不能为，需要清醒地认识和仔细地分辨。

在日常生活中，"有所作为"主要指"不以物喜、不以己悲"的心态和明辨是非、权衡利弊的智慧。要具有淡泊名利、不慕利禄才能"有所作为"。"有所不为"就如《史记》中说的那样："天下熙熙，皆为利来；天下攘攘，皆为利往。""利"是大多数人"有所为"的推动力。"有所不为"必然会失去权力、金钱等身外之物，但却维护了个人的尊严，体现了自己的人格。

取舍之间，我们不能只顾着自己的利益而忽视别人的利益。大多数人在那么一点点利益之下互相争夺，弄得身心俱疲，那些事情舍去又能如何呢？反而体现自己的宽宏大量、胸襟和气度，还能让自己获得一个好的心境。也许放弃那些蝇头小利会让我们吃点亏，但是常言道吃亏是福，生命中吃点亏算什么！吃亏了能换来难得的和平与安全，能换来身心的健康与快乐，吃亏又有什么不值得的呢？况且，在吃亏后，我们可以重新调整我们的生命，并使它放射出绚丽的光芒。

杨玢是宋朝尚书，年纪大了便退休居家，无忧无虑地安度晚年。他家住宅宽敞、舒适，家族人丁兴旺。有一天，他在书桌旁，正要拿起《庄子》来读，他的几个侄子跑进来，大声说："不好了，我们家的旧宅被邻居侵占了一大半，不能饶他！"

杨玢听后，问："不要急，慢慢说，他们家侵占了我们家的旧宅地？""是的。"侄子们回答。

杨玢又问："他们家的宅子大，还是我们家的宅子大？"侄子们不知其意，说："当然是我们家宅子大。"

杨玢又问："他们占些旧宅地，于我们有何影响？"侄子们说："没有什么大影响，虽无影响，但他们不讲理，就不应该放过他们！"杨玢笑了。

过了一会儿，杨玢指着窗外落叶，问他们："那树叶长在树上时，那枝条是属于它的，秋天树叶枯黄了落在地上，这时树叶怎么想？"他们不明白含义。杨玢干脆说："我这么大岁数，总有一天要死的，你们也有老的一天，也有要死的一天。争那一点点宅地对你有什么用？"他们现在明白了杨玢讲的道理，说："我们原本要告他们，状子都写好了。"

侄子呈上状子，他看后，拿起笔在状子上写了四句话："四邻侵我我从伊，毕竟须思未有时。试上含光殿基望，秋风衰草正离离。"

写罢，他再次对侄子们说："我的意思是在私利上要看透一些，遇事都要退一步，不必斤斤计较。"

和这个故事十分相似的就是那个关于六尺巷的故事，这两个故事异

曲同工，但是同样说明了一个道理，就是对待那些私利看得淡一些，凡事退让一步，心地才宽。

清代时，当朝宰相张英与一位姓叶的侍郎都是安徽桐城人，两家毗邻而居。两家都要起房造屋，为争地皮，发生了争执。张老夫人便修书北京，要张英出面干预。这位宰相立即做诗劝导：“千里修书只为墙，让他三尺又何妨？万里长城今犹在，不见当年秦始皇。”张老夫人见书明理，立即把院墙主动退后三尺，叶家深感惭愧，也把院墙让后三尺。这样，就让出了一个六尺巷。

叶侍郎和张宰相都是了不起的大人物，他们能取得那么高的地位，想必与他们为人处世有莫大的关系。一个人要能让人一步，真的会退一步海阔天空。两位官居要职，能明白这个道理，我们在普通生活中也一样，不要计较一时的得失，把争执看得淡些，再淡些。我们就会发现这世界其实很美好，没有让人头疼的纷争。因为所有的纷争到了你这里，都被你的容忍化解为无形。

一舍一得，在舍得之间方见人生的大智慧。舍得，与其说是对人们对待利益的一种考验，不如说是对人们心境的一种考验。有舍有得，于舍和得之间获得大得。这是智者的智慧，也是生活的智慧。

勿以善小而不为

大师语录

一切行为的果报，就在你本人那里，但“未熟不受”，我们在社会上经常看到善人的命运遭遇不好，而恶人却一切顺利。这里头问题很多，因果不爽，善有善报，恶有恶报，但要时间上成熟，不是一下子可以看出来的。

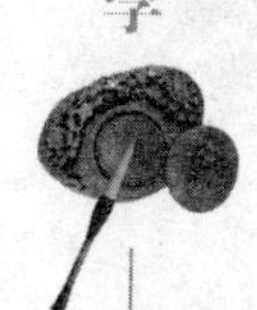

点亮智慧

人们都说善有善报，恶有恶报，不是不报，时候未到。所以就要“择其善者而从之，其不善者而改之”，勿以善小而不为。

善恶到头终有报，只争来早与来迟。有些事情不是一时之间可以看出结果的，因此就不能只看眼前的事，而要看得长远一点。

第二次世界大战期间，曾发生过一件令人惊叹的事。

一天，大雪纷飞，天气奇冷，艾森豪威尔将军乘车赶回凡尔赛司令部。途中看见一对老年夫妇坐在路旁饮泣，他心生悲悯，忙叫司机停车。经了解得知，这对夫妇正准备去巴黎照顾他们重病的女儿，却因路途遥远，为风雪所阻，没有车代步，不知何时才能到达，所以非常悲伤焦急。

艾森豪威尔立即请他们上车，绕道把他们送到了巴黎。事后，他好像做了一件微不足道的小事。

可是出乎意料，他却得到了意想不到的厚报。原来敌人已在他必经之路上埋了炸弹，想把他炸死！却因他慈悲心肠蒙发，绕道送人而躲过了一场大难。

很多人干坏事的时候，总是觉得没有人看见是自己干的，又有什么关系呢？没人知道是谁干的，就不会报应到自己这里。其实，在这世间，你干了坏事没人能看到吗？但是上有青天，下有黄土，中间有你的心灵，这三者都能看得见。所谓天知、地知、你自己知。干了坏事的人，这个心也就上了枷锁，就失去了幸福和快乐的源泉。

《易》曰：“积善之家，必有余庆；积恶之家，必有余殃。”《左传》言：“祸福无门，唯人自召。”岂非此之谓乎？人的本性就徘徊在善与恶之间，善就是人性中天使的那一部分，我们被那一部分支配的时候我们就会帮助别人，就会干对社会、对家庭有益的事情。恶就是人性中魔鬼的那一部分，我们被这一部分所支配的时候，我们不愿意帮助有困难的人，反而会做危害这个社会和个人家庭的事情。善恶存在于人性中，它表现出来的时候就是一念之间。一念之间成为一个善人，一念之间则成

了世界上的恶人。

善恶就像是每个人的影子。身体端正，影子也就端正，身体斜了，影子也就斜了。造了善因，就必定会得到乐的果报；造了恶因，就必定会得到苦的果报。这些道理，圣人说得很详细。

所以每个人在活着的时候就应该去做善事。善事再小也是善事，也会让你的日子过得平安。恶事再小也是恶事，做了恶事最大的惩罚不是在金钱和权力上的惩罚，而是对人们心灵的惩罚。人活在世上，图的就是一个心安理得。不做亏心事，不怕半夜鬼敲门。那些做善事的人就很明白这一点。做善事，可以帮助别人，也能帮助自己。因为这样的人每一天都过得舒服，是心里的舒服。心，也叫心底、心田。心像田地，能播种善恶的种子，生长善恶的苗子，最后结成善恶的果实。“一切福田，离不开自己的心；能从自己的心田去寻找，是没有得不到感通的。”

说话的艺术

大师语录

“如要看条理，只在言语中”，一个人思想如何，就看他说话是否有条理，这种看法是很科学的。

点亮智慧

如果说我们中的很多人其实是不会说话的，你会怎么想呢？每个人从小就开始学说话了，两岁的小孩子就已经说得很好了，我们为什么不会说话呢？说我们不会说话可算是小瞧我们了。其实这里所说的会说话和大家说的会说话是不一样的。这里讲的会说话是说我们懂不懂说话的艺术，而不是说我们会不会把要表达的意思说清楚。

说话也是一门艺术。如果一个人会说话，那么可能会免掉一场战争呢。先看一个关于说话的故事。

与汉高祖同时起兵反抗暴秦的赵佗，在刘邦当了皇帝之后，去了南方的广州自封为南越王。毕竟天高皇帝远，汉高祖没有办法，公开承认了这个称号，赵佗便成了真正的南越王。但是这个南越王野心不小，刘邦退位后，吕氏摄政。他认为吕氏对不起他，因此吕后一死，他觉得自己有资格当皇帝，于是窥伺汉室。

其时，汉朝为文帝天下。文帝知道这事情之后，觉得比较棘手，一时又没有什么办法。出兵则吉凶难测，退让又有损君威，万般无奈之下，文帝就亲自给赵佗写信。

信的内容十分精彩，软中带硬，绵里藏针，文采飞扬，极富技巧。开篇先说客套话：

"皇帝谨问南越王甚苦心劳意。朕高皇帝侧室之子，弃外奉北藩于代，道里辽远，壅蔽朴愚，未尝致书。高皇帝弃群臣，孝惠皇帝即世，高后自临事，不幸有疾，日进不衰，以故谆乎治。诸吕为变故乱法，不能独制，乃取他姓子为孝惠皇帝嗣。赖宗庙之灵，功臣之力，诛之已毕。朕以王侯吏不释之故，不得不立，今即位。"

南怀瑾先生风趣地将之译成白话：

"赵伯伯，你好，你很辛苦哦！很伤脑筋吧？我没有什么了不起，不过他们硬要叫我坐上这个位子当皇帝，弄得我不能不当，现在我已经即位了。以前很少向你送礼，现在寄一只火腿，专程叫一个人代表我去看看你。"

注意，这样一来，赵佗首先会觉得不好意思。文帝话中实际上暗示说，我这位子来得名正言顺，赵佗你要有想法是师出无名。顺便还说我没有忘记你，强调你是我的大臣。

然后又对赵佗说：

"乃者闻王遗将军隆虑候书，求亲昆弟，请罢长沙两将军。朕以王书，罢将军博阳侯；亲昆在真定者，已遣人存问，修治先人冢。"

这段话很重要，也说得很有技巧，译成白话文是这样的："我已经准

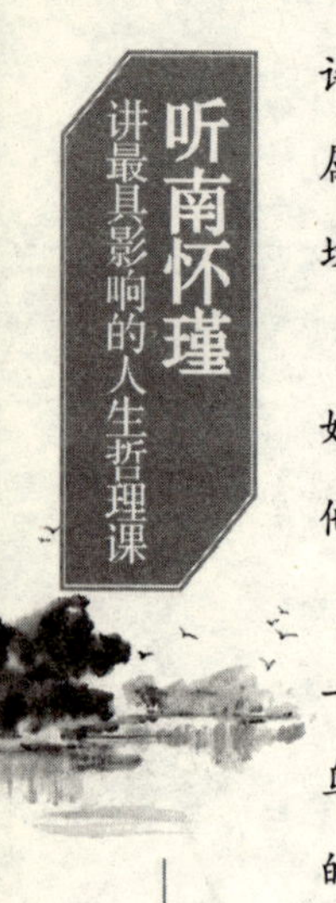

许了你的要求，调动了你所要求撤换两位将军中的一位。你在北方的家属和同宗兄弟，我也已经派兵保护得好好的，并且派人修过了你祖先的坟墓。”

这话分量最重，表面上看来是安抚赵佗，实际上是在暗示说，你最好别轻举妄动，你家人的安全，我能掌握，你要敢轻举妄动，我就干掉他们。

然后第三、第四段就讲利害关系。赵佗也应该明白这层意义。最后一句“愿王听乐娱忧，存问邻国”也很厉害，表面上是劝告赵佗赏花遛鸟，出国访问，但是实际上是在暗示他，你不要想太多了，安稳点做你的王，否则小心我收拾你。通篇都是话里有话，让赵佗不敢轻举妄动。赵佗看到这信之后，立马改主意了，这个文帝这么厉害，我斗不过他，还是安稳过日子算了。文帝的确很厉害，他暗示的手法用得真是炉火纯青。

汉文帝仅仅通过一封信，不动一兵一卒，就瓦解了赵佗企图称帝的野心，消弭一场大战于无形，拯救生灵无数。根据汉文帝给赵佗的信和赵佗回给汉文帝的信，南怀瑾先生分析说二位都很得黄老精髓。我们看他们之间的那两封信会发现，其技巧无他，暗示而已。大人物之间的暗示，可化解战乱于无形，我们比不了，但是在现实生活中，应用暗示也可以达到意想不到的效果。

在生活中，正面的劝告往往会使人产生逆反心理，劝说不成，适得其反。这时不妨改变一下策略，另辟蹊径，换个方法来暗示他，从侧面打开缺口，或许能事半功倍。此所谓“东边不亮西边亮”，很多时候，打开天窗说亮话，未必是最佳选择，反而是曲曲折折中方见光明。

说话的时候也应该注意，抓住说话的要点，尽量能少说就少说，言多必失。说得多了，对事物的态度，对事态发展的看法，今后的打算，等等，会从谈话中流露出来，被对方所了解，从而制定出相应的策略来战胜之。另一方面，如果话多了，自然会涉及他人。所处的环境不同，人的心理感受不同，而同一句话由于地点不同、语气不同，所表达的情

感也不尽相同，别人在会话的过程中也难免会加入他个人的主观见解，等到所谈的内容被谈话对象听到时，可能已经大相径庭，势必造成误解、隔阂，进而形成积怨。因此，从某种意义上讲，说话太多可能是一个人最大的弊病。

隋朝有位大将军，常常为自己的官位比他人低而怨声不断。他认为凭自己的能力，完全可以当上宰相。对同僚他不屑一顾，对上司更是出言顶撞。一些过分的话传进皇帝耳朵里，他被逮捕入狱。皇帝责备他嫉妒心太强，自以为是，目无尊长，但念他劳苦功高，便将他释放了。换了别人，这样的教训已经足够让他清醒过来，低调行事。可他偏偏不领情，开始向别人夸耀自己的功劳卓著，并大肆宣传自己与皇族的亲厚关系，甚至说出“太子与我情同手足，连高度机密也对我附耳相告”。他的对头立刻告发了他，并添油加醋，说他早有谋反之心，常常说些大逆不道的话。这一次，皇帝发慈悲又饶恕了他，但却撤了他的官职。

这就是“言多语失”的教训，所以在生活中有不少人将“三缄其口”作为处世的座右铭。而那些成功的人，更加明白其中的道理。他们说话就很会把握分寸，不管在什么场合都是落落大方，说话的时候，说得很充分，不该说的时候，一句话也不说。

语言的力量是强大的。有的时候一句话能让别人从尴尬的境地中解放出来，但是有时候也会因为一句话就被别人暗算了。我们说话的时候当然应该是尽量往能帮助别人的地方说。但是语言的力量如何发挥、发挥在什么场合就要看你自己了。

清朝道光年间，军机大臣曹振镛当政之时，对政敌打击往往不动声色，却“言致敌败”，非常有效。

曹振镛对军机大臣蒋攸铦很讨厌，两人面和心不和，曹振镛一直想把他排挤走。一次，琦善因处理鸦片战争后与英国殖民者的“洋务”不当，被革去两江总督一职。道光皇帝问曹振镛道：“两江总督地处南海边陲，与洋人对峙，交往很大，职位非常重要，我想派一个资深望重、久历封疆的官员去担任此职，你看谁合适呢?”

曹振镛知道蒋攸铦刚由直隶总督任上调上来，属于道光帝想要的那一类人，但是由自己提出来，不免授人以排挤同僚的话柄，也会引起道光皇帝的怀疑，所以他不直接提出由蒋氏调任，而提正被白莲教起义弄得焦头烂额、肯定不能调任的川陕总督那彦成。于是，曹振镛说："臣以为川陕总督那彦成资历最深。"

果然，这个建议遭到了道光皇帝的否决，说："川陕一带，正发生民乱，那彦成不能调动。"说着又看了看曹振镛。当时军机处要员都在座，蒋攸铦亦在身旁，但是曹振镛就是不说话。道光环视四周，看到了蒋攸铦，马上说："你就是前朝的封疆大吏，去任两江总督正合适。"此事就这样敲定了，实际上蒋攸铦由军机大臣调任两江总督，从地位与权力上，都有下放的嫌疑，所以，蒋攸铦出来后对人感慨地说："曹公的智巧，真可怕呀！他把自己的意思含而不露，却让陛下说出来，就无可更改了，这样的排挤，真是高明至极啊！"

曹振镛仅用了一句话就成功地让道光帝替自己赶走了政敌，可谓高明之至。不仅除去了眼中钉，也没有损害自己在主子眼中的形象，更不会落人口实，留下话柄，达到了一举三得的效果。

由此可以看出语言有多么强大的力量，所以人们在说话的时候一定要小心谨慎。因为你的敌人可能正在等待你的破绽和失误。我们讲这个故事，只是想让你看到语言的力量，而不是要让你学会用说话来达到打压对手的目的。

同样，说话也要会把握时机。事物总是在不断地变化着的，此一时彼一时，同样一句话这时候说是对的，换个时候说也许就是不对的了。在这个地点说是正确的，换个地点、换个环境也许就不对了。因此，把握时机的说话，既不要让自己言多必失，也不要让自己过于沉默。这两者都是两个极端，不是正确的说话艺术。

历史上的范雎见秦昭襄王就是一个"不失人，亦不失言"的例子。

战国秦昭襄王时，秦国的实权操在秦国的太后和她的兄弟穰侯魏冉手里。

一次秦昭襄王接到一封信，署名张禄，说有要紧的事求见。张禄是魏国人，原名叫范雎，本来是魏国大夫须贾的门客。有一回，正好秦国有个使者到魏国去，就把他带到秦国。使者把他推荐给秦昭襄王，秦昭襄王约定日子，在离宫接见他。

接见时，秦昭襄王也没有把范雎当回事，一边看着手中的奏章，一边问范雎有什么好的计谋，范雎也不说话，只是“嗯、嗯”地应付。如此这样三次，使推荐他的人很难堪，回来后就责备范雎。范雎回答道：“我提出来的计划贡献出来，可以使秦国马上富强，在战国中称雄，可是昭王心不在焉，不能专心一意来听我的计划，所以不能讲。”

使者把这话报告了秦昭襄王，因此秦昭襄王决定再次接见范雎。到那天，范雎上离宫去，在宫内的半道上，碰见秦昭襄王坐着车子来了，便故意装作不知道是秦王，也不躲避。秦王的侍从大声吆喝：“大王来了。”范雎冷淡地说：“什么？秦国还有大王吗？”正在争吵的时候，秦昭襄王到了，只听见范雎还在那儿嘟囔：“只听说秦国有太后、穰侯，哪儿有什么大王？”这句话正说到秦王的心坎儿上。他急忙把范雎请到离宫，命令左右退出，单独接见范雎。

他恭敬地说：“先生，您有什么可以教给寡人呢？”范雎仍然是“嗯呀、哎呀”地应付，秦昭襄王端正身子说：“先生是不是不愿意教导寡人呢？”范雎见秦王神色端庄，才回答道：“不是。臣是到处流亡的人，与您的交情很薄，但是对您所贡献的计谋都是辅助您的。由于事情涉及您的骨肉之情，我愿意对您愚忠，但不知道大王您的心意，所以大王三问而不敢应对。臣现在感念大王的知遇之情，即使知道今日献言，明日就会被诛杀，臣也不敢回避了。何况死是每个人都不可避免的，如果我的死能够多少对秦国有所补益，也就是臣的最大愿望了。只是我唯恐死了之后，天下人都闭口不言，裹足不来秦国了！”

秦昭襄王说：“我诚恳地请先生指教。不管牵涉谁，上至太后，下至朝廷百官，先生只管直说。”于是，范雎就议论开了。他说：“秦国土地广大，士卒勇猛，要统治诸侯，本来是很容易办到的事，可是十五年来

没有什么成就，这不能不说是相国（指穰侯）对秦国没有忠心办事，但大王也有失策的地方。”秦昭襄王说：“你说我的失策在什么地方？”范雎说：“齐国离秦国很远，中间还隔着韩国和魏国。大王要出兵打齐国，就算一帆风顺把齐国打败了，大王也没法把齐国和秦国连接起来。我替大王着想，最好的办法就是远交近攻。对离我们远的齐国要暂时稳住，先把一些临近的国家攻下来。这样就能够扩大秦国的地盘。打下一寸就是一寸，打下一尺就是一尺。把韩、魏两国先兼并了，齐国也就成了囊中之物了。”

秦昭襄王点头称是，说：“秦国要真能打下六国，统一中原，全靠先生远交近攻的计策了。”当下，秦昭襄王便拜范雎为客卿，并且按照他的计策，把韩国、魏国作为主要的进攻目标。

过了几年，范雎由于建立了一系列功绩，从而日益得到昭王的宠信，在秦国的政治地位也大大提高。范雎认为，是该向内政沉积已久的弊病开刀的时候了，于是向秦昭襄王进言说：“我听说善于治理国家的君主就是对内巩固自己的威信，对外重视自己的权力。穰侯派出的使者窃取大王的权威，对各国发号施令，在天下结盟立约，征伐敌国，没有谁不听从。有首诗说：‘果实太多会压折树枝，折断树枝会伤害树心；属国大了会危害宗主国，尊崇臣子会使君主卑微。现在我听说秦国太后和穰侯当权，高陵君、华阳君、泾阳君辅佐他们，终究会要取代秦王。我私下替大王害怕，百年之后，统治秦国的不是大王的子孙了。”果然，昭王听了十分恐惧，说道：“好。”于是废黜了太后，将穰侯、高陵君、华阳君、泾阳君驱逐回他们的领地。秦昭襄王把相国穰侯撤了职，又不让太后参与朝政，正式拜范雎为丞相。

范雎“固本削枝”的策略从根本上促进了从封建割据走向大一统，推动了历史的进步。这是范雎对秦吞并六国统一中国大业的杰出贡献。

说话是一种技术，说话是一种艺术，说话是一种智慧，也是一种为人处世的方式。看完了这些例子，你对说话是不是有了一个新的了解呢？我国古代有很多的关于说话的例子，我们可以从中学习说话的艺术。

第四章 Chapter4

学习是一个人前进的动力

学海无涯，他一直纵舟其中；书山有路，他一直以书籍为台阶进行攀登。治学，南怀瑾先生从来都是不遗余力地全身心投入；做人，他亦勤勤恳恳，不肯有丝毫怠慢。唯有学习才是我们前进的动力。

眼界决定人生高低

大师语录

一个人知识的范围，包括学问、眼光、气度。一个没有眼光的人，只看到现实，再看远一点也是有限的；一个有远见、有高见的人，才有千秋的大业，永远的伟大。

点亮智慧

《逍遥游》讲到人生要具有高见，一个人没有远见，没有见解，如想成功一个事业，或者完成一个美好人生，是不可能的事。后来中国的禅宗，也首先讲求“具见”，先见道才能修道，如果修道的人没有见道，还修个什么道呢？普通人则是先要真正了解人生，才能够懂得如何做一个人。

眼界的高低，会决定思维的方式，而思维方式则深刻影响着一个人的做事方法。很多人能成功，很大程度上就在于他们的眼界高。南怀瑾先生借庄子之口，给我们讲了这个道理。《逍遥游》里，有一则小故事是这样的：“蜩与学鸠笑之曰：‘我决起而飞，枪榆枋，时则不至而控于地而已矣。奚以之九万里而南为？’”（语出《庄子·逍遥游第一》）“蜩”，即“蝉”，“学鸠”是一种小鸟。它们都没有见过大鹏，只听说大鹏飞起来广远得它们看不见。于是它们就嘲笑大鹏，说大鹏飞那么远有什么用，像它们这样从这棵树上飞到那草丛上，所谓“决起而飞”，不远，但很痛快。即便时间不够了，不过是掉到地上，也不至于摔死。哪里用得着飞到九万里高再向南飞呢？它们很得意自己能飞，还大言不惭地嘲笑大鹏，其实是很可笑的。

这讲的其实就是眼界与境界的问题，蜩与学鸠乃井底之蛙，它们心中的天地也就井盖那么大，所以当它们听说大鹏能高飞时，反而自鸣得意嘲笑之。“小知不及大知，小年不及大年。”庄子有个故事是这样的：

庄子的好朋友惠子对庄子说：“魏国国王给了我一把葫芦种子，于是我就把它种到地里了，没有想到现在结了个大葫芦。用来装东西吧，感觉太大了。用来盛液体吧，可是这葫芦皮又太薄，很容易漏底。要是一劈两半做成瓢，大家又用不着那么大的瓢。可见这葫芦确实够大。可是话说回来，光大有什么用，不过是自大。所以思来想去，我干脆把它砸烂得了，省心。”庄子听出他这个朋友语含讥讽，于是笑道：“我给你讲个故事吧。以前有一户人家，祖上传下来的手艺就是漂洗绵帛。可是由于天冷，手要生冻疮，于是他们制造了一种膏药，这种膏药往手上一涂，再寒冷的天气手也不生冻疮。后来有人来到他家知道了这种东西后，出黄金百两要买这个秘方。全家商议之后，觉得这个价格很合算，比他们辛苦漂洗绵帛赚得还多，于是就把它卖掉了。这个人买得膏药秘方之后，就去了吴国，和吴国国君拉上关系后，就把这膏药卖给了吴国军队。后来某个冬天越国攻打吴国时，吴王带领军队在冰上攻击敌人，他给他的军队士兵都涂抹了那种膏药，使得他们在寒冷的天气里没有生冻疮，吴军因此士气大振，一举将越国打退了。吴王于是酬谢那个卖给他膏药秘方的人，赐给他百亩土地，还封了个爵位，并送了他黄金万两，身份与以前自是不一样。你对比一下，同样是一个膏药秘方，在一个人手里，只能是普通膏药，而在另一个人手里，则想到把它卖给国家，最后赐土封侯。你有那么大一个葫芦，那是罕见的好东西，为什么不掏空里面，做成小船，去漂游江湖，却在我跟前数落葫芦大而无用呢？”

从这一对话中也可得知庄子眼界比惠子要高；同样的一个葫芦，惠子看到了大而无用，庄子则看到了物尽其用，说可以做成船；同样的一个秘方，有些人就只能自己用用，最多卖点钱，而那个来客，则靠这秘方封侯得金，尽享荣华。这就是眼界的差别，是思路的问题。

有远见的人通常都是眼光比别人看得更远一些，有预言未知的勇气和创造未知的信心。目光短浅的人，看不透明天。

比尔·盖茨19岁初创微软公司，那时的他并不被人看好，而他以自己睿智的眼光，将微软处理器与软件结合，改变了以大型电脑为主的状态，推动了一场个人的电脑革命。比尔·盖茨的成功并不是一个神话，他洞察到的是资讯业的必然发展规律，他所关注的是长远的市场和竞争力。正是因为这种长远的洞察力，比尔·盖茨不仅让自己成功，也让人类进入一个新纪元。

比尔·盖茨在谈到自己成功时，曾经这样说道："人们常常要我解释微软的成功。他们想知道我们的公司从两个人、小本经营发展到一家拥有两万名雇员和年销售超过60亿美元的秘密。当然，不会有一个简单的答案，但运气是一个因素，然而我想最重要的因素还是我们的远见和高度的洞察力。我从来都是戴着望远镜看这个世界的。"

事实上，正是比尔·盖茨对未来科技的预见，使得他选择了成功的最佳起点。正像他所描述的那样：我们瞥了一眼放在英特尔8008芯片旁边的东西，然后就在上面工作起来。我们问："如果计算机的使用接近免费之时将会怎样？我们相信由于有廉价的计算动力和利用硬件优势的了不起的新软件，计算机将会遍布各地。当所有人都未开始做的时候，我们把赌注压在微型计算机硬件上，同时也生产微型计算机软件，从而建立了我们的王国。我们最初的洞察力使得其余的一切都显得容易些。我们可谓既占了天时又占了地利。所以我们捷足先登，取得了成功。"

到1995年时，微软公司便以操作系统和软件雄霸个人电脑市场。当时比尔·盖茨几乎犯了个致命的错误，那就是他没有及时地意识到互联网的引入将使整个信息技术产业和全球经济发生根本性的革命。然而由于他随时保持对周围世界的敏感性，并及时听取别人的意见，使他改变了看法，全面调整了微软的战略。

当比尔·盖茨发现自己错了的时候，立即写了一个电子邮件给麾下两万多名员工。信的题目是《因特网大冲浪》，看上去是一个新时代的宣言。比尔·盖茨在信里说，网络将要彻底改变我们的产品。他还命令他的员工，从明天早上开始，把他们计算机硬盘上的所有软件都删掉，以便重新开始。那个早上微软公司乱作一团，很多人都不高兴，因为很多非常赚钱的产品小组，就这样解散了。成百上千个工程师不得不跑到新的办公室去上班。但没过多久，所有人都承认他是对的。

1995年月12月，比尔·盖茨举行了一次大型活动，表明微软公司打算全面参与并赢得这场网络时代的软件大战。微软公司将生产网络浏览器、网络服务器，并对微软公司现有的程序进行网络化。从那时起，微软公司总部的每个人进入了互联网时代。在这个有着35座建筑物的大院里，每个角落里都进行着网络项目的开发工作。比尔·盖茨说："当前，互联网络对我们来说最为重要，它将带动一切。我们的软件个个都是核心产品。"

比尔·盖茨说："随时尝试新事物，从事新投资，寻找新市场，而且永远比未来快一步，具有这种雄心与条件的人，才能被称为是成功的人。"于是在信息产业的大潮中，比尔·盖茨以他与众不同的真知灼见，打造出了微软神话。

还有这样一个哲理故事：

一个青年同别人一同开山，当别人把石块砸成石子运到路边，卖给建房的人时，他却直接把石块运到码头，卖给城里的花鸟商人。因这儿的石头总是奇形怪状，他认为卖重量不如卖造型。三年后，他成为村上第一个盖起瓦房的人。

后来，不许开山，只许种树，于是这儿成了果园。漫山遍野的鸭梨招徕八方客商，他们把堆积如山的梨子成筐成筐地运往北京和上海，然后再发往韩国和日本。因为这儿的梨，汁浓肉脆，纯正无比。

就在村上的人为鸭梨带来的小康日子欢呼雀跃时，卖过石头的果农卖掉果树，开始种柳。因为他发现，来这儿的客商不愁挑不到好梨子，只愁买不到盛梨子的筐。五年后，他成为村里第一个在城里买房的人。

再后来，一条铁路从这儿贯穿南北，小村对外开放，就在一些人开始集资办厂的时候，还是那个农民，在他的地头砌了一垛三米高、百米长的墙。这垛墙面向铁路，背依翠柳，两旁是一望无际的万亩梨园。坐

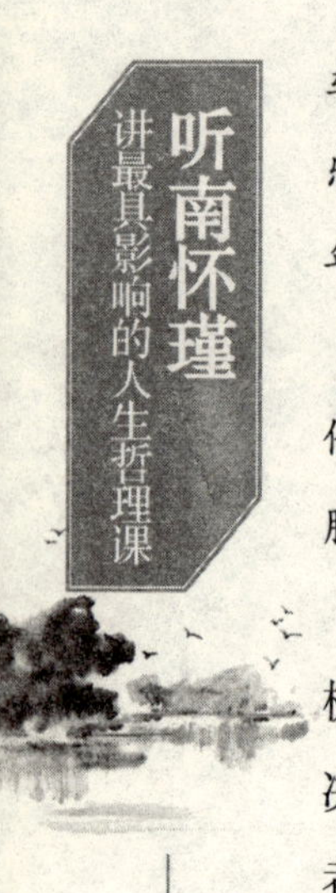

车经过这儿的人，在欣赏盛开的梨花时，会突然看到四个大字：可口可乐。据说这是五百里山川中唯一的一个广告，那垛墙的主人凭这垛墙每年有4万元的额外收入。

20世纪90年代末，日本丰田公司亚洲区代表山田信一来华考察，当他坐火车路过这个小山村时，听到这个故事，他被主人公罕见的商业头脑所震惊，当即下车寻找这个人，并以百万年薪聘请了他。

这个青年为什么能够成功呢？除了他的商业头脑以外，还有洞见先机的能力，他有远见，总能比未来快一步，所以说总能取得成功。眼界决定高度，而高度又决定了一个人的成绩，但凡做得很棒的企业家、学者，或是在学业上有所建树的人，从来不是碌碌无为的追随者，在心中多少都会有些职业的规划。

处处留心皆学问

大师语录

修行是从各方面着手的，无一处不是修行处；并不是打坐或拜佛才是修行，吃饭、穿衣，乃至一举一动都是修行。要在日常生活里来锤炼，才是修行；行住坐卧，无时无刻不在修行。金刚经只是从吃饭开始，吃饭可不是一件容易的事，在北平白云观有副名对，从明朝开始的一副对子：“世间莫若修行好，天下无如吃饭难。”

点亮智慧

南怀瑾先生所推崇的学习或学问，绝不是现在那些道貌岸然、自以为真理在握的所谓“知识精英”心目中的学问。它是真正扎根于生活、得之于体悟，又可以付之于行动的东西。

这种学问从哪里来？不一定在书上。处处留心皆学问。孔子说：三人行，必有我师焉。“观过而知仁”。看别人，提醒自己不要犯同样的错误，这就是学问。也就是说，随时随地有思想、要见习、体验、反省，这就是学习。通过这种学习所得的就是学问。

南怀瑾先生所倡导的这种深植于生活的学习，是一种综合的能力，是人生修养的一种境界，是淡泊名利，是人情练达；是一种体验，是理解后的体验，实践后的体验，体验后的提高；是一诺千金的诚实守信，是具体问题具体分析的随机应变；是碰到挫折时的百折不挠，是正面攻不上时善于迂回包抄的机智；是能够在复杂的情况下，一下子就抓住问题的关键。

南怀瑾给他的学生们立了一个规矩：凡是到他那里听课的，都要给大家洗茶杯、扫地。不管学生是什么教授、博士，都要做这件“功课”。如果学生不会洗，不会扫，南怀瑾就会示范给他看，比如洗茶杯时，要认真擦洗，不是冲一下就算。尤其是杯子内侧最上面的一圈，是嘴巴要接触的地方，很容易因细菌传染疾病，要特别仔细地刷洗。他认为学习要从小事做起，如果连最简单的洒扫应对都做不好，就不要谈做什么大学问了。

生活中有许多值得我们学习的事情。比如，你可以从别人成功的故事中学到一些好方法，或者从自己所做的错事中获得经验教训。人类科学史上许多重大发明都开始于生活小事之中：伟大的科学家瓦特，小时候看见炉上壶里的水开了，壶盖在蒸汽的作用下，不停地运动并发出声响，所以他后来发明了蒸汽机。莱特兄弟童年的时候玩飞行陀螺，就产生了飞行幻想，并留心观察风筝和鸟类的飞行、滑翔和升降起落，后来他们发明了飞机。

这样的故事还有很多。这些伟大的科学家们，由于善于观察周围的事，善于从生活的小事中学习，从而产生了伟大的发明、创造。所以，我们要以他们为榜样，多留心身边的事物，多观察，要从生活中的小事中学习，学习一些小知识，或者学习大道理，从中理解并悟出道理来。

常言道：“活到老，学到老。”吃老本的买卖总归是不靠谱的，“江郎

才尽”的故事便是警示。

南北朝时期，梁朝有个金紫光禄大夫名字叫做江淹，年轻时家境贫寒，好学不倦，诗和文章都写得很好，成为当时负有盛誉的作家。中年为官以后，有一天晚上，他梦见一个自称郭璞的人，对他说：“我的五彩笔在你处多年，请你还给我吧！”江淹听了这话以后，到自己怀中去摸，摸到了五彩笔便还给了郭璞，从此后，江淹再写诗文便再也没有优美的句子了。

虽然这只是传说的梦呓而已，但江淹做官以后，脱离群众，脱离生活，不认真学习，恐怕是他在文坛上从此湮没无闻的主要原因。

这个例子说明人只有不停学习，才会才华不尽。勤学不辍，就不用怕“江郎才尽”。

南怀瑾先生说：“求学问要随时感觉到不充实。假如有所成就，而始终好学不倦，这才叫学问，才不会被淘汰。现代的年轻人更要有这种好学不倦的精神，只有不断地充实自己、完善自己，才可能在竞争日益激烈的今天立于不败之地。”

学习时，读书是最简单的事，通变化最难。只有能够将所学知识灵活运用于实践，才是真学问。儒家所讲的“学”，从来不是死读书，它是一项学习、思考、求真、实践的系统工作，也就是所谓的“博学之，审问之，明辨之，慎思之，笃行之”。这个“笃行之”，就是勤于实践，学以致用。如果只是学习的话，差得还太远。读书不是为了死背书上的知识，而是要将知识转化为自己的思想，要学会灵活运用知识。

王国维根据自身的经验和古诗词创立了有名的“三境界说”，他说：

古今之成大事业大学问者，无不经过三种之境界：“昨夜西风凋碧树，独上高楼，望断天涯路”，此第一境也；“衣带渐宽终不悔，为伊消得人憔悴”，此第二境也；“众里寻他千百度，蓦然回首，那人却在灯火阑珊处”，此第三境也。此等语皆非大词人不能道。然遽以此意解释诸词，恐为晏柳诸公所不许也。

总之，学习也好，做学问也罢，其目的肯定不是为了让那么多知识、经验占用自己的大脑内存，也不是为了好玩，更不是为了向知识贫乏者炫耀自己多么有才华。归根结底，做学问的目的是为了应用到社会实践中，为自己、为他人、为社会创造价值。如果不能用学问创造价值，就跟没有学问差不多，就没有必要费神去学习、去做学问了。

其实，只要留心，生活中处处都是学问。如果你能够抱持一种“学习即生活，生活即学习”的理念，那么，你完全能够在诸如吃饭穿衣这样的小事中，学到一定的知识和道理。

知识是飞向成功的翅膀

大师语录

大鹏鸟飞到九万里高空以上，大气层都在它下面。庄子是科学的，学过航空学的人都懂，飞机要起飞，风向不对不能起飞；乱流中间不能起飞，直升机会掉在那个乱流中。飞机碰到乱流，赶快要往上飞，要超过那个乱流。鸟要起飞，下面要靠风力，风力愈大，起飞的时候愈容易，翅膀快速一打，就起飞了。假使我们将来修道修成功，要起飞也一样，也要借一下风力，才可以飞起来，这是同一个道理。

拿这个道理比喻人生，你要想事业成功，就要有本钱，本钱就是你的风。要想飞，就要培养这个风力，风力愈大，飞得愈高。

点亮智慧

《庄子·逍遥游》提到“风之积也不厚，则其负大翼也无力，故九万里则风斯在下矣。而后乃今培风，背负青天而莫之夭阏者，而后乃今将图南”。这段话是说，大鹏鸟要飞的时候，非要有风不可，如果风力不够，鸟的两个翅膀都没有办法展开，就飞不起来。大鹏鸟飞到九万里高空以上，大气层都在它下面。鸟要起飞，下面要靠风力，风力愈大，起

飞的时候愈容易，翅膀快速一拍，就起飞了。

在这里，南怀瑾先生用这个道理来比喻人生，他说："一个人要想事业成功，就要有本钱，本钱就是你的风。要想飞，就要培养这个风力，风力愈大，飞得愈高。"所以，南先生又对年轻人提出了一些建议，他说："年轻人要想做一番事业，你的学问、你的能力、才智都要去养成，那就是你的风。"

歌德说得好："人不是靠他生来拥有的一切，而是靠他从学习中得到的一切来造就自己。"人的能力从学习中来！一个人从一生下来就开始学习说话、学习走路、学习做事，学习一切。如果不学习，就不能成为一个真正的人、有本领的人。

一个人如果没有学问，他树立的目标越大，实现起来就越困难；一个人如果缺少见识，他的孤陋寡闻终将把他送上寂寞的人生路。而一个真正有学识的人是不会被埋没的。

西汉司马相如，字长卿，蜀郡成都人。他年轻时没做官，和妻子卓文君在临邛卖酒为生，相如在市场上洗涤器具。相传卓文君为一富家大户女子，很有才学，婚后不久即守寡，后因归娘家居住，结识了司马相如，一曲《凤求凰》成就了他们一段佳缘。但是卓文君的父亲认为这有损于他的面子，于是将夫妇二人赶出家门。为维持生计，卓文君与司马相如便自力更生，开小酒店为生。司马相如很有文采，曾写有一篇《子虚赋》。武帝读了这篇文章对他赞不绝口，说："可惜我不能够和这个人生活在一个时代。"

当时蜀人杨得意任狗监，陪同汉武帝左右，听了这话，他说："这是我的老乡司马相如写出来的。"武帝感到很惊讶，把司马相如找来问，他回答说："《子虚赋》都是一些荒诞的话，没有什么值得读的，我愿意写一篇《游猎赋》给您。"皇帝给他纸笔，于是相如在赋中假托一问一答的形式，先陈述天子园囿的丰富和壮丽，然后用提倡节俭结尾，通过它来进行婉转的劝说。这篇赋呈上之后，武帝当即委任他为中郎。

可见，只要你学识渊博，即使身在市井，也会有被发现的一天。

据说，犹太人是世界上最珍视知识的民族，因为这是由血与火锻造的经验。

对于一个人的安身立命来说，人类历史上教育的价值之高，莫过于今天。今天的社会中，竞争非常激烈，生活更显艰难，所以就更要求人们善加利用时间来增进自己的知识。

我们所有的学习活动便是为了获取这最可靠的财富——知识。

知识对人的实践活动的制约作用是不言而喻的。一个没有知识的人实践范围与实践能力以及其实践价值都是有限的，在竞争日趋激烈的社会，知识甚至影响人的生存能力。人的自学能力、表达能力、组织管理能力与实际操作能力、分析判断综合能力、质疑批判能力及自我设计与自我决策能力都要受到知识量及知识结构的影响。毛泽东高瞻远瞩，运筹帷幄，决胜于千里之外的指挥才能，离不开他那深厚的史学底蕴与扎实的哲学理论素养。当人们在惊叹马克思那历史性的成就与揭示社会发展规律的杰出能力时，可曾了解过他那渊博的学识背景。马克思可谓学富五车，对哲学、历史、经济、文学等知识无不精通，还通晓七八种语言，他在为撰写《资本论》搜索材料时，连偌大的英国大不列颠图书馆的藏书都不够用，不得不托人到美国购买三十多年来出版的书目。

大部分的年轻人无意多读书、多思考，无意在报纸、杂志、书本当中尽量汲取各种宝贵的知识，而是把宝贵的时间耗费在无谓的事情上，实在是一件最可惜、最痛心的事。他们不明白，知识是无价之宝，能使人们获得无限的财富。

一个人的知识是有限的，三个臭皮匠胜过一个诸葛亮，这就需要头脑风暴，需要不断地听取别人的意见和观点，不要以为你是领导是长辈就剥夺他人的发言权，要知道英明的决策者需要敢于纳谏的忠臣。南怀瑾先生说：“天纵睿知的人，绝不轻用自己的知能来处理天下大事。再明显地说，必须集思广益，博采众议，然后有所取裁。所谓知者恰如不知者相似，才能领导多方，完成大业。”

《周易·乾卦》中说：“终日乾乾，与时偕行。”南怀瑾先生特别强调

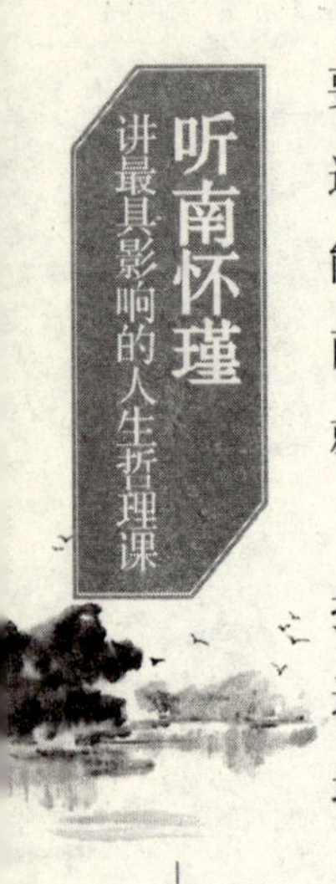

要注意“与时偕行”这句话，他说孔子告诉我们，要跟着时代在变，在进步，做人也好，做事也好，要认清楚时代，把握时代，同时进步，不能落伍，这是中国文化的精神。而这一点对于我们立身做人，尤其是在面临人生抉择和大事危局的时候，具有很强的指导意义。你被时代落下，就会被另外很多的人打垮。

“识时务者为俊杰。”潮流是一种必然的趋势，我们必须把握潮流，把握时势时务。在时势面前，只能是顺之者存、逆之者亡。无论是常人，还是伟人；无论是立身、处世，还是想名垂青史，都必须首先认真细致地去体察时代的变化，然后依时势作出决断。这是大胜的根本。

唐贞观十一年，唐太宗认为周朝分封宗室子弟，王位传袭八百多年；秦朝废除分封制，到秦二世就灭亡；汉初吕后想危害刘氏天下，最后也是靠刘氏宗室子弟的力量才获得安定。他从历史的正反经验中得出结论：分封皇亲贤臣，是使子孙绵延长久、社稷长治久安的办法。于是就定下制度，将皇室子弟荆州都督李元景、安州都督吴王李恪等21人，又加上功臣司空赵州刺史长孙无忌、尚书左仆射、宋州刺史房玄龄等14人，一并封为世袭刺史。

这一重大举措立即遭到臣属们的议论，许多大臣建议李世民收回成命，并放弃分封制度。李世民则以为这是借鉴历史的经验、遵从古代的法规，没有错，所以不愿意放弃。直到礼部侍郎李百药上了一道奏折，劝谏唐太宗应注重古今区别，不可墨守成规、刻舟求剑而行世袭封爵，李世民才翻然醒悟。

李百药的奏折中讲道：“我听说，治理国家，保护百姓，是国君通常要做的事；尊重国君使上位之人安定，是百姓应懂得的大道理。想制定治国安邦的规划，用来发展永久的事业，使它千秋万代不变更，大家的想法是共同的。然而，各个朝代享国的年数有长与短的差别，国家也有安定和混乱的不同。事情的得失成败，各有它的原因。而著书立说的人，大多墨守成规，没有一个不是忘记了现在与古代的区别，分不清轻薄与淳朴，想在百代末季的今天，推行夏、商、周时候的法令制度；把天下

五服之内的土地全部用来分封诸侯，帝王居住的千里王畿全作卿大夫的食邑。这就是把结绳计数时代的上古之法，在虞舜、夏禹时代推行；用帝舜时代之法，在汉、魏时代实施。法令制度松弛混乱，是断然可知的。刻舟求剑，没有人看见它可行；胶柱调弦，演奏乐章，更使人增疑。只知楚庄王问鼎，晋文公请隧，有畏惧霸主兴兵的心理；子婴的白马素车投降汉王，不再有诸侯相援，却不懂得秦二世为何被赵高杀于望夷宫，不了解后羿为何被寒浞杀于桃梧之野；曹髦的灾难，难道与申侯联结缯人、犬戎杀死周幽王不同？这就是清明与昏乱的人，各自改变自己的安危，一定不是郡宰与公侯造成国家的兴废。陛下掌握纲纪，驾驭天下，顺应天运，开创大业，于水深火热中拯救百姓，在宇宙间扫清邪气妖氛；开创基业，流传后代，以美德匹配于天地；发出号召，施行命令。光明的圣心永远缅怀前贤古圣。将恢复五等爵位而广兴旧时制度，建立邦国来使诸侯相亲。我暗自认为，汉魏以来，分封诸侯的弊病至今余风未尽，尧舜盛世已成往古，大公无私的道德风尚已经改变。何况晋朝分封诸侯后，又失去驾驭的能力，最终导致诸侯相侵，国土分崩离析，拓跋氏乘机建立后魏……”

李百药在其奏章中，慷慨陈词，分析了商周时代实行分封制之所以成功的时代背景，总结了晋代分封失败的教训，然后一针见血地指出：不具体分析前朝前代的历史，不注重当朝当代的实际，只是笼统地说某种制度优、某种制度劣，一味地遵从古制，那就无异于刻舟求剑，作茧自下而上缚。

唐太宗李世民看过奏章，觉得李百药态度中肯，道理深邃，论据可信，便采纳了李百药的意见，取消了宗室子弟及功臣世袭刺史的诏令。

由此看来，无论做什么事情都要随着变化的形势而来，不可固执己见。不与时代同时进步，很可能就会被打垮。李世民的开明之处在于他能够很快改正错误并回到正确的轨道上来，从而避免了让整艘社稷大船走向不可预测的航道。

这样的例子不仅存在于古代，现代我们依然能够看到这样的决策者，

当代世界首富比尔·盖茨，他最宝贵的财富就是拥有一个开放的头脑，能够跟得上时代的脚步，这也正是造就他的成功和财富的内在特质之一。能说明这一点的最好例证，就是微软公司在互联网时代的战略转型。

早在1993年，比尔·盖茨就以70亿美元的个人财富荣登《福布斯》世界富豪排行榜首位。到1995年时，微软公司更是以操作系统和软件雄霸个人电脑市场。但当时比尔·盖茨几乎犯了一个致命的错误，那就是他没有及时地意识到互联网的引入将使整个信息产业和全球经济发生根本性的革命。然而，由于他随时保持对周围世界的敏感性，并及时地听取别人的意见，使他改变了看法，全面调整了微软的战略。

要想了解盖茨到底是为什么一开始对警告信号视而不见并不困难。早在20世纪90年代初，当互联网络奇迹般地由个人网络摇身变而成为全球性的通信与计算机媒介之时，盖茨的微软公司增长正旺。销售额增长了两倍，达到38亿美元。员工也由1990年的5600人增至1993年的1.44万人。这主要是出于视窗软件的成功。

到了1993年，技术方面的消息灵通人士发现了“万维网”，万维网可以让你在网络上轻松地显示图表和照片。尤为重要的是，你只须用带“小丁”的鼠标在某个地方轻轻一点，万维网就可以让你在网络计算机间跳来跳去。然而，在当时的微软公司和比尔·盖茨看来，万维网不过是个普通的新鲜玩意儿罢了。

比尔·盖茨说：“我是不会说‘现在已清晰可见万维网将在今后几年里迅速发展’之类的话了。如果当时你们问我大多数电视广告是否会在广告内容中加入万维网地址，我会放声大笑。”而且盖茨和他的经理们还有更紧迫的事情考虑，因为当时美国政府的决策者们对微软公司反竞争行为的调查正在进行，微软还有一个秘密小组正在创建一个服务项目以同“美国在线”一较高低。尤为重要的是，众多的程序员们正忙于研究后来的Windows95。

微软公司对万维网所做出的公开反应一直沉默不语。直至1995年秋，万维网的猛烈发展势头给微软公司敲响了警钟：它已对微软公司造成了威胁，已有约2000万人不用微软公司的软件而沉迷于网络。更糟的是，在太阳微系统公司所开发的一种新的计算机语言的推动下，万维网作为一种新式“平台”正在崛起。这对视窗个人电脑上的霸权地位以及整个个人电脑时代构成了挑战。

盖茨坐不住了。1995年12月他举行了一次大型活动，表明微软公司打算全面参与并赢得这场网络时代的软件大战。微软公司将生产网络浏览器、网络服务器，并对微软公司现有的程序进行网络化。从那时起，微软公司总部的每个人都进入了互联网时代。在这个有着35座建筑物的大院里，每个角落都进行着网络项目的开发工作。1996年2月份成立的专门从事网络产品开发部门的员工人数增加到了2500人，这一数字比网络公司及紧随其后的五大网络新贵的员工人数之和还要多。盖茨说：“当前，互联网络对我们来说最为重要，它将带动一切。我们的软件个个都是核心产品。”

任何墨守成规的人，或固执己见没有知识眼光的人，都无法成为一个永续的成功者。如今的社会更需要有追赶时代的脚步，把握变化的眼光，只有与时俱进，才能长久生存。

学而不思则罔

大师语录

讲到学问，就须两件事，一是要学，二是要问。多向人家请教，多向人家学习，接受前人的经验，加以自己从经验中得来的，便是学问。但“学而不思则罔”，有些人有学问，可是没有智慧的思想，那么就是迂阔疏远，变成了不切实际的“罔”了，没有用处。如此可以作学者，像我们一样——教书，吹吹牛，不但学术界如此，别的圈子也是一样，有

学识，但没有真思想，这就是不切实际的“罔”了。相反地，有些人“思而不学则殆”。他们有思想，有天才，但没有经过学问的踏实锻炼，那也是非常危险的。许多人往往倚仗天才而胡作非为，自己误以为那便是创作，结果陷于自害、害人。

点亮智慧

子曰：“温故而知新，可以为师矣。”

关于做一个老师的资格，孔子简要地提出了两点：一是肯于学习、研究；二是具有一定的创造能力与发现创新的精神。从孔子重视教育的一贯思想来看，他对为人师表的人有着较高的要求。孔子说：“温习旧的知识能从中悟出新的见解、新的收获，这样就可以去做别人的老师了。”

鲁昭公十九年仲春三月，风和日丽，鸟语花香。宫道上，一辆马车在缓缓行驶，曾皙驾车，孔子手扶辕木，直立车上。孔子此番出游，专赴临城，拜师襄子为师，请教有关弹琴的若干学问。

孔子有着很高超的音乐天赋，经过十多年的日研月磨，不停操练，各种乐器无不炉火纯青。孔子做学问有着严格的计划性，常集中数年时间，专事某一方面的研究。前两年他致力于普查民俗风情，近来又转入研究音乐理论。

师襄是鲁国的乐官。古时候乐官称师，后来干这一项职务的人就把师作为姓，冠于名前，故称师襄，又称师襄子（加“子”表示尊敬）。师襄子在音乐理论上有很深的造诣，闻名于诸侯。他听说孔子来访，忙迎出大门，让于客室，以上宾之礼接待。

两人见面，很快就转到了学琴的话题。师襄子是个热心人，推心置腹，开言吐语，滔滔不绝。师襄子说着从身边移过琴来，弹奏了一曲。孔子在一旁静听，感到此曲非同凡响，是他闻所未闻的，那指法、技巧也脱俗超群，出神入化。师襄子弹完，将孔子引入后轩中，让孔子习琴。

孔子在后轩习琴，一连三日，练习师襄子所教的曲子，没有再学习新的内容。师襄子听孔子曲调已经弹熟，来到后轩祝贺说：“此曲你已弹熟，可以再学新曲了。”孔子说：“感谢夫子教诲！该曲虽已练熟，然技巧尚未纯熟，容我继续练习。”

又是三天过去了，师襄子听着后轩中孔子的琴声技巧纯熟，音调和谐，韵味无穷，不断点头赞赏。他夸孔子弹奏得胜过高明的琴师，说：“所有技巧你已经掌握了，可以学习新的内容了。”孔子回答说：“我的指法、技巧虽已练熟，但尚未领会此曲的志趣神韵，更未体察到曲作者的为人，想象出其风貌特征。请容我再练三日！”

孔子习琴的第十天，师襄子站在一旁听得如醉如痴。琴声把他带进了浩瀚的大海。大海的胸怀是那样宽广博大，神情是那样深邃，内涵是那样丰富，性格是那样富于变化。琴声把他带到了春天的花园，叶绿了，花开了，鸟在高唱，水在低吟，游人在欢笑，一切是那样地静谧、那样地和谐。

孔子在弹奏中，由于受到乐曲的感染，有时进入深沉的思考境界，有时感到心旷神怡，胸襟开阔。他激动地说：“我在操琴，弹着弹着，就体察到作曲者的为人了。那个人肤色黝黑，身材魁梧，眼光明亮而高瞻远瞩，性情温柔敦厚，好像有着统治天下的帝王气魄。除了文王，谁还能创作出这样的乐曲呢！”师襄子闻言，连忙从坐席上站起来，向孔子施礼说道：“我的老师传授此曲时，正说此曲为文王所作，名《文王操》。仲尼，你真聪明过人，一下子便悟到了周乐之精义！”

孔子说：“全仰仗夫子教导！要学技艺，无名师指点，如在黑暗中摸索；一遇名师，便蓦然出洞穴，眼前一片光明。孔丘不虚此行，明天就要告辞了。”二人依依话别。师襄子祝贺孔子琴艺高超，他说：“音乐的希望在孔子，天下的希望也在孔子。”

现在来说，孔子的“温故而知新，可以为师矣”含义有了很大的拓展。一方面强调要不断地学习，认为这样就可以不断地提高自己的学问和修养，并不一定非是为了做老师；另一方面是要以史为鉴，不管是个人还是国家的成功和失败，都可以从中获得许多有益的经验和教训。南怀瑾先生就说：“前面的成功与失败，个人也好，国家也好，是如何成功

的，又是如何失败的，历史上就很明显地告诉了我们很多，所以，为政的人要师法过去的历史，这样有助于判断未来新的事物的发展。”

“温故而知”更要边学边思，正所谓“学而不思则罔，思而不学则怠”。南怀瑾大师认为“学而不思”的人可以做学者、教书，这还是抬举了他们。真正能把书教好就不简单，就不算“罔”了，还称得上“人类灵魂的工程师”。实际上，“学而不思”的人，是什么事都做不好的。他们只知道做什么，却不知道为什么要去做，因此一旦环境发生变化，他不会举一反三，原有的知识就派不上用场了。“思而不学”的人危害更大，因为他们常常自以为是，满脑子偏见，每天觉得这件事不公平，那件事不公平，每天看不惯这个人，看不惯那个人。带着这种观念，肯定会说很多错话，做很多错事，其结果是害人害己。

《周易》里说“夫大人者，与天地合其德，与日月合其明，与四时合其序，与鬼神合其吉凶，敬鬼神而远之”。这句话通常的解释是：大凡杰出的人，品德跟天地之道相合，智慧跟日月之明相合，行为跟四季变化相合，成败与鬼神喜恶相合。总之是说人的意志不能与客观规律相违背。我们不妨看看南怀瑾先生是怎么思考的吧。

有一次，他和梁先生谈到有关《大学》的话题。《大学》历来被称为“大人之学”，是教人学做“大人”的。南怀瑾发表见解说：“《大学》是从《乾卦·文言》引申而来的发挥；《中庸》是从《乾卦·文言》引申而来的阐扬。《乾卦·文言》说：‘君子黄中通理，正位居体，美在其中，而畅于四肢，发于事业，美之至也。’”

梁先生说：“你这一说法，真有发前人所未说的见地。只是这样一来，这个‘大人’就很难有了。”

南怀瑾说：“不然！宋儒们不是主张人人可做尧舜吗？那么，人人也即是‘大人’啊！”

梁先生颇不以为然，又无词辩驳，便说：“你达到了‘大人’的学养吗？”

南怀瑾说：“岂止我而已，你梁先生也是如此。”

梁先生莫名其妙，便请他解释清楚。

南怀瑾于是说："'夫大人者，与天地合其德'，我从来没有把天当做地，也没有把地当成天。上面是天，足踏是地，谁说不合其德呢！'与日月合其明'，我从来没有昼夜颠倒，把夜里当白天啊！'与四时合其序'，我不会夏天穿皮袍，冬天穿单丝的衣服，春暖夏热，秋凉冬寒，我清楚得很，谁又不合其时序！'与鬼神合其吉凶'，谁也相信鬼神的渺茫难知，当然避之大吉，就如孔子也说'敬鬼神而远之'。趋吉避凶，即使是小孩子，也都自然知道。假使有个东西，生在天地之先，但既有了天地，它也不可以超过天地运行变化的规律之中，除非它另有一个天地。所以说：'先天而天弗违，后天而奉天时。'就是有鬼神，鬼神也跳不出天地自然的规律，所以说：'而况于人乎！况于鬼神乎！'"

听了这番高论，梁先生便离开座位，抓住南怀瑾的手说："我已年过六十，平生第一次听到你这样明白的人伦之道的高论，照你所说，正好说明圣人本来就是一个常人。我太高兴了，要向你顶礼。"

后来，梁先生逢人就夸南怀瑾善于学习、见识高明。

故事中，南怀瑾先生能够从一个全新的角度来诠释，并能自圆其说，可见在学习的过程中，他确实是经过了一番独立的思考的。他被人尊称为"当代儒学大师"而不只是一个"寻章摘句"的老学究，是与他这种"既学又思"的学习态度或者说学习方法分不开的。

学习与思考是相伴相生的，学习需要思考，思考促进学习。两者的关系就好比鸡生蛋、蛋生鸡一样，不可割裂。没有思考的学习，只能算是背诵，不是真正的学习；没有学习的思考，容易形成偏见。因此，求学之道，既要学习又要思考，才能够获得真知。

至于如何"既学又思"，不妨借鉴古人的方法，比如著名的"博学之，审问之，慎思之，明辨之，笃行之"。

博学之，多看一些书，不管是文科的、理科的都看一些。把各种知识都装一些在大脑里，在生活中遇到问题时，就不至于全然迷惑。这既有利于拓展思维，亦有利于激发灵感。有些人看书，光看文艺作品，光

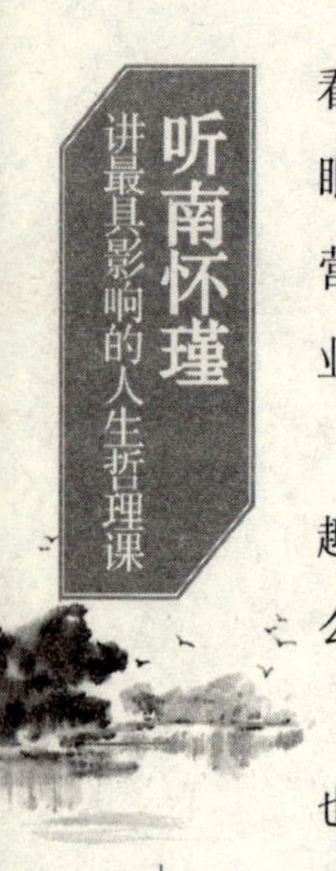

看武侠小说，或者光看专业书籍。并不是这些书不好，关键是偏于一端，眼界、思路会受到局限，不利于拓展思维。这就像吃饭偏食一样，难免营养不良。因此，学习过程中，书籍的选择不要太过拘于一端，在本专业之外，还是要尽量广泛阅览才好。

审问之，多问几个“为什么”，然后去寻找答案，既能激发学习兴趣，也能增进智能。比如对一件事或一个问题，不但要搞清楚“是什么”，还要搞清楚“为什么”。有了问题，就有了学习和研究的方向。

明辨之，同一件事，由于每个人观察的角度不同，得到的结论可能也不同。面对众多观点，就需要仔细分辨究竟哪个观点更正确，或者更适合自己所需。不要轻信他人，盲目地崇拜专家，要知道眼见的不一定为真。一定要懂得明辨是非，否则只能被牵着鼻子走。

慎思之，学习过程中，不能只是被动地接受别人的观点，还要深入思考。万事要想一想其中的原因，出现这种情况的背景，解决的办法，等等。事情总会有起因，但起因很可能隐藏在事物的背后，如果只凭感觉臆测就草率地行事，肯定会出差错，令人后悔不迭。

笃行之，当想到某个好的观点，或者某个好的办法时，自己肯定越想越觉得对。但它到底对不对？最好拿到实践中检验一下。当然，所谓实践，不等于什么事都要去做一下。有时条件不允许，有时不宜去做。

学习与思考应当是共生的，不能割裂。只有这样，才会不罔不怠，才能获得真知。

不要不懂装懂

大师语录

对不懂的东西，不要随便批评。说话不要那么极端，口气好一点，不要自以为懂一点东西，就自以为是，就随便批评人。

点亮智慧

“满招损，谦受益”是古贤留给后人的一句可以千年护身的诤言。

唐代有位禅师很有智慧，他的一杯茶的故事常常为人们所津津乐道。有一天，一位大学士特地来向他问禅，可一见面就对禅师大发宏论，滔滔不绝。禅师以茶水招待他，将茶水注入这个访客的杯中，杯满之后还继续注入。这位大学士眼睁睁地看着茶水不停地溢出杯外，洒得满案皆是，便忍不住说道：“已经漫出来了，不要倒了。”这时禅师意味深长地说：“你的心就像这只杯子一样，里面装满了你自己的看法和主张，你不先把你自己的杯子倒空，叫我如何对你说禅?”

禅师教导的“把自己的杯子倒空”，不仅是佛学的禅理，更是人生的至理名言。心太满，什么东西都容不下；心不满，才能有足够装填的空间。在这个瞬息万变的社会，随时需要知识、咨询和不断汲取养分，所以“心”一定要“空”，这样就能吸收无尽的知识资源，容纳各种有益的意见，从而使自己丰富起来。千万不要不懂装懂，自骄自满，否则受害的一定是自己。

一个人承认自己的无知才是大智慧。因为这个世界聪明人太多，所以，聪明反被聪明误的例子比比皆是。当然，很多聪明都是首先被自己发现的。在现实生活中，能够承认“谁也不傻”话的人，一则不见得是真心，二则也没有几个人。都说聪明误事，但更多的时候是误自己。无知则不同，真无知的人固然不承认自己的无知，反而极力以无知的理由为自己的无知来辩解。当一个人果真有勇气承认自己无知的时候，那他就一定不是真的无知了。一个自己承认自己无知的人，他所懂得的事情，那些自以为聪明的人不见得明白；他不懂得的事情，则自以为聪明的人就更加不明白了。

子曰：“由！诲，汝知之乎？知之为知之，不知为不知，是知也。”孔子告诉仲由知或不知的态度，最明智的就是：知道的就是知道，不知道的

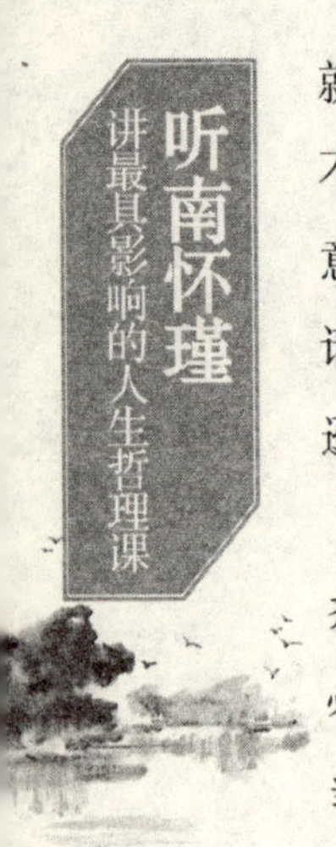

就是不知道。南怀瑾先生也以此给众人提出警示，他说："很多学问，明明不懂的，硬装作自己懂，这是很严重的错误，尤其是出去做主管的人要注意。"他还强调说："历史上伟大的成功人物，遇事常说：'我不懂，所以要请教你，由你负责去办，大原则告诉我就行了。'由此来看，能以诚实、谦逊的态度对待你所面临的事情，才是真正的知者、智者。"

一个烈日炎炎的夏日，骄阳当空，大地一片燥热，一辆马车正在通往齐国的路上慢慢行驶。车上，孔子正向弟子们传授学问，他说："三人行，必有我师焉。"意思是说，你在路上随便遇到三个人，那其中就会有人可以当你的老师。孔子教育弟子：对待学习一定要诚实，遇到自己不会回答的问题，要老老实实地承认自己的不足，绝不能不懂装懂，自欺欺人。

正讲着，车窗外传来哗啦啦的响声。孔子便说："天气说变就变。听，山那边下起了雷阵雨，快停车！"有位弟子下了车，仔细听了听，说："这是山那边海浪拍打岩石的声音，我是南方人，从小生活在海边，熟悉这种声音。"

孔子一听是海，非常好奇，因为他从来没见过海。于是就带着弟子爬上山顶，想看看海究竟是什么样子。孔子望着无边无际的大海，感叹地说："海真辽阔呀！做人就应该像大海一样，有辽阔的胸怀，敢于承认自己的缺点。"正当孔子和弟子们欣赏着大海的景色时，觉得口渴了，正巧看见一位小渔民担着一桶水从山腰走来。孔子便走上前去："小弟弟，可否讨口水喝？"小渔民就拿起葫芦瓢在桶里舀了一瓢清水，递给孔子。孔子喝过水后，说："这海水真好喝啊！甘甜清凉。"小渔民听后，忍不住笑了："海水又咸又苦，怎么能喝呢？又怎么能甘甜呢？嘿嘿，你们可真是书呆子，这点常识都不懂。"

一位弟子听小渔民这样批评老师，非常生气："你这个黄毛小子，真不知天高地厚，竟然如此无礼，你知道这位是谁吗？他可是大名鼎鼎的孔夫子。"

"孔夫子？孔夫子怎么啦？孔夫子不见得样样都懂，刚才想用海水解渴就错了，海水是苦的，根本不能喝。我递给他的可是清水。再说，他会种地吗？他会盖房吗？他会打鱼吗？”

孔子听了，觉得很惭愧，他低着头，沉思了一会儿，然后诚恳地对弟子们说：“以前，我对你们讲有些人一生下来就知道一些事情，这话是不对的，我们应该知错就改，千万不能不懂装懂啊！”

弟子们听了，都点点头，更加尊敬孔子了。这座山后来就被称为“孔望山”。

孔子不仅严格要求自己，对弟子们也是如此。

孔子有一位弟子，名叫子路，是个性格粗鲁直率的人。子路很聪明，自从拜孔子为师后，认真学习，渐渐地掌握了不少知识。

当时，各诸侯国之间混战不断，为了扩大各自的势力，他们都把招揽人才作为重要手段。许多诸侯贵族都认为子路是个不可多得的人才，便争相请他去做官。这样一来，子路就有些骄傲了。

孔子得知子路越来越骄傲了，学习也不如当初用心，变得很浮躁，便决定教训一下他。

这一天，子路穿着华丽的衣裳，身边还跟着几个仆从，高高兴兴地回来拜见老师。孔子看见子路趾高气扬的样子，心中十分不悦，便提出几个有关治国的问题，让子路回答。子路一听，呆呆地愣在那里，一个也回答不上来。前一段时间，他一直忙于交际应酬，忽略了功课，而且，来之前也没作任何准备。这可怎么回答？如果老老实实说不知道，那在同学面前不是太丢面子了吗？而且，传出去后，那些诸侯贵族会怎么看？还认为自己是人才吗？

想到此，子路便假装胸有成竹的样子，把以前学到的那点相关知识全都倒了出来，东拼西凑，连蒙带混地应付了一大篇。

孔子听了十分生气，训斥道：“子路，你自己认为回答得怎样？”

子路见老师生气了，便一声不吭地低着头。

孔子继续说：“你知道自己最大的缺点是什么吗？那就是不懂装懂！”说完，孔子一一列举了子路话中的错误，说得子路满脸通红，羞愧得说不出话来。

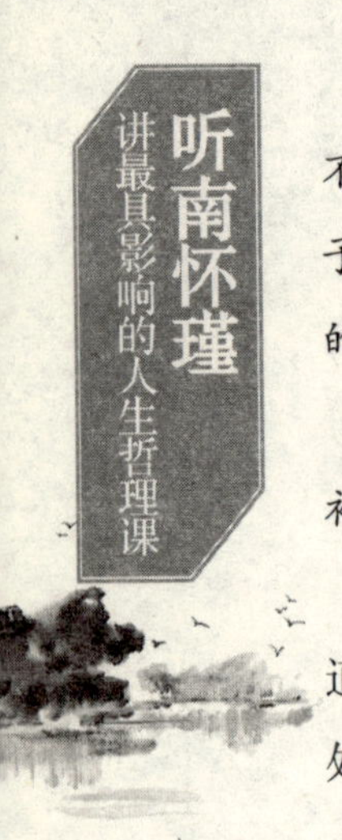

孔子缓了口气，又接着说："做人一定要诚实，对待学问也要诚实，不能弄虚作假。知道的就说知道，不知道的就说不知道，这没什么丢面子的。如果你能这样老老实实地对待学习，将来一定会成为真正有智慧的人！"

子路听了老师的教诲后，决心留在老师身边，继续潜心学习，以弥补以前荒废的学业。

人任何时候都要虚怀若谷，戒骄戒满，再博学的人也会有许多不知道的东西，所以时时处处都要以学习的姿态出现于人们面前，而不能到处不懂装懂，硬充"大明白"，否则自己就再无进步的可能了。

"闻道有先后，术业有专攻"，每个人都有自己的专长，不可能每件事都很精通。

愈是爱表现的人，愈是无法精通每件事。交朋友应该是互相取长补短，别人比自己精通的地方就不耻下问，即使是自己很精通的事，也要以很谦虚的态度来展现实力，这样才能说服他人。

如果自己"真无知"却又真的"不知道"自己无知，也就是一种"傻或笨"了。这种"傻或笨"有时会让人感觉到很可爱，也会让人感觉到很可怜。承认自己无知，也算是有"自知之明"了，就可以很自然地利用"知彼知己"的优势，处理每一件事情、协调每一桩人际关系。毕竟人们能够做到自知之明并不容易。

就人类个体的现实生活来讲，"有知"也罢，"无知"也罢，都是人类个体存在的必然感觉。也就是说，大千世界，世事万千，人类个体的生命却是十分短暂的。在短暂的生命里，要弄清楚整个世界的东西，肯定是不可能的。因此，承认自己知道的东西有限，承认自己"无知"，在多数情况下表现一下自己的谦虚态度，相信他人比自己知道的、了解的东西更多或不相同，不仅是自己的一种安全处世的态度，也是自己做人做事的起码度量。因此，面对大千世界，面对每一个同样的或比自己更聪明的其他人类个体，"无知"的感觉是常态，而"有知"的感觉只能是偶然的或局部的，自己最有能耐，也只是在某一方面或某一时段"略略有知”而已。

对不懂的东西，不要随便批评。即使对于是自己专精的事物，不妨表示一下自己的意见，但还要讲究说话技巧。在一个高度复杂的信息时代，每个人所吸收的知识都不可能包罗万象。若不以虚心的态度与人交往，如何能够受到大家的欢迎？凡事都自以为是的人，必然得不到大家的尊敬。

不论是不懂装懂或是真的无知，都有损于交际范围的扩展。这样的人在社会中永远都是不受欢迎的一类，不懂装懂和自作聪明的处世方法会毁掉一切刚刚兴起的事业，使人们失去对你的兴趣和信任。

知识有时也是束缚人的网

大师语录

谁又真能了解，知识愈多，烦恼愈大。财富越大，痛苦越深呢！所以佛经里把烦恼叫做“烦惑”，愈有烦恼，思想就愈迷惑不清。

把硕士、学士学位看得牢牢的，这叫死人棺材。所有的学问，都是死人的古董，抵不住生死。如果真正放下向此修去，悟道的成就很快，那时，世间上的学问自然通彻，甚至于不需博闻强记，念头一提就懂了。

点亮智慧

学问到了极点，要“入乎其内，出乎其外”，进得去，跳得出来，然后把一切书本知识丢光，白纸一张。到了这个境界，可以养生，可以谈道，可以学禅。所以庄子讲的是对的，学问到了最高处，把所有学问丢光，这是高明人。

古代以“圣人之忧”来形容忧愁的无穷无尽。

“无忧者，其唯文王乎”？文王的智慧已经能够洞察一切，然而《易

经》卦词处处都是危患之意。

仔细品味古代的诗文，几乎都有藏哀，如果心情悲凉的话，就难以竟读。所以老子说“绝学无忧”，“无知者无畏”。没有学问的人，难以深谋远虑，不懂得事情的严重性，加上也不关心身外之事，一辈子都省心。

毫无疑问，知识能够给人们的生活带来快乐和幸福，但是知识不等于快乐，更不等于幸福。有时候，知识反而成为人们生活中的沉重负担，好似一张沉重而结实的网，罩住了我们。一个人养生，就要把自己身心搞得不烦恼、不痛苦、不忧烦、很安详、很平凡、很快乐地过一生。有学问、知识、经验，而不被其所困，要能解脱。换句话说，要提得起，放得下。

所以说，知识虽然是好东西，但不是快乐，至少不是快乐的直接来源。与权力不是快乐，财富不是快乐，金钱不是快乐一样，知识只是快乐的一个因子，不是快乐的前提。

因为，有了知识只能表明你知道的多了，但并不表明你智慧了，也不表明你能智慧地生活。所以，大师告诫我们：“学问到了极点，要‘入乎其内，出乎其外’，进得去，跳得出来。”

知识不等于智慧，有时候放下知识，才能发现自我智慧。

曾是世界首富的日本大企业家堤义明对这种“学习”十分不满，他说：“如果你们不相信，大可做一个实验，把一批离开大学已经十年以上的人，拉去参加一项初中的毕业考试，很多人都会不及格。你不能说初中的教育内容不合实际，如果不合实际用途，为什么还继续采用?”

爱因斯坦曾经说：“所谓教育，应在于学校知识全部忘光后仍能留下的那部分东西。”

发现、掌握自我智慧的人，才能有个性，不落俗套。

发现、掌握自我智慧的人，就会走自己的路，不模仿别人。

发现、掌握自我智慧的人，就不会被固定的模式套住，能挣脱出来。

发现、掌握自我智慧的人，就会有童心，因为童心离自然更近。

发现、掌握自我智慧的人，就会心平气和，不浮躁，不跟风。

发现、掌握自我智慧的人，就会善于用智慧学习，独立思考，找到学习规律。

发现、掌握自我智慧的人，就不会把脑子塞得满满的，也不会限制自己的发展。

发现、掌握自我智慧的人，就会永远知道自己该干什么，并为之付出全部精力和热情。

发现、掌握自我智慧的人，自我智慧就会随时闪现，灵感就会随时出现，天天有灵感就会成为可能。

发现、掌握自我智慧的人，就会知道怎样用心，用心思考，用心感悟，就不会成为愚笨的人。

发现、掌握自我智慧的人，就会活得有价值，有意义。总是朝着光明的方向前进，这说明他们知道了方向，知道可以打井出水的地方，这才是难能可贵的。

《红楼梦》上有幅名对子："世事洞明皆学问，人情练达即文章。"世事一切都洞明，很透彻，是真学问。"练"等于经验很多，对人情世故很通达了，这是大文章。这两句话是人生最高的名言。可以说，一个人一辈子的修养能够做到这两句话，就非常成功。真洞明世事，真练达了，连句话都没有，就是既高明又平凡。

一位老学究，有一天晚上赶路，突然碰到了一位已经死去的朋友，这个人一向正直刚强，但是并没有害怕，问友人去哪里。亡友告诉他自己在阎王殿前当差，现在要去南边村庄捉拿一个鬼魂，刚好与老学究一起上路，于是他们并肩而行。来到一所破屋前，亡友指着屋里对学究说："这里面住着一个读书人。"学究很惊讶地询问友人如何知道。亡友道："一般，一个人在白天忙碌，精神疲惫，灵感枯竭，只有到了夜晚，睡着之后，才会一念不生，胸中所读之书，字字喷射光芒，从身体的各个孔隙中发出，光彩闪烁，交相辉映，像绸缎一样，艳丽鲜明。一个人的光芒大小，根据一个人的常识深浅有关，学问越大，光芒越大，学问最差的也微光闪闪，如同一盏油灯，照亮窗户。人是看不到的，只有鬼神才

能见到。这间破屋上光芒高达七八尺，所以我才知道。”老学究又问：“我读了一辈子书，睡梦中发出的光芒应该有多高？”亡友欲言又止，道：“昨天从老兄书馆经过，兄正在午睡，见老兄胸中讲章一部，墨卷五六百篇，经文七八十篇，策略三四十篇，字字变成一团黑烟，笼罩屋上。诸生朗读之声好像发自浓云密雾之中。实在没有见到光芒，不敢随便乱说。”学究大怒，呵斥亡友，友人大笑着离去。

从这篇文章，我们可看到作者对于读死书的人也是充满着嘲讽的，认为一个读死书的人毫无学识可言，只懂得生搬硬套，不会活学活用，胸中所藏文章，不过是一团乌黑之气，毫无见地。

前人说，读书要注意字里行间，又说读诗要得其“弦外音，味外味”。这都是说要在文字以外体会它的精神实质，这就是知其意。司马迁说过：“好学深思之士，心知其意。”意是离不开语言文字的，但有些是语言文字所不能完全表达出来的。如果仅只局限于语言文字，死抓住语言文字不放，那就成为死读书了。死读书的人就是书呆子。语言文字是帮助了解书的意思的拐棍，既然知道了那个意思以后，最好扔了拐棍，这就是古人所说的“得意忘言”。在人与人的关系中，过河拆桥是不道德的事。但是，在读书中，就是要过河拆桥。

上面所说的“书不尽言”、“言不尽意”之下，还可再加一句“意不尽理”。理是客观的道理；意是著书的人的主观的认识和判断，也就是客观的道理在他的主观上的反映。理和意既然有主观客观之分，意和理就不能完全相合。有这样一则故事：

做车轮的工匠看见皇帝读书，便问读什么书。皇帝回说是古人的书。工匠笑说，古人都已死了，那书只是古人的垃圾，不值一读。皇帝不悦，心想一个工匠知道什么书不书的，耐着性子问：“你怎知那是古人的垃圾？”工匠打了个比方：“我儿子跟我学做车轮都十年了，每天手把手教他，还不能完全领会。古人死了那么长久了，看他的书能得到什么？”皇帝听后觉得有理，放下了手里的书。

故事可能夸张，但工匠说得挺在理。文字语言只是符号，借以传达思想和更深层的心灵信息。符号传达的已经不是源信息，通过符号转译后可能偏离得更远了。最好的语言高手也不可能完全准确地表达自己的意思，因此世上的书大多也是如此，甚至充斥着谬误。况且任何“语义”的正确理解必须有理想的“语境”相对应，否则“望文”生出的常常是“假义”。因此孟子才会说：“尽信书，不如无书。”读书的最终目的在于明白事理，提高境界，不能只求数量，只在字面上抠，重在理解字后的原意，通过书求得印证。这便是读书读出情境的要求。

其实，人，才是一部真正的大书。人人都拥有这样一部不着一字尽得风流的“天书”。智慧的读书，应该是透过别人的书来读自己这部“天书”。无书，我们可能无法开启自己的“天书”；而尽信书，必为书所迷惑。

从前有人说过：“六经注我，我注六经。”自己明白了那些客观的道理，自己有了意，把前人的意作为参考，这就是“六经注我”。不明白那些客观的道理，甚至于没有得古人所有的意，而只在语言文字上推敲，那就是“我注六经”。只有达到“六经注我”的程度，才能真正地“我注六经”。

“纸上得来终觉浅，绝知此事要躬行。”南怀瑾先生年轻时，为求得真知，不知遍访了多少高僧，吃了多少苦，加上他天资聪慧，勤思考，才有了今天这样令人瞩目的成就，如若他迷信课本、文凭以及纸面上的学问，还有那么多文章面世吗？所以读书不是目的，学习如何思考，深刻把握书中的内涵及智慧，有效地指导自己的人生，才是真正的目的。

学习或做学问离不开读书，但如何有效地读又是一门学问。读书无非加减法。初学用加，书越读越厚，知识越累越多，头脑中的垃圾也“水涨船高”；深学后，有了自己的想法，对他人的思想、经验、心得进行反省和感悟，去粗取精，弃知求智，书是渐读渐薄，最后可能就是“无字天书”了。

自我智慧应该是每个人都具有的，从这个意义上讲可以说是“天生”的。平凡的人和伟大的人，他们的根本区别在于是否能够发现、掌握和运用自我智慧。

人总是人，不是全知全能的。他的主观上的反映、体会、判断和客观

的道理总要有一定的差距，有或大或小的错误。所以读书仅得其意还不行，还要明其理，才不至于为前人的意所误。如果明其理了，我就有我自己的意。我的意当然也是主观的，也可能是不完全合乎客观的理。但我可以把我的意和前人的意互相比较，互相补充，互相纠正。这就可能有一个比较正确的意。这个意是我的，我就可以用它处理事务，解决问题。好像我用我自己的腿走路，只要我心里一想走，腿就自然而然地走了。读书到这个程度就算是能活学活用，把书读活了。会读书的人能把死书读活；不会读书的人能把活书读死。把死书读活，就能把书为我所用；把活书读死，就是把我为书所用。能够用书而不为书所用，读书就算读到家了。

此外，知识、经验、道理等，都有其适用的限度，尤其在心灵领域，许多方面非"逻辑"所能通达，而需要空灵的状态，需要大胆的否定，需要非常的勇气和智慧，不是靠既有的文字、旧有的学问或他人的经验、平常的道理所能解决的，需要突破旧有的框架才有可能达成。这就是所谓的"精神探险"。

南怀瑾先生的话启发我们：人的一生，是不断学习的一生，在学习的过程中，不要只注重学习的形式和文字的表述，形式和文字只不过是一种工具而已，重要的是靠心去理解。只有这样，我们才能学有所成，掌握所学知识的实质。

学习是一生都要做的事情

大师语录

子曰："汝奚不曰：其为人也，发愤忘食，乐以忘忧，不知老之将至云尔。"孔子说我是一个为了发愤求学问，常常穷得没饭吃，连自己肚子饿了，都无所感觉，而忘了人是必须吃饭的那种人；当学问上有所获益，就快乐得忘记了忧愁，根本忽略了衰老的威胁。孔子这种为学的精神，也是我们要效法的地方。孔子的人生修养，是永远年轻的，所以他的学问道德，能“苟日新，日日新，又日新”。永远是进步的，随时有新的境界。

点亮智慧

《道德经》中提道：“营魄抱一，能无离乎？抟气致柔，能如婴儿乎？涤除玄览，能无疵乎？爱民治国，能无为乎？天门开阖，能为雌乎？明白四达，能无知乎？”南怀瑾先生说：“天纵睿知的人，绝不轻用自己的知能来处理天下大事。再明显地说，必须集思广益，博采众议，然后有所取裁。所谓知者恰如不知者相似，才能领导多方，完成大业。”

嬴政刚即位时，无论是对臣还是对民都很谦恭，在用人方面，他从不计较某个人的出身和经历，并能充分听取臣下的意见，这自然使手下人对他十分忠诚。

公元前236年，秦军在前线正与诸侯酣战，眼看各国诸侯已经衰弱，但他们仍要作最后挣扎，并且伺机合纵抗秦，尤其是韩、魏、赵三国居于诸侯七国中央之地，是秦东进的主要障碍，且燕国与赵国相临，若此四国合纵抗秦，必会对秦构成重大威胁。为了离间四国合纵，秦王嬴政忧心忡忡。这时，有一位叫顿弱的人出现了。

顿弱是秦国的一介平民，但他富有智谋，并且善于发表自己的见解，还惯于用间术。嬴政听说此人之后，很想单独与顿弱谈话，想看看他对国政有什么见解。但顿弱知道嬴政性格狂傲，不易服人，于是他便故意端起架子，让人传话给嬴政说：“我生来就不会向别人下跪参拜，如果大王能允许我参见时免去跪拜之礼，我就可以去面见。不然的话，我是不会去见他的。”

但嬴政不因顿弱提出的条件而生气，反而很爽快地答应了他的要求。

见到嬴政，顿弱张口就说了一句让嬴政摸不着头脑的话，借以吸引嬴政的注意力。他说：“天下有一些有其实而无其名的人；也有一些无其实却有其名的人；还有一些无其名且无其实的人，大王您知道吗？”

嬴政果然对此大感兴趣，他很干脆地回答：“不知道。”

顿弱解释说："有其实而无其名者，便是商人。商人不种田种粟，但家中却囤积谷米，所以说商人是有其实而无其名的人；无其实而有其名的人是农民，农民虽有生产粮食的名声，但家中却没有积粟，所以说农民是有其名而无其实的人；无其名又无其实者是大王您啊！您虽登上了王位，拥有万乘车马、天下财富，却不能供养父亲，得不到孝子之称，自然也无孝子之实，所以，大王便是既无其名也无其实的人。"

听到这里，嬴政勃然大怒，顿弱明明是在挖苦他！但怒言未发，只听顿弱又说："山东有六个诸侯国，以大王的威力不能征服他们，可是却把威风撒在母后头上，这种做法实在是不可取啊！"顿弱这里所说的母后之事，是指嬴政亲政后因母亲有私宠行为而被他赶出宫的事情。

对于顿弱的考问，嬴政听了虽然生气，但还是忍住了，并转移话题问顿弱说："山东的六个诸侯国该怎样兼并呢？"

顿弱竟以嬴政母后这样耻辱的事情和敏感的话题来刺激嬴政，无异于揭他的伤疤。依嬴政对母后淫乱后宫之事的敏感程度，他早就要暴跳如雷了。然而，为了听到统一六国的良策，嬴政宁愿受辱，这种克制力不可谓之不大。

顿弱见嬴政未恼，便将话切入了正题，他献策说："六国之中韩国所处的位置好比天下的咽喉；而魏国所处的位置好比天下的胸腹。大王可以给我万金，让我去韩、魏游说活动，收买韩、魏两国所信任的王戚贵臣，让他们为秦做事。秦若在他们国家有了内应，那么取两国就易如反掌。而韩、魏到手，天下也就会成为大王的天下了。"

顿弱的话正合嬴政的心意，听了心里当然暗自高兴，但他却故意对顿弱说国贫，难以拿出万金来。而顿弱便又向嬴政讲了利害关系，他说："天下不会这样容易就被取得，诸侯国之间不是合纵，就是连横。若连横成功，诸侯就得听命于秦，秦就能成就帝业；而若合纵成功，诸侯就会联合抗秦，并且听命于楚王。秦若能成就帝业，天下何止万金来供养大王；而楚如果成为天下之王，即使大王有万金之富，恐怕也不属于您了。"

顿弱说完，嬴政大喜，他非常赞同顿弱的话，便采纳顿弱的计谋，

赐给他万金做资本，让他到东边游说韩、魏两国。不久，顿弱便实现了行间目的，收买了韩、魏将相效力于秦。接着顿弱又北上游说赵、燕，用金钱收买人心，使燕顺服于秦，让赵悼襄王废弃名将廉颇，还收买了赵王宠臣郭开等人，陷害了名将李牧，搬掉了秦东进的大绊脚石。

顿弱接下来到了齐国，让齐王向秦朝拜，迫使韩、魏、赵、燕四国服从于秦。

领导者的本事再大，他的知识、经验、能力、精力都是有限的，真正“什么都懂”、“什么都能”的人是不存在的。因此，凡是高明的领导者，无不把下属的参谋作用放在重要位置上，注意让他们充分发表意见。毕竟多读多看总没有坏处，三个臭皮匠顶一个诸葛亮。

“冰冻三尺非一日之寒”、“厚积薄发”，诸如此类的话，在南怀瑾先生身上体现得淋漓尽致。同时，也展现了他对于“终身学习”这一理念的身体力行。尽管南怀瑾认为“做人是第一大学问”，主张从生活中学习，但是作为一个人文学者兼授课者，他主要的学习方式还是读书。他一生读书无数，可谓“生命不止，读书不已”，真正是将“终身学习”进行到底，乃至忘我兼忘忧，“不知老之将至”。

南怀瑾十六七岁的时候，在私塾先生的指导下，广泛阅读和背诵儒家的经典著作和古代的诗词歌赋，在这段时间里，他自己还读了“正书”之外的许多杂书，如《三国演义》、《红楼梦》等古典小说。

在杭州浙江国术馆学武的时候，他除了学习学校规定的课程外，还利用课余时间，在“闲地庵”借阅大量的书，阅读面也更宽了，除了古书外，也读有关现代知识的书。

在峨眉山闭关时期，他遍读了几千卷的《大藏经》。也是在这个时候，他曾在一个朋友家里住过一段时间。这个朋友家有一个很大的书房，藏有《永乐大典》、《四部备要》等古代典籍，南怀瑾整天把自己埋在书堆里，把朋友家的书读了个遍。

在台湾各大学讲学时期，由于工作需要，更是离不开读书。南怀瑾讲课，通常是嬉笑怒骂，海阔天空，但这绝不意味着他是毫无条理地胡侃一通。恰

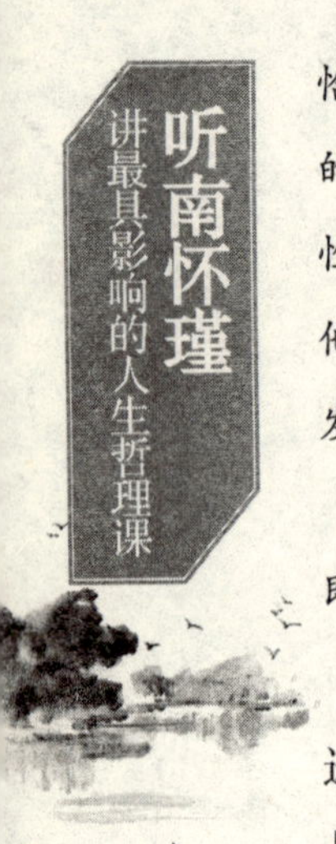

恰相反，他讲课很有条理，逻辑性很强。实际上，他每次上课前都要作充分的准备，阅读大量的图书及资料。由于他搬了好几次家，当时的住处是临时性的，地方又不大，很多书没有带在身边。有时候，手头没有他所需的图书，他就叫人到书店去买，或者给台北的一位学生发传真，请他查到了马上传真发过来。这样的阅读量，使他讲课时旁征博引，深受学生的欢迎。

晚年成名后，他依然读书不倦。他读书常常在深夜，通常一个晚上即可看完几本书。

所谓“终身学习”，实际上就是“活到老，学到老”。现代社会已经进入了知识经济时代，各种新学科、新知识层出不穷，在这个时代要想与时俱进，就要不断地武装自己，学习所需要的各种知识。不过，终身学习虽然强调学习的持续性，但也离不开有效的方法。

只要你想学，机会无处不在。掌握各种学习的机会，你可以争取在职进修机会，也可以利用公司的岗位培训机会学习；你可以报一个培训班，或者通过网络进行远程教育；你还完全可以在家自学。掌握每一次学习的机会，可以使个人心灵富有，成为生命力的源头活水。

现代社会的最大特质是信息多、传输快，个人十分容易获得所需要的信息，但这也使准确地判断与筛选信息变得困难。古人说：“尽信书，不如无书。”与此相同，在现代社会中，“尽信信息，不如没有信息”。正因为如此，养成迅速获得、汇整、批判信息的习惯，汇整与批判各类信息，已成为现代人必须具备的能力。

知识只是终身学习的主要任务，但并不是全部。如果将终身学习的习惯，用诸终身运动，可以延年益寿；如果将终身学习的习惯，用诸终身反省，可以减少个人烦恼。这就大大扩展了终身学习的外延，而深化了它的内涵，使得终身学习的不仅仅是知识。

生命不止，学习不已。在21世纪的今天，“活到老、学到老”的终身学习不仅是一种学习态度，更是一种生存方式。在这种生存方式下，学习始于生命之初，持续到生命之末，从摇篮到坟墓，从不间断。处于这种生存状态下的中国人，见面的问候语也将变成：“今天，你学习了吗?”

第五章 Chapter5

朋友是一路前行的支持者

“相识遍天下，知己有几人”。朋友就是成功时为你喝彩的那个人；失败时默默安慰你的那个人；快乐时一起分享的那个人；也是痛苦时握住你的手的那个人。人生一路上芳华散落，朋友是你永远的支持者。

益友如财富

大师语录

这一篇《人间世》，庄子告诉我们为人处世的方法，只要不向坏的方向研究，你就得到一个好处：人生的艺术，即做人做事的方法。“命之曰菑（灾）人。菑人者，人必反菑之。若殆为人菑夫。”“菑人”是什么？倒霉鬼。孔子说：颜回你去见卫灵公一定要倒霉。为什么？你讲他的不对嘛。“菑人”也就是上海话的“触霉头”，你去把他倒霉的事都抖出来了，触了人家的霉头，你也变成倒霉鬼了。“菑人者，人必反菑之。”回转来是你倒霉，不是卫灵公倒霉。你愿意去做个倒霉鬼吗？且苟为人悦贤而恶不肖，恶用而求有以异？并且你去了以后，你当然喜欢好的忠臣，卫国的坏人你一定攻击得很厉害。我告诉你，你这样“恶用而求有以异”，这样的做法和普通人没有什么两样。人谁不喜欢好的一面，讨厌坏的一面？你叫任何一个人来问：你喜欢交好人做朋友，还是喜欢交坏人做朋友？一个小孩子都可以告诉你，我喜欢交好人做朋友，决不愿交坏人做朋友。

点亮智慧

人是群居的动物，我们每个人不可能独来独往。我们生活在社会上，我们生活在自然界中就需要有一个“伴”。在《鲁滨逊漂流记》当中，主人公即便在那样的一个岛屿上都需要一个“伴”，更何况是我们呢？

古今中外形容朋友的话有很多。比如《论语》中的：有朋自远方来，不亦乐乎？比如鲁迅说的“人生得一知己足矣，斯世当以同怀视之”。连莎士比亚也说：有很多良友，胜过有很多财富。我们每个人都需要朋友。我们交朋友的目的其实也大同小异：或是让生活充实、丰富，能在工作

之余有人一起娱乐、一起聊天；或是有利于工作，希望在工作上能得到朋友的帮助。所以，能结识一些相互欣赏、有情有义的朋友对一个人的事业、生活是极其重要的。

结交一帮益友，对个人来说也是一笔巨大的财富。古语说得好：近朱者赤，近墨者黑。和好的人结交朋友，你会从他们身上看到自己的不足，你会发现自己身上的缺点，从而改正自己。这就无形中提高了自己。而且，和益友长期在一起，他的一些好习惯就会影响到你，让你也会养成好的习惯。

佛陀和难陀一日经过市集，在一个卖鱼人的家门口停下。

佛陀对难陀说道："难陀，你到鱼店里，摸一摸铺在鱼下面的茅草。"

难陀照做后，佛陀问道："你闻闻看，你的手是什么味道。"

"腥臭！"难陀闻了后回答。

佛陀说教道："难陀！若人亲近恶知识，交恶友，虽然时间短暂，因为恶业恶习，他是恶名就会远播了。"

难陀又走到一间花店，佛陀对难陀道："你到花店化一个香袋来。"

难陀依照到花店化来一个香袋。佛陀再说："你现在把香袋放下，闻闻你的手，看看有什么味。"

"香气扑鼻！"难陀说道。

佛陀说教道："若人亲近善知识，交益友，常常向他们学习，感染他们的习气，即使不能与他们相同，渐渐的也会有他们的香气。难陀，今后将多与舍利佛、目犍在一起，他们的贤德也会影响你。"

这则禅宗故事明白地告诉我们：交友要交益友。

那什么样的朋友才能算作好朋友呢？好朋友就是在你困难的时候伸手去帮助你的那个人。

1932 年夏天，瞿秋白在上海与鲁迅相识。1934 年初，瞿秋白就远赴江西苏区。瞿鲁二人虽交往仅一年半，但已成了知己。

瞿秋白通晓俄文，文学修养又极深，鲁迅极希望瞿秋白把苏俄文学介绍给中国读者，因此二人尚未谋面，其实早已深交。后来有缘结识，

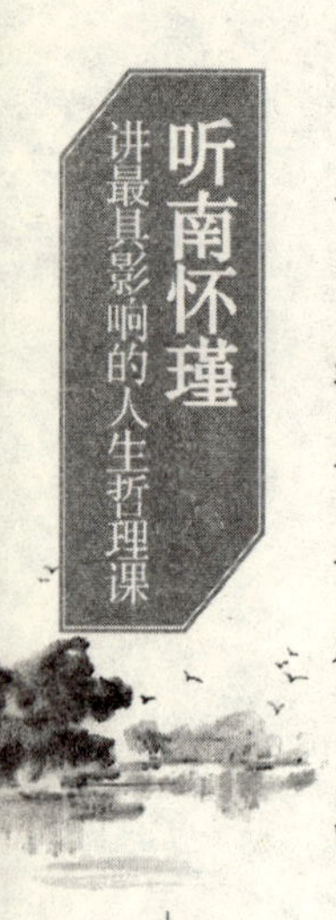

自是相逢恨晚，一见如故，成为至交。瞿秋白因为发表文章被特务追捕三次，没有办法，在鲁迅家避难。鲁迅概不拒绝，侠骨柔情由此可见。

实际上瞿秋白是少有的对鲁迅杂文评价不失偏颇的人。他费尽心血，编成《鲁迅杂感选集》，仅序言就长达 1.7 万字。而恰恰是这篇序言，让鲁迅佩服之至。其见解之精辟，行文之凝重，都让鲁迅惊叹瞿之才华。甚至有传言说，鲁迅阅稿时，连烟蒂烧到了手指也浑然不觉，读完时才发现指头已经烧伤了。

正因为如此，在那个年月，这个精神上的好朋友，使得鲁迅在奋斗的路上，感到了慰藉。

真正的友情是相互帮助的，而不是要从别人那里得到什么好处。我们在生活中总会有很多的朋友，但是这些朋友之中有很多是酒肉朋友，当你遇到困难的时候他们总会袖手旁观，这样的朋友就不值得你去交往。好朋友在你困难的时候帮助你，在你过得好的时候默默为你祝福，这样的朋友才是你真正的朋友，才是知己。

那什么样的朋友能交往呢？有没有什么标准呢？其实这个问题早在两千多年前，孔子就回答过。孔子说：在这个世界上，益者三友。损者三友；友直、友谅、友多闻，益矣；友偏辟、友善柔、友便佞，损矣。

孔子认为益者三友是：友直、友谅、友多闻。

友直就是指这个人正直、坦荡、刚正不阿。一个有明朗人格，没有谄媚之色，在这个世界上顶天立地的人，就能算作是一种好朋友。因为他的人格可以映校你的人格，在你怯懦的时候给你勇气；他可以在你犹豫不定的时候给你一种果断，这样的朋友就是好朋友。

友谅，就是宽容的朋友。宽容是一种美德。和这种人在一起，他不会计较你的一点过失。同样，你在他身上也会学到宽容。

那什么是友多闻呢？在先秦那个时代，通信不发达，交通不发达，要想有广博的见识怎么办呢？最简单的一个办法就是交个好朋友，从朋友那里得到一些经验。当你在这个社会上感到犹豫彷徨有所踌躇的时候，到朋友那里以他的广见博识为你作一个参考，来帮助自己作出选择。所

以结交一个多闻的朋友就像翻开了一本辞典一样，我们总能从他人的经验里面得到自己的借鉴。

那孔老夫子所说的友偏辟、友善柔、友便佞，这三种坏朋友又是些什么样的人呢？

友偏辟，就是指脾气暴躁的朋友。好朋友之间应该以理性为先，而盲目的激情有可能会出现永远无法挽回的后果。和这样的人一起生活可能会遇到危险。

友善柔和友偏辟正好相反，这个不是脾气特别暴躁的朋友，是脾气特别优柔寡断的朋友。过分优柔寡断其实是在浪费你的生命能源，也可能你要去辞职了，你说有一个机会我要下海或者我要跳槽，你去问朋友，朋友说，“啊呀，想想吧，你现在的地方也不错呀，你要是万一走了，你什么什么就丢掉了”。我们有很多朋友都会在这种关键的时候给你一种制约的力量，让你觉得我还是退一步吧，我还是慎重一点吧。我们这一生要做的很多事情，不要被过分优柔寡断的朋友干扰了你的思维，这种朋友太多，也是一种危害。

所谓友便佞，是最坏的一种朋友。大家都知道佞臣之说，佞，就是那种心怀鬼胎的，有心计的，要以一种不择手段的方法去谋取个人利益的这种小人。他们是真正的小人，是那种心理阴暗的人，但是这种人往往会打扮出一副善良的面孔。

益友是你取得进步的阶梯。交损友，可能会让你掉进一口可怕的陷阱。这就是“居必择邻，交必择友”的道理所在。朋友有良莠之分，交往有损益之别。如果交往不慎，就会身不由己，陷入庸俗之交、势利之交，不会有好的结果。有道是，“一生之成败，皆关乎朋友之贤否，不可不慎”。这话虽然有些绝对，但基本道理是能够给人启迪的。

损者三友，益者三友，它告诉你，你在这一辈子里所做的所有事情，内心是应该以朋友作为一个标准的。这种标准有可能是防微杜渐的，不见得这个朋友做出多么伤大雅的事情来，哪怕只要一个苗头，就可能觉得这个人做我的朋友以后有可能是我的危险。

亲如蜜，淡如水

大师语录

朋友是什么？有急难相助才是朋友之道。

点亮智慧

任何事情做起来都有一个度，在这个度的范围内，事情就会顺利地发展，而超出了这个度，事情就有可能朝着坏的方向发展了。人和人之间的关系也是这样，朋友和朋友之间的关系更是这样。

与人交往要慎重，好友亲密要有度，切不可自恃关系密切而无所顾忌，正如中国的一句古话“见面只说三分话，未可全抛一片心”。所以高明的人的原则就是：真诚但不和盘托出，亲近但不过度亲密。如果太亲密了，就可能发生质变。过密的关系一旦破裂，好友势必变成冤家对头。这就好比站得越高，跌得越重。

交友要有分寸。每个人都有秘密，给对方一点保护他们秘密的空间，实际上就是给自己更大的空间。朋友对你保守秘密并不是对你的不信任，而是对自己负责。一般情况下，凡属朋友的一些较为敏感的事情，其公开权利应留给朋友，在朋友觉得难为情或不愿公开某些私人秘密时，你也不应强行追问，更不能私自打听，因为保守秘密是他的权利。擅自偷听或公开朋友的秘密，是交友之大忌。另一方面，你也可以对朋友保守自己的秘密。这些并不意味着你和好友之间的疏远，反而使你们的友谊更加可靠。一个懂得尊重别人的人，知道怎么让别人尊重自己。

子曰：“唯女子与小人为难养也！近之则不逊，远之则怨。”孔子认为女子与小人最难办了，太爱护、太亲近了，他们会恃宠而骄，让你无所适从，动辄得咎；疏远一些吧，他们又怨恨你。其实，孔子说的不仅仅是女人、小人，实际上包括了生活中大多数平凡男女，他指出了人际交往中一个不容忽视的问题，即距离问题。

有些人会有这样的体会，当较远距离看一朵花时，会感觉很美，当靠近了再看，便会发现其中一些瑕疵，觉得不再美了。这让人不由得想起一句耐人寻味的话："距离产生美。"如何保持人际交往中的美好印象，如何让人际关系永远处于美的阶段呢？有一个办法：懂得保持适当的距离，既不过于接近，又不过于疏远。很多时候，就情感而言，一定的距离能带来极大的美感。任何关系的关键在于距离适中。

柴可夫斯基和梅克夫人是一对相互爱慕而又从未见过面的恋人。梅克夫人是一位酷爱音乐、有一群儿女的富孀。她在柴可夫斯基最孤独、最失落的时候，不仅给了他经济上的援助，而且在心灵上给了他极大的鼓励和安慰。她使柴可夫斯基在音乐殿堂里一步步走向顶峰。柴可夫斯基最著名的《第四交响曲》和《悲怆交响曲》都是为这位夫人所作。

他们不想见面的原因并非他们两人相距遥远；相反，他们的居住地仅一片草地之隔。他们之所以永不见面，是因为他们怕心中的那种朦胧的美和爱在见面后被某种太现实、太物质的东西所代替。

不过，不可避免的相见也发生过。那是一个夏天，柴可夫斯基和梅克夫人本来已安排了他们的日程：一个外出，另一个决定留在家里。但是这一次，他们终于在计算上出了差错，两个人同时出来了，他们的马车沿着大街渐渐靠近。当两驾马车相互错过的时候，柴可夫斯基无意中抬起头，看到了梅克夫人的眼睛。他们彼此凝视了好几秒钟，柴可夫斯基一言不发地欠了欠身子，梅克夫人也同样表示了一下，就命令马车夫继续赶路了。柴可夫斯基一回到家就写了一封信给梅克夫人："原谅我的粗心大意吧！维拉蕾托夫娜！我爱你胜过其他任何一个人，我珍惜你胜过世界上所有的东西。"

在他们的一生中，这是他们最亲密的一次接触。

真正的情谊是心灵的默契和情感上的升华。有时候，要使情感保持美艳动人，便要彼此拉开一定的距离，在交往中和对方保持合适的距离。

爱情如此，其他的人际交往亦是。

朋友和朋友之间要维持良好的关系，就要做到保持合适的距离，那如何做才能让这个距离适中呢?

我们和朋友在一起时，不要太锋芒毕露地表现自己，要不然朋友会觉得你是在有意炫耀、抬高自己，这难免会伤到他的自尊，他当然渐渐就会对你敬而远之了。所以，在与朋友交往时，要控制情绪，保持理智平衡、态度谦逊，把自己放在与人平等的地位，注意时时想到对方的存在。换句话说就是我们要维护朋友的自尊心。

还有就是不要侵犯朋友自己的私人空间。有些人常以为"朋友间不分彼此"，对朋友的东西，便擅自拿用，不加爱惜，和朋友的约会也有迟到，朋友或许一次两次碍于情面，不好意思指责，但久而久之会认为你过于放肆，产生防范心理，慢慢地疏远你。

当你遇到困难时，朋友当然是第一人选，可你事先不通知，临时登门提出所求，或不顾朋友是否情愿，强行拉他与你同去参加某项活动，这都会使朋友感到左右为难。答应了你的要求心里又不情愿，若拒绝又在情面上过意不去。或许他表面乐意而为，但心中总有几分不快，认为你太霸道，不讲道理。所以，你对朋友有所求时，必须事先告知，采取商量的口吻讲话，尽量在朋友无事或情愿的前提下提出所求，同时要记住：己所不欲，勿施于人。

我们去朋友家拜访的时候，难免会遇上朋友正在读书学习，或正在接待客人，或正和恋人相会，或准备外出等，我们应该自觉一点，不要在人家那里一坐就是半天，弄得人家很不耐烦，也显得自己没有教养。所以作为朋友，要给别人留出私人空间。

有的人为了炫耀自己和朋友的关系，就会夸大自己和朋友的友情。这样也会显示出自己的人缘好，自己的性格好，但是当你的朋友听到这些的时候他们又会怎么想你呢？他们会认为你这种人不适合相处，朋友之间的关系也就会搞僵。

总而言之，交朋友要讲分寸，不能太疏远也不能太密切，应该是心里有友，但是不侵犯别人的生活，也就是所谓的“亲如蜜却淡如水”。亲密得像蜜糖一样，形容关系好，但同时也要“淡如水”，彼此都很自由。

滴水之恩，涌泉相报

大师语录

别人对我不好，我对他好；那么人家对我好，我又该怎样报答呢？所以他下面就主张“以直报怨”，以直道而行。是是非非，善善恶恶，对我好的当然对他好，对我不好的当然不理他，这是孔子的思想。他是主张明辨是非的。

点亮智慧

当我们遇到困难的时候，朋友总会伸出援助之手。有了朋友在身边，什么困难都不用怕，他们为我们献计献策，他们为我们慷慨解囊，他们用自己最大的力量来帮助我们。正是由于有了朋友的帮助，所以我们才能很快地走出困境。

每个人都应该学会感恩，在人生的道路上有人帮你是你的幸运，没有人必须帮助你，所以每一个帮你的人都是上天派到你身边的天使。受人滴水之恩，就该涌泉相报。很多人都觉得这句话形容回报父母之恩，但是，实际上，这句话适合于帮助我们的每一个人。

友情是人类最不可缺少的一种感情，早晚有一天我们的父母会离我们而去，我们和恋人也有吵架、冷战的时候，而朋友则是那种一直陪在我们身边的那拨人。我们有困难的时候朋友帮助我们，反过来，当朋友需要我们帮助的时候，我们就应该全力以赴。

鲁肃（172—217），字子敬，东吴四英将第二位，文武全才。鲁肃少年看出世道将乱，便苦练箭术。其后周瑜带了几百人从鲁肃门前过，向

鲁肃借粮。鲁肃当时家里有两囤米，鲁肃当时就借了一囤米给周瑜。周瑜十分感谢鲁肃，后来向孙权推荐了鲁肃。鲁肃见了孙权，明确提出了与曹操、袁绍三分天下的想法，这就是著名的《塌上策》。孙权非常敬重鲁肃，与他日夜交谈。208年，曹操南下，东吴分为主战、主和两派。鲁肃立主一战，并主动前往江夏请诸葛亮过江，使孙权看到了刘备联吴抗曹的决心。赤壁之战中，鲁肃以武将身份出战，总领三军，立下了很大的功劳。赤壁之战后，鲁肃立主将荆州借给刘备，这一招使得曹操正在写字的笔吓得掉到了地上。210年，周瑜病逝，临死前向孙权推荐鲁肃继任都督。鲁肃任都督后不久，刘备取西川成功，于是鲁肃开始和关羽就荆州问题展开了斗争。刘备大军杀至公安，孙权也主张让吕蒙迎敌。鲁肃在关键时候挺身而出，与关羽谈判，要求以湘水为界，归还三郡。这就是著名的单刀会。这件事的真正英雄并非关羽，而是鲁肃。在单刀会上，鲁肃义正词严，蜀方无言以对，只得割让三郡。217年，鲁肃病逝，年仅46岁，诸葛亮在成都为鲁肃挂孝。孙权称帝时感慨地说道："昔日鲁子敬就说过会有这一天，看来子敬真是有远见呀！"

周瑜受到鲁肃的帮助，所以他向孙权推荐鲁肃，也算是一种报恩。在历史上，周瑜和鲁肃其实也是好朋友，受滴水之恩就应当涌泉相报。这才是真正的朋友。

还有一种报恩就是拒绝，这听起来有点不可思议。朋友请你帮忙，你就应该全力以赴，就不应该拒绝。其实有时候拒绝别人也正是对朋友的一种负责。每个人的能力都是有限的，我们不可能会办到所有的事情，所以拒绝别人，是对别人的负责。别人就有更多的时间去想办法，解决困难。

有这样一对从小一起长大的"铁杆"哥们儿——小王和小刘。小王大学毕业后在某区人事局供职，小刘则被分配到一家企业工作。一天，小刘携带礼品来到小王家，开门见山地说："老朋友，我想跳槽换个工作。现在我那家工厂产品没销路，效益差，收入低。请你无论如何帮这个忙。"他俩是患难知己，帮忙也在情理之中，但小王只是一般干部，实在是力不从心，于是便对小刘如实说道：“我虽在人事局工作，但人微言轻。加之现在的人事决定权都下放到企业，你这个忙恐怕很难帮得上。你还是想想其他办法吧。”小刘于是转而寻求其他的门路，并终于如愿以偿。虽然小王曾拒绝过他，但他深知小王的苦衷，很能理解小王，至今他们还保持着良好的友谊。

在这里，小王知道自己“能力”有限，便直截、爽快地回绝了小刘。这既免去了一旦答应无法兑现的苦恼，也使朋友有机会另找门路。“拒绝”他人，理由一定要充分可信，不要让对方产生“关键时刻不帮忙”的想法。要是你自不量力，口头允诺下来，但最终无法办到，反而会让对方产生“帮忙不卖力”的误解而使好朋友之间产生隔阂。

朋友的请求一旦超越了自己的能力，一定要拒绝，否则会伤害彼此的友谊。

有的人认为，拒绝朋友，会使对方面子上过不去。但是一味地犹豫和推诿，只能使朋友产生误解，觉得事情还是有希望的，反而会造成麻烦。做不到的事情就要干脆拒绝，但是拒绝的时候也要讲策略。

富兰克林·罗斯福在海军部门工作时，有一位在杂志社的朋友向他打听潜艇基地的秘密。

他微笑着问友人：“你能保证保守秘密吗?”

朋友以为大功告成，就慷慨地承诺：“能。”

不料罗斯福仅仅告诉他三个字：“我也能。”

罗斯福通过巧妙的引导，与朋友“达成”共识，从而拒绝了朋友的请求。

南怀瑾先生说君子要讲求策略，可以耐心劝阻，言明利害关系；可以据实说明情况，使朋友了解你的难处；也可以迂回婉转处置，巧借其他方法帮助完成朋友委托之事。好朋友的交情不是一朝一夕所能建立的，它需要双方长期的理解、宽容、互助来共同维系，我们要珍惜它、爱护它。当对方的要求不合自己的愿望时，就要学会如何得体地拒绝朋友。拒绝朋友之托应该讲究方式、方法，不要态度生硬，只需转个弯就行了。

有的时候朋友也会做一些对不起你的事情，那要怎么办呢？我们也对他做那些损害他的事情吗？当然不是。或许看了这个你会有所启发。

第二次世界大战期间，一支部队在森林中与敌军相遇。激战后，两名战士跟部队失去了联系。两人在森林中艰难跋涉，他们互相鼓励、互相安慰。10 多天过去了，仍未与部队联系上。

有一天，他们打死了一只鹿，依靠鹿肉艰难度日。但是这以后他们再也没看到过任何动物，他们把仅剩下的一点鹿肉，小心地带在身上。又一次激战后，他们巧妙地避开了敌人。就在自以为已经安全时，只听一声枪响，走在前面的年轻战士中了一枪，伤在肩膀上，后面的士兵惶恐地跑了过来，他害怕得语无伦次，抱着战友的身体泪流不止，并赶快把自己的衬衣撕下来包扎战友的伤口。晚上，未受伤的士兵一直念叨着母亲的名字，两眼直勾勾的。他们都以为他们熬不过这一关了，尽管饥饿难忍，可他们谁也没动身边的鹿肉。第二天，他们得救了。

30 年后，那位受伤的战士说："我知道谁开的那一枪，他就是我的战友。当时在他抱住我时，我碰到他发热的枪管。但是，我想我理解他。我知道他想独吞我身上的鹿肉，他想为了他的母亲而活下来。此后 30 年，我假装根本不知道此事，也从未提及。他母亲还是没有等到他回来，我和他一起祭奠了老人家。那一天，他跪下来，请求我原谅他，我没让他说下去。我们又做了几十年的朋友。"

对待朋友的不友善之举，也要用一颗包容和体谅的心去善待他，因为他可能有自己不得已的苦衷。以德报怨，就会让你们的友情更加地深厚。就像上面的两个战友一样，这是个你我都知道的秘密，但是以德报怨的结果就是你会有一个死心塌地的朋友。

有句话说有人帮你是你的幸运，无人帮你是公正的命运，没有人该为你做什么，生命是你自己的。所以当有人帮助我们的时候，我们要怀着一颗真诚的心，去感谢那些曾经帮助过我们的人，让友谊之花永恒绽放。

宽容别人，善待自己

大师语录

我们人类的心理，有一个自然的要求，都是要求别人能够很圆满：要求朋友、部下或长官，都希望他没有缺点，样样都好。但是不要忘了，对方也是一个人，既然是人就有缺点。再从心理学上研究，这样希望别人好，是绝对的自私。

点亮智慧

《周易·坤卦》：地势坤，君子以厚德载物。能包容，能承担，才能成大事。宽厚是为人之基。人要有大胸怀、大器量，如此才能忍得辱，负得重，才能成大事。

人生在世，都会遇到很多让人心烦、受人侵犯、被人侮辱的事。有的人在这种情况下会睚眦必报，以牙还牙，有的人则选择宽容这些人。这两种方法相比较的话，前面的方法也许从短期来说会让你发泄掉心中的怨气，但是却损害了自己的人格。后一种方法，可能一时间觉得心里不平衡，但是长久来看，你会获得一个好的心态，更提升了自己的人格。宽容别人，其实也就是善待自己。这样的例子随处可见。

韩信为平民时，曾在淮阴街头受过屠夫的胯下之辱。他衣锦还乡之后，专门把那个逼他钻裤裆的屠夫找来，不仅没报复屠夫，反而令屠夫任了中尉，并对诸将说：这是位壮士。当年他侮辱我时，我难道不能和他以死相拼吗？但那样死了毫无意义，也不会有今天的功业。这里，韩信宽容了那位出言不逊的屠夫，也为自己延揽了人才、赢取了人心。

《战国策·孟尝君逐于齐而复反》记载了这样一个故事：孟尝君曾被齐王驱逐出境，后来得势回来时，在边境遇到了齐人谭拾子。谭拾子问他："你是不是恨那些得势时趋之若鹜，失势时四散离去的人？"孟尝君点了点头。谭拾子说："这社会本来就是谁富贵就靠近谁，谁贫贱就远离谁。犹如集市，早晨人总是满满的，到了晚上就空荡无人。这不是人们爱早恨晚，而是根据需要来的，因此希望你不要恨那些人！"孟尝君答应了，便把刻在木板上的那些自己痛恨的人的名字全部削掉了。这里，孟尝君宽容了那些趋利避害的势利之徒，也为自己树立了声望，巩固了地位。

但凡是取得成就的人，大都会宽容那些以前对他做过错事的人，宽容别人，让别人好过一些，同时也成全了自己。

有的时候，对别人宽容其实也是一个给别人改正自己的机会。每个人都有最基本的判断力去判断一个事情的好坏。也许他做得不对，但是一次的宽容会让他在良心上过不去，他自然也就会改正。

一位德高望重的长者，在寺院的高墙边发现一把座椅，他知道有人借此越墙到寺外。长老搬走了椅子，凭感觉在这儿等候。午夜，外出的小和尚爬上墙，再跳到"椅子"上，他觉得"椅子"不似先前硬，软软的甚至有点弹性。落地后小和尚定睛一看，才知道椅子已经变成了长老，原来他跳在长老的身上，后者是用脊梁来承接他的。小和尚仓皇离去，这以后一段日子他诚惶诚恐等候着长老的发落。但长老并没有这样做，压根儿没提及这"天知地知、你知我知"的事。小和尚从长老的宽容中获得启示，他收住了心再没有去翻墙，通过刻苦的修炼，成了寺院里的佼佼者，若干年后，成为这儿的长老。

无独有偶，有位老师发现一位学生上课时常低着头画些什么，有一天他走过去拿起学生的画，发现画中的人物正是龇牙咧嘴的自己。老师没有发火，只是憨憨地笑道，要学生课后再加工画得更神似一些。而自此那位学生上课时再没有画画，各门课都学得不错，后来他成为颇有造诣的漫画家。

例子中的人能够有所作为，与当初长老、老师的宽容不无关系，可以说是宽容唤起的潜意识，摆正了他们人生之舵。

宽容需要一个人内心的“海量”，用一颗宽容的心去对待别人，才会唤醒别人的良知。大自然花开花落，日升月出，一年四季美景不断变化，有一颗宽容的心的人便会发现这些，享受这些。

打造自己的人际关系网

大师语录

古人所讲的党是乡党，包括了朋友在内。儒家思想，时常用到这个乡党的观念。古代宗法社会的乡党，就是现代社会的人际关系。交朋友等社会人际的关系对一个人影响很大。

点亮智慧

人，不可能是孤立的，他总是要属于某一个团体。因此可以说，每个人都处在一个人际关系网当中。能够处理好人际关系的人，当他遇到困难的时候大家都会乐意帮助他，他在工作上效率就会很高，在生活上也会感觉到很幸福。有统计资料表明：拥有良好的人际关系的人，可使工作成功率与个人幸福达成率达85%以上；一个人获得成功的因素中，85%取决于人际关系，而知识、技术、经验等因素仅占15%；某地被解雇的4000人中，人际关系不好者占90%，不称职者占10%；大学毕业生中人际关系处理得好的人平均年薪比优等生高15%，比普通生高出33%。

由此可见人际关系的重要性，那么我们应该如何打造人际关系呢？孔子说：“君子周而不比，小人比而不周。”南怀瑾先生是这样解释这句话的：君子与小人有什么区别吗？周是包罗万象，一个圆满的圆圈，各处都统一，一个君子为人处世，就应该对每一个人都是一样；经常将别人与自己作比较，看他顺眼就对他好，不顺眼就反感他，就是“比”。要

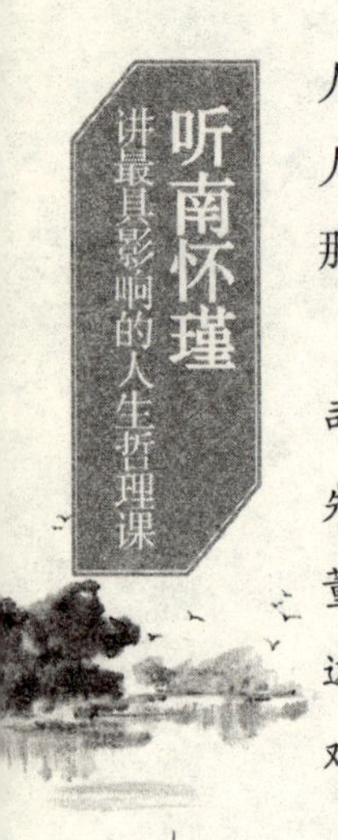

人完全跟自己一样，就容易流于偏私。比而不周，只做到跟自己要好的人做朋友，什么事都以“我”为中心、为标准，不是真正的君子所为。那么我们应该如何才能培养自己的人际关系网络呢？

查尔斯·华特尔，就职于纽约市一家大银行，奉命写一篇有关某公司的机密报告。他知道某一个人拥有他非常需要的资料，于是，华特尔先生去见那个人，他是一家大工业公司的董事长。当华特尔先生被迎进董事长的办公室时，一个年轻的妇人从门边探出头来，告诉董事长，她这天没有什么邮票可给他。“我在为我那12岁的儿子搜集邮票。”董事长对华特尔解释。

华特尔先生说明他的来意，开始提出问题。董事长的说法含糊、概括、模棱两可。他不想把心里的话说出来，无论怎样好言相劝都没有效果。这次见面的时间很短，没有实际效果。“坦白说，我当时不知道怎么办，”华特尔先生说，“接着，我想起他的秘书对他说的话——邮票，12岁的儿子，我也想起我们银行的国外部门搜集邮票的事——从来自世界各地的信件上取下来的邮票。第二天早上，我再去找他，传话进去，我有一些邮票要送给他的孩子。结果，他满脸带着笑意，客气得很。‘我的乔治将会喜欢这些。’他不停地说，一面抚弄着那些邮票，“瞧这张！这是一张无价之宝。”我们花了一个小时谈论邮票，瞧他儿子的照片，然后他又花了一个多小时，把我所想要知道的资料全都告诉我——我甚至都没提议他那么做。他把他所知道的，全都告诉了我，然后叫他的下属进来，问他们一些问题。他还打电话给他的一些同行，把一些事实、数字、报告和信件，全部告诉我。”

用很短的时间，查尔斯·华特尔巧妙地解决了他的问题，更重要的是，他因此而成功地打造了一条关系网，这必将会成为他重要的人脉。从这个故事我们可以看出，投其所好，是一种培养人际关系的方法。你满足了他的要求，他反过来自然也就满足你的要求。而且日后还能成为更好的朋友，这样就为自己的人际关系网上又增加了一个新的点。

除此以外，要建立良好的人际关系网还要尊重别人。每个人都有自

己的尊严，你尊重别人的同时，别人自然也就会尊重你。这是对待别人最基本的礼貌，也是和别人相处最基本的处世方法。当然，我们还要以诚待人。尔虞我诈、背后使手段的人大家都不愿意和他接近。只有真诚的人，大家才愿意和你交往，才愿意和你一起工作。

人和人之间的距离是远的，这种远或许是距离上的远，但更多是心灵上的远；但是人和人之间的距离又是近的。有句谚语说得好，每个人距总统只有六个人的距离。你认识一些人，他们又认识一些人，而他们又认识另外的一些人……这种连锁反应一直延续到总统的椭圆形办公室。而且，如果你仅仅距总统六个人的距离，那么你距你想会见的任何人也就只有六个人的距离，不管他是一家公司的总经理，还是你想让其加入你的团队支持你的名人。人和人，人和任何人的距离其实也就只有六个人的距离。

打造一个属于自己的人际关系网，宽容别人的缺点。这样你的人际关系网才能越来越大，以后可以帮助你的人才能越来越多。“君子周而不比”，我们每个人应该平等地对待、宽容别人。各路诸侯一齐来，我都能容得下，这才是君子所为。

面子问题

大师语录

在个人修养上是要注意的，尤其作为一个单位主管，往往容易犯一种心理上的毛病，明明知道别人的意见更对，更高明，可是为了“面子”，为了“下不了台”而不接受。这种心理，大而言之是修养不够，小而言之是个性问题，自己转不过弯来。

点亮智慧

中国人都好面子，你给他面子就是给他一份厚礼。永远记住这样一

句话：一种行为必然引起相关的反应行为。只要你有心，只要你处处留意给人面子，你将会获得天大的面子。

古代有位大侠郭解。有一次，洛阳某人因与他人结怨而心烦，多次央求地方上有名望的人士出来调停，对方就是不给面子。后来他找到郭解，请他来化解这段恩怨。

郭解接受了这个请求，亲自上门拜访委托人的结怨之人，做了大量的说服工作，好不容易使这人同意了和解。照常理，郭解此时不负人托，完成这一化解恩怨的任务，可以走人了，可郭解还有高人一招的棋。

一切讲清楚后，他对那人说："这件事，听说过去有许多当地有名望的人调解过，但因不能得到双方的共同认可而没能达成和解。这次我很幸运，你也很给我面子，我了结了这件事。我在感谢你的同时，也为自己担心，我毕竟是外乡人，在本地人出面不能解决问题的情况下，由我这个外地人来完成和解，未免使本地那些有名望的人感到丢面子。"他进一步说："请你再帮我一次，从表面上要做到让人以为我出面也解决不了问题。等我明天离开此地，本地几位绅士、侠客还会上门，你把面子给他们，算做他们完成此一美举吧，拜托了。"

郭解的高明之处就是给别人留足了面子。如果不这样做的话，他这个外乡人又怎么能在这里立足呢？他今天不给人家留足面子，回头等到有事的时候，也不会有人来顾及他的面子，渐渐的，作为异乡人的他就会失去立足之地。

子曰："孟之反不伐，奔而殿，将入门，策其马曰：'非敢后也，马不进也！'"南怀瑾先生将之解释为在战场上打了败仗，孟之反叫前方败下来的人先撤退，自己一人断后，快要进到城门时，才赶紧用鞭子抽在马屁股上，超到队伍前面去，然后告诉大家说："不是我胆子大，敢在你们背后挡住敌人，实在是这匹马跑不动，真是要命啊！"南怀瑾先生很推崇这种态度，他在讲这段话的时候说，孟之反很有道德，很高明。

实际上今天我们看来，这种高明就是给人留足面子。孟之反不抢功，因为抢功的话，后面那群人的脸面就没地方搁，本来就已经是败军之将

了，然后撤退的时候还依靠别人的保护，从自尊心上来说，一般人都接受不了。因此孟之反的话说得很高明。

有的人认为，人们和亲密的人之间，比如说：好朋友之间，兄弟之间，姐妹之间，还要讲什么面子的问题呢？讲面子多虚伪啊，而且大家彼此之间又那么熟悉，一讲起面子问题，人们之间的距离不就很远了吗？这种想法是错误的。其实，他们没有意识到，朋友关系的存续是以相互尊重为前提的，容不得半点强求、干涉和控制。彼此之间，情趣相投、脾气对味则合、则交，反之，则离、则绝。朋友之间再熟悉，再亲密，也不能随便过头，不讲客套，这样，默契和平衡将被打破，友好关系将不复存在。因此，对好朋友也要客气有礼，可以不强调自己的面子，但不可以不给朋友面子。因为看似面子问题，实际上是尊敬与否的问题。

但是，如果过分地讲究面子，就会让人觉得这个人太爱面子，有些爱慕虚荣了。诚然，讲究面子是没有错的。但是讲究面子也要看时间和地点，也要看你所处的环境。太爱面子的人，往往对别人的要求比较苛刻，这就会损害了你和别人之间的关系。对人苛刻的结果就是孤立了自己。

对朋友尊重，就是要给朋友留面子，而且更重要的是，为别人留了面子，实际上同时也为自己长了脸，为自己留了后路。有朝一日，你若恰好有求于他，他必定竭力相助，以报当日之恩。正所谓“与人方便，与己方便”。

交友原则

大师语录

孔子曰：“益者三友，损者三友。友直、友谅、友多闻，益矣；友便辟、友善柔、友便佞，损矣。”这是我们中国人所熟悉的话，友直、友

谅、友多闻，是有益的朋友。

点亮智慧

对一个人影响最大的，莫过于他身边的人，尤其是朋友。所以，交友需要慎重，需要有选择。对此，孔子曾经作过一个比喻，与好人交朋友，就像进到花房里，久而不闻其香，因为你全身都充满了花香气；与坏人交朋友，就像进到咸鱼铺子，久而不闻其臭，因为你自己满身都是臭鱼味了。俗话说：近朱者赤，近墨者黑，这句话也道明了交友的原则。

好的朋友，就相当于我们人生的老师；而坏的朋友，却有可能拉你走上歪门邪道。朋友的重要性在这里根本不用赘述。每个人的心里都有一杆秤，都明白朋友对于自己的意义。既然朋友对我们如此地重要，那我们应该选择什么样的人做我们的朋友呢?

孔子曾经说过交友的三原则，他说：益者三友，损者三友，友直、友谅、友多闻，益矣；友便辟、友善柔、友便佞，损矣。这是选择朋友最基本的标准。

交朋友就要和正直的人交朋友。这是因为正直的人，不取巧，做事应当怎样就怎样；正直的人不说假话，该批评就批评。

唐初宰相魏征就是这样一个禀性耿直的人。他在唐太宗身边工作达17年，先后提了200多条意见，言辞切峻，举发了很多弊端，甚至有些当面说出来的话，弄得唐太宗下不来台。但这一切对李氏江山、对治国治民有好处。所以魏征死后，唐太宗说他失去了一面随时瞧见得失的镜子。

交友就要和讲信义的人交朋友。这是由于讲信义的人不会说一套做一套，不会当面一套背后另搞一套，不会面上笑嘻嘻，心里恶狠狠。和这样的人交这样的朋友，不会学着搞阴谋、盘算人，你也就不会上当。

交朋友要交知识广博的人。与知识广博的人交朋友有益。一个人的学问见识总是有所限的，交知识广博的朋友，可以提高自己，补充亲身闻见之不足，开阔眼界。

生活中，具备这三种品格的人不在少数，但是我们不可能和这些所有的人都成为朋友。因为人和人之间毕竟还有兴趣爱好以及个人性格方面的差异。那我们又该怎么选取那些志同道合的人来做我们的朋友呢?

选择和自己目标一致的人当自己的朋友。人生在世，人与人之间所追求的目标是不一样的：有的人追求出人头地，有的人追求为天下人造福，有的人追求把小日子过得安逸，有的人追求成名成家。目标不同，境界有别。这并不是说一定要跟境界高的人交朋友，关键要看你是否认同他的目标。如果你只想把小日子过好，却去跟志向远大的人交朋友，迟早会成为他的累赘，朋友就交不成了，当个崇拜者还差不多。如果你想为天下人造福，就去同那些志向相同的人交朋友。反过来，如果你志向远大，却去跟一群只想过安稳日子的人交朋友，必然被他们那些无足轻重的小事所干扰，也不适合。

要和用正当手段来实现目标的人交朋友。一般来说，用正当手段实现目标的人才值得交往。比方说，一个人想赚钱，但他却不用正当的手段，而是靠偷盗抢劫、坑蒙拐骗赚钱，这样的人迟早必遭报应，跟他交朋友，必然受拖累。

和那些与自己兴趣爱好相投的人交朋友。爱好不同，显示了每个人的不同品位和素养。有的人爱玩游戏，有的人爱打牌赌博，有的人爱读书，有的人爱网聊，有的人爱书法，有的人爱运动……如果天天跟人去玩游戏，没准就患上了“网络综合征”；如果天天跟人去打牌，没准就成了赌徒；如果天天和爱看书的人在一起，就会提高自己的素质。但是，看人的爱好，不能只看表面。比如同样是看书，有的人爱好通俗小说、武打小说，有的人爱看专业书籍、学术著作，一定要搞清他的真实爱好才行，因为这两者的差距已经很远了。

但是交朋友也要小心，不要和虚伪的人交朋友，不能与夸夸其谈的人交朋友，不能与谄媚的人交朋友。虚伪之人，貌似正直，实则狡猾，这样的人说出的话常常会妨害你获得正确的认识，造成错误的判断。虚伪谄媚之徒，对你好，也只是在应付你；奉承你，是想博你欢心，其实

心里在打自己的算盘，想达到某种目的。因为要讨你欢心，所以就投其所好，灌迷魂药，引你离开正道，满足他的愿望。

沈约是南北朝齐、梁时期的著名文人，此人在文学史上地位挺高，不仅诗文好，还搞文学理论。只举一个简单的例子，汉语的“平上去入”四声，就是由他最先从理论上总结出来的。不过，在这里，我们不讨论他的学问，而是要说说他的为人。

当时，南齐的大司马萧衍握有实权，他想让齐和帝把江山禅让给他。沈约是萧衍身边的人，跟着萧衍当然更有前途，对萧衍的想法他是心知肚明。有一天，沈约向萧衍进言说：“如今连三岁小孩都知道齐朝的国运不久了，您英明神武，应该挺身而出，接受天命啊。天意不可违，人心不可失。”萧衍听了心里很舒服，说：“我正考虑这事呢。”

沈约走后，萧衍又召进范云，告诉他自己想让齐帝禅让的打算。范云的回答与沈约一样，萧衍高兴地说：“果然是智谋之士啊，见识如此相通！你明天上午带着沈约一起来！”

范云出门后，告诉了沈约。沈约眼珠子一转，叮嘱范云：“明天上午，您可一定得等着我，咱俩一起去。”范云当即答应了。

但到了第二天上午，沈约却提前去了。萧衍命令沈约起草接受禅让登基的诏书，沈约忙说：“我昨晚早就起草好了。”说着递了上去。萧衍很高兴，连连夸奖沈约会办事，说：“事成之后，这头功是你的。”

不久，范云从外面赶来，到了宫门，却无法进去，只好在寿光阁外焦急万分地走来走去，口里不停地发出“咄咄”的声音，看来急得不行。

等到沈约出门，范云赶忙上去问道：“怎样安排我？”沈约举起手来向左一指，暗示已安排范云为尚书左仆射一职，相当于副总理，范云这才如释重负地说道：“这还差不多。”

沈约可说是一个不折不扣的虚伪之徒，为了个人私利，诳骗同僚，与这样的人交往必要多加小心。

五代时期也有一个有趣的故事。当时有两员大将，一个叫张颢，一个叫徐温，他们在一起密谋，准备杀死节度使杨渥，然后二人取而代之。

但是，这是要冒很大风险的事，要是事情败露，那可是会招致杀身之祸，甚至牵连到九族。怎么做才能既可以从事变中捞到好处，又不用担当失败的风险呢？狡猾的徐温想到了一个绝妙的办法。

一天，两人在具体讨论事变事宜的时候，徐温对张颢说："在行动的时候，如果我们两方面的兵马都参加的话，必然步调很难协调一致，不如全部用我的兵马，那样便于指挥，成功的几率也大得多。"张颢想到，徐温肯定想独占功劳，那可不能让他得逞。他便对徐温的提议表示反对。徐温于是顺水推舟说："两方面的军队确实是不便于行动，你要是不同意全部用我的兵马，那就全部用您的手下吧！"张颢欣然同意了。事情就这样决定了下来。

后来兵变果然失败了，朝廷开始彻底追查叛党，由于发现被捕的士兵全是张颢的手下，因此大家都认为徐温当时根本就未曾参与谋反的事。徐温就这样得以置身事外。

交友并非小事，朋友有良莠之分，交往有损益之别。交错一个朋友，可能就会掉进一口可怕的陷阱；交对一个朋友，也许就是取得进步的阶梯。这就是"选择益友，远离损友"的道理所在。

雪中送炭的智慧

大师语录

我们帮助别人，要在人家急难的时候帮助人家。别人已经有了办法，再给他那么多，不是成了锦上添花吗？这是不必要的。这也就是所讲"求人须求大丈夫，济人须济急时无"的道理……这都要仔细思量。所以说，道德行为，又该怎样讲呢？研究下来，还是应该"济人须济急时无"，比较重要。孔子说"君子周急不济富"，已经有了的人，就不必再给他了。

点亮智慧

一个人不渴的时候，即使送他一桶水也没用，渴的时候，即使是半杯水也珍贵异常。一个人吃饱的时候，再好的食物也会丧失吸引力，饥饿的时候，半个馒头也美味无比。所以南怀瑾先生说，雪中送炭远比锦上添花重要。锦上添花不是必要的，雪中送炭却救人于危难。

有一次，公西赤被派出去做大使，冉求因其还有母亲在家，就代其母亲请求实物配给，并多给出许多。孔子知道后，虽然并没有责怪冉求，但对学生们说，你们要知道，公西赤这次出使到齐国去，坐的是最好的马，穿的是最棒的行装，这许多置装费中尽可以拿出一部分来给母亲用。我们帮别人，要在他人急难的时候帮忙，公西赤并非穷困潦倒，再给他那么多，只是锦上添花，实在没有必要。

每个人需要关怀和帮助，也最为珍惜在自己困境中得到的关怀和帮助。有人说，真正的助人是雨中的一把伞，是雪中的一捧炭，是寒室中温暖的棉被，是佳肴中不可缺少的盐花。对于一个身陷困境的人，一杯热茶，一碗热面，可能就会使他度过人生中最黑暗的时刻，从而获得喘息的机会，最终凭借勇气和信心成就一番事业；对于一个执迷不悟的浪子，一次交心的促膝长谈，就可能使他浪子回头，重新树立人生的正确方向，发奋努力，实现自己的理想；一阵赞同的掌声，可能就是对创新思想的巨大支持；就是在日常生活中，一个信任的眼神，可能就成了正义行动的强大动力。若要一个人记住自己，最好的方式莫过于在他需要帮助时伸出援助之手。

三国鼎立之前，周瑜并不得意，曾在袁术部下为官，被袁术任命做过一回小小的居巢长，一个小县的县令罢了。这时候地方上发生了饥荒，年成既坏，兵乱间又损失很多，粮食问题就日渐严峻起来。居巢的百姓没有粮食吃，就吃树皮、草根，很多人被活活饿死，军队也饿得失去了战斗力。周瑜作为地方官，看到这悲惨情形心急如焚，却又束手无策。

有人献计，说附近有个乐善好施的财主叫鲁肃，囤积了不少粮食，不如去向他借。于是，周瑜带上人马登门拜访鲁肃，寒暄完毕，周瑜就开门见山地说："不瞒老兄，小弟此次造访，是想借点粮食。"鲁肃一看周瑜丰神俊朗，谈吐不俗，日后必成大器，顿时产生了爱才之心，他根本不在乎周瑜现在只是个小小的居巢长，哈哈大笑说："此乃区区小事，我答应就是。"

鲁肃亲自带着周瑜去查看粮仓，这时鲁家存有两仓粮食，各三千斛，鲁肃痛快地说："也别提什么借不借的，我把其中一仓送与你好了。"周瑜及其手下一听他如此慷慨大方，都愣住了，要知道，在如此饥荒之年，粮食就是生命啊！周瑜被鲁肃的言行深深地感动了，两人当下就交上了朋友。后来周瑜发达了，真的像鲁肃想的那样当上了将军，他牢记鲁肃的恩德，将他推荐给了孙权，鲁肃终于得到了干事业的机会。

在别人困难的时候伸出援助之手去帮助别人，会让别人对你印象尤为深刻，感激不尽。曾有人说，最难忘记的不是那些在顺境中陪伴自己的笑脸，而是在逆境中陪伴自己哭泣的人。在别人困难的时候帮助一把，既帮助了别人，也显示了自己的诚心。我们生活在世间就注定了我们必需帮助才能走得下去，帮助别人的时候，其实恰恰帮助了自己。

雪中送炭必然是好事，但是我们也应该注意自己的方法。既然要帮助别人，就不能损害别人的自尊心。否则，即便是你帮助了他，他到头来还是不会领你的情。

有一个人走得实在太累了，而附近又没有住宿的地方，他又渴又饿，不得已敲开了一个人家的门。开门的是一位妇女，他向人家说明来意之后，妇女说："麻烦你帮我把砖搬到那边去吧。"那个人很愉快地答应了妇女的请求。等他搬完之后，妇女已经做好了香喷喷的饭，于是他美美地吃了一顿在这里住下了。第二天等这个人走后，妇女的孩子问她："你

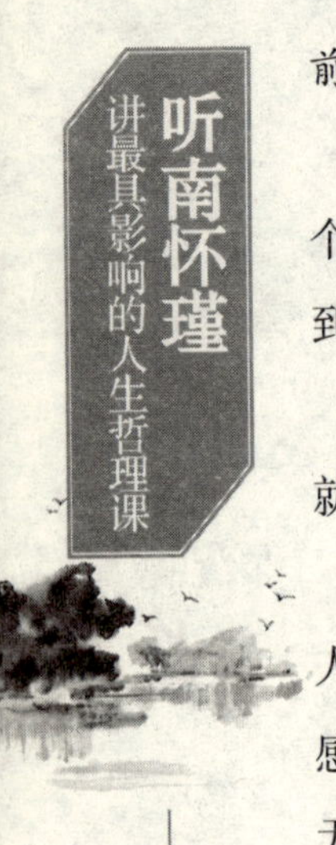

前两天不是刚把那堆砖搬走了吗？怎么又让别人搬回来了呢？”

其实妇女的用意很明显，她这么做就是要维护别人的自尊心，让那个路人觉得我不是白白在你这里吃饭睡觉的。妇女是一片好心。她既做到了雪中送炭，又维护了别人的自尊心，真是一举两得。

我们有的时候也很想帮助人，但是如果方法用得不对，别人可能也就无法接受，反倒是好心干了坏事。

雪中送炭也是有技巧的。除了要维护别人的自尊心，还要防止对别人的恩情过重。对别人恩情过重的话，别人也无法接受。因为一来他会感到自己的低能，而这是由于你的“能耐”而愈加彰显出来的；二来他无法报答，你会成为他心理上的沉重负担。所以，要处处帮助别人，但要把握帮助的度；雪中送炭可以，但千万不要让“炭”过热，否则会“烫伤”别人。

雪中送炭有时候不仅仅只是物质上的，也可以是精神上的。简单的举手之劳或关怀的话语，就能让别人产生久久的感动。为别人雪中送炭，向别人伸出援助之手，这些友谊，在日后会为你带来巨大的收益。

己所不欲，勿施于人

大师语录

一个人，能够推己及人，由自己需要，想到别人大众也需要，我要吃别人也要吃，我要穿别人也要穿，我要发财别人也要发财，我要便宜别人也要便宜，人与人之间的目的都是相同，都是相等。所以做一个家长，带领孩子教育孩子，就不要忘记了，自己当孩子的时候是怎么样的，那就很容易懂孩子。可惜我们当了家长的时候，就忘记了自己当小孩子的时候。所以这个道理就是“以己出经”，这就是领导术。

点亮智慧

中国有句古话叫做："己所不欲，勿施于人。"在与人交往的过程中，应该理解他人的立场和感受，体会他人的情绪和想法，站在他人的角度去思考和处理问题。用自己的心推及别人，自己不愿意别人怎样对待自己，就不要那样对待别人；自己希望怎样生活，就应想到别人也会希望怎样生活；自己所不愿承受的，就不要强加在别人头上。

用我们现代人的观点理解，就是自己不喜欢做的事，不要加在别人身上，多作换位思考，多一些理解和宽恕。这可视为待人处世的基本修养，如能做到这一点，就可以建立良好的人际关系。

战国时期，楚、梁两国交界，两国在边境上各设界亭，亭卒们在各自的空余土地里种了瓜菜。梁国的亭卒勤劳，锄草浇水，瓜秧长势喜人，而楚国的亭卒懒惰，不务农事，瓜秧瘦弱，与梁亭瓜田的长势有天壤之别。楚国的亭卒心生嫉妒，于是，一晚趁着夜色偷跑过境把梁亭的瓜秧全给扯断了。

第二天，梁亭的人发现自己的瓜秧全被人扯断了，气愤难平，报告给边县的县令宋就，请示说也要过去把楚亭的瓜秧扭断。宋就说："这样做当然很解气，可是，我们明明不愿他们扯断我们的瓜秧，那么为什么要反过去扯断他们的瓜秧呢？他们不对，我们再跟着学，那就太狭隘了。从今天起，每天晚上去给他们的瓜秧浇水，让他们的瓜秧长得好。而且，你们这样做，一定不能让他们知道。"梁亭的人听了县令的话后觉得很有道理，于是就照办了。

渐渐地，楚亭的人发现自己的瓜秧长势一天好过一天，仔细观察后发现每天早上瓜田都被人浇过了，而且是梁亭的人在黑夜里悄悄为他们浇的。楚国的边县县令听到亭卒们的报告后，感到十分惭愧和敬佩，于是把这件事报告给了楚王。

楚王听说这件事后，感恩于梁国人修睦边邻的诚心，特备重礼送给梁王，以示自责，也用来表示酬谢，结果这一对敌国成了友好的邻邦。

用以己度人、推己及人的方式处理问题，这样可以造成一种重大局、尚信义、不计前嫌、不报私仇的氛围以及双方宽广而又仁爱的胸怀。能够推己及人的人，人们愿意同他结交，他的人际交往圈就会越来越广，事业和人生也会越来越顺利。设身处地地站在他人的角度想问题，这是一个人成大事和获取成功的关键。

三国时期，曹操和袁绍在官渡打仗。当时曹军远不如袁军强大，但袁绍刚愎自用，不纳忠言，一再坐失战机；曹操则富有谋略，善于用兵。结果，战事以曹操的胜利而告终。

打败袁绍后，曹军将士在袁军的帐篷里搜到了一些信件，全是曹操手下的一些文臣武将与袁绍暗相勾结、示好献媚的信。有人建议，把这些写信的人全都抓起来杀掉。

可是，曹操不同意这样做。他说："当初袁绍的力量十分强大，连我自己都感到难以自保，又怎么能责怪这些人呢？假如我站在他们的位置，当时也会这么做。"

于是，曹操下令把信件全部烧掉，对写信的人一概不予追究。那些原本惶恐不安的人，一下子把心放到了肚子里，从此对曹操更加忠心耿耿、卖力相助了。

曹操这种为人处世的态度，使他更多地赢得了人心，愿意投奔他并甘心为他效力的人越来越多。这样，曹操的力量便越来越强大，手下谋臣将士如云，他借此很快打败了那些割据一方的诸侯，统一了中国北方。

人是感性的动物，对待事物、处理事情，往往根据看到的景象，依照自己的价值观和思维模式来判断，因此对待别人与要求自己就有了双重标准。由此产生的冲突可想而知。英国有一句谚语说得好："要想知道别人的鞋子合不合脚，穿上别人的鞋子走一英里。"如果设身处地地站在别人的角度考虑问题，为别人想一想，便会减少很多不满和抱怨，使自己的工作和生活气氛轻松愉快，使人与人之间的关系变得平和美好。

陕西关中平原的一位商人，一次在宁夏南部的陇山购得了一只鹦鹉，居然会讲人话，自是十分喜欢。有一次，这位商人因犯了事，被地方当局拘捕入狱，关了十多天才释放。回家后他愤愤不平，不停地叹息。那只鹦鹉听到后说："先生在牢狱里待了几天就吃不消了，鹦鹉我被你用笼子关了许多年，那又怎么说呢？"商人闻言感悟，就把这只鹦鹉带往陇山，哭泣着将其归放山林。自此以后，每当有商人的朋友经过陇山，那鹦鹉便会在林间打听商人别后可好，请他们捎上自己的问候。

这是一则寓言式的故事，情节虽然简单，含义却十分深刻。

人类乃至所有的生物，就生理学而言，每一个体，都是孤独的。生老病死，别人都只能安慰扶助而已，最终的切肤之痛，还得自己扛，所谓"如人饮水，冷暖自知"。

但人作为万物之灵，除了肉体的感觉，还有精神的感悟，所以能够由此及彼、感同身受、推己及人。

这也是人之所以有别于动物的地方。从这样的角度看问题，曾国藩说的"不为圣贤，即为禽兽"，应该没错。

"己所不欲，勿施于人"，推己及人，将心比心，设身处地为别人着想，是中国传统的待人处世的一条根本原则。

推己及人，将心比心，看似是简单的，实际上是很难做到的。要做到推己及人，就要首先学会将心比心。

把自己当做别人，在做一件事、说一句话之前，能够想一想你这样做对别人会有什么影响，想一想别人是不是也有一样的要求，想一想你这样做别人会有怎样的感受。摒弃以自我为中心的做法，在与人相处及交谈中，少说"我"，多说"你"。站在别人的角度思考问题，这样便不会将自己应做的事推到他人的身上。

把别人当成自己，就能够真正理解他人所求所想。理解别人，哪怕是一个侮辱你的人，一个伤害你的人，一个敌人，去理解他的任何一种行为，任何一种心态，任何一种境界，都必有其理，都有理所当然的地

方。把别人当成自己，就能够同情他人的不幸遭遇。把别人当成自己，就能够在别人需要时给予恰当的帮助。

把别人当成别人，是要尊重每个人的独立性，在任何情形下都不可侵犯他人，更不会勉强他人做他不愿意做的事情。

把自己当成自己，则是将自己放在一个独立的天地中，做一个大写的人。当你做一件事之前，如果对自己有益，而对别人不会产生较大的负面影响，那么就要果断地去做。

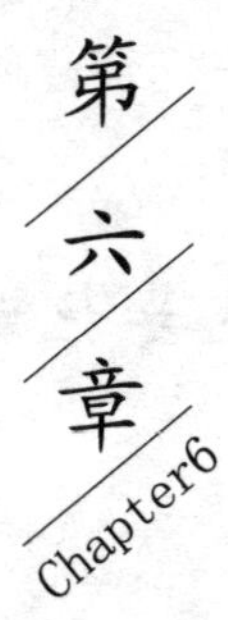

把握自己，找对方向

人生是一场赛跑。不过这场赛跑可以自己定终点，胜利的奖品是自己的心灵。看清自己，再看准目标，你就会在人生的赛场上一路领先。

人生要把握关键

大师语录

处于很复杂的世间，“批大郤，导大窾”，处理大关键，把握大要点，始终保持着自己的头脑，保持着自己的初心，像这把刀刚出炉一样，不硬砍，不硬剁，不硬来，那么可以永远使生命健康，永远使生命青春。

点亮智慧

大家都听过庖丁解牛的故事吧。

这一天，庖丁被请到文惠君的府上，为其宰杀一头肉牛。只见他用手按着牛，用肩靠着牛，用脚踩着牛，用膝盖抵着牛，动作极其熟练自如。他在将屠刀刺入牛身时，那种皮肉与筋骨剥离的声音，与庖丁运刀时的动作互相配合，显得是那样地和谐一致，美妙动人。他那宰牛时的动作就像踏着商汤时代的乐曲《桑林》起舞一般，而解牛时所发出的声响也与尧乐《经首》十分合拍。

站在一旁的文惠君不觉看呆了，他禁不住高声赞叹道：“啊呀，真了不起！你宰牛的技术怎么会有这么高超呢？”庖丁见问，赶紧放下屠刀，对文惠君说：“我做事比较喜欢探究事物的规律，因为这比一般的技术技巧要更高一筹。我在刚开始学宰牛时，因为不了解牛的身体构造，眼前所见无非就是一头头庞大的牛。等到我有了3年的宰牛经历以后，我对牛的构造就完全了解了。我再看牛时，出现在眼前的就不再是一头整牛，而是许多可以拆卸下来的零部件了！现在我宰牛多了以后，就只需用心灵去感触牛，而不必用眼睛去看它。我知道牛的什么地方可以下刀，什么地方不能。我可以娴熟自如地按照牛的天然构造，将刀直接刺入其筋骨相连的空隙之处，利用这些空隙便不会使屠刀受到丝毫损伤。我既然连骨肉相连的部件都不会去硬碰，更何况大的盘结骨呢？一个技术高明的厨师因为是用刀割肉，一般需要一年换一把刀；而更多的厨工则是用刀去砍骨头，所以他们一个月就要换一把刀。而我的这把刀已经用了19年了，宰杀过的牛不下千头，可是刀口还像刚在磨刀石上磨过一样地锋利。这是为什么呢？因为牛的骨节处有空隙，而刀口又很薄，我用极薄的刀锋插入牛骨的间隙，自然显得宽绰而游刃有余了。所以，我这把用了19年的刀还像刚磨过的新刀一样。尽管如此，每当我遇到筋骨交错的地方，也常常感到难以下手，这时就要特别警惕，瞪大眼睛，动作放慢，用力要轻，等到找到了关键部位，一刀下去就能将牛剖开，使其像泥土一样摊在地上。宰牛完毕，我提着刀站立起来，环顾四周，不免感到志得意满，浑身畅快。然后我就将刀擦拭干净，置于刀鞘之中，以备下次再用。”

南怀瑾先生提醒我们，做人做事的道理和庖丁讲杀牛的道理一样。要想解决一个问题，就要依乎天理，用自然治世。关键要点的地方解开了，枝节的地方跟着也就解开了，这样整个事情就办好了。

智者和愚者的区别就在于，智者做事知道抓住关键点，而愚者眉毛胡子一把抓。这是智者成功的必备条件，是要靠目标和计划，要主次分明。人不可能靠运气走完自己的一生。人生有限，我们不可能做所有的事情。即使是做同一件事情，也不可能在每一件事情上投入平均的精力。这时，我们只需要做最重要的事，抓住最关键的环节，制订出完整的计划。

做好计划，是成功的保证，每一个大的目标下面都包含着若干小的目标，古人言：“不谋全局者，不足于谋一域；不谋万世者，不足于谋一时。”因此，成功目标，应该是一个完整的行动计划，即人生目标领导下的各个远、中、近期目标，大目标之下的各类中小目标。让每一个小目标都成为你实现理想的一个阶梯。

1984年，在东京国际马拉松邀请赛中，名不见经传的日本选手山本出人意料夺得了世界冠军。当记者问他凭什么取得如此惊人的成绩时，他说了这么一句话：“凭智慧战胜对手。”当时，不少人都认为这个偶然获得冠军的矮个子选手是在“故弄玄虚”。

十年以后，这个谜底终于被解开了。山本在他的《自传》中是这么写的：“每次比赛之前，我都要乘车把比赛的路线仔细看一遍，并把沿途比较醒目的标志画下来。比如第一个标志是银行；第二个标志是一棵大树；第三个标志是一座红房子……这样一直画到赛程的终点。比赛开始后，我就以跑百米的速度，奋力地向第一个目标冲去，过第一个目标后，我又以同样的速度向第二个目标冲去。起初，我并不懂这样的道理，常常把我的目标定在40千米外的终点那面旗帜上，结果我跑到十几公里时就疲惫不堪了。我被前面那段遥远的路程给吓倒了。”

山本将大目标分解为多个易于达到的小目标，一步步脚踏实地，每前进一步，达到一个小目标，使他体验了“成功的感觉”，而这种“感觉”强化了他的自信心，并将推动他发挥稳步发展潜能去达到下一个目标。

有了切实可行的目标后，在思路上要分清轻与重、缓与急，如果随意地胡乱瞎抓一气，没有一个全盘的计划，结果只能是“事倍功半”，甚至是“劳而无功”。

有的时候，当我们面对一系列的问题时，我们可能会不知道该怎么办。就像是我们面对着一大团的线团，怎么也理不清，这时候我们就需要找到那个线头，然后轻轻地一拽，线团也就解开了。而这个线头就好比事情中的关键点，只有抓住了关键点，事情才能解决，我们才能走出困境。寻找到人生的关键点，我们就可以走向成功。

1899年，约瑟夫·霍希哈出生于波罗的海沿岸一个贫穷的犹太人家庭里。

由于从小就失去了父亲，约瑟夫在很小的时候就跟随母亲来到美国谋生。

置身在美国这样一个经济社会里，他14岁时就开始混迹于纽约股票交易所的露天市场里，注意当时的金融动态了。

17岁，正是在这个黄金般的年华中，经过3年股市行情的调查和研究，约瑟夫自信有能力独立开创自己的事业了。他辞去了爱默生留声机公司的职位，依靠仅有的255美元，开始建构自己的金融基业了。

常言道，万事开头难，可是在他这里却似乎失灵了。作为股票场外的市场经纪人，依靠这仅有的255美元，他居然一帆风顺。在不到一年的时间内，竟利用股票差价的买进卖出净赚了16.8万美元，创造了一个小小的令人羡慕的奇迹。

他为自己购置了一套漂亮的衣服，为受尽苦难的母亲买了一座宽大的房子。此时的他，似乎有些被胜利冲昏了头脑。于是，他不禁沾沾自喜地想到，对于金钱，恐怕世界上没有哪个民族能有犹太人那样的天赋。

可是很快，他便尝到了首次失败的滋味。

当第一次世界大战即将结束时，约瑟夫不听别人的劝告，固执地用低廉的价格买下了雷卡瓦那钢铁公司，结果由于战争迅速结束，雷卡瓦那钢铁公司的股票暴跌，他也赔得只剩下4000美元了。本想做一次聪明的投机生意，不料聪明反被聪明误，约瑟夫已趋于破产的边缘了。

在这巨大的困境中，约瑟夫变得有些焦虑不安了。为了找出失败的原因，他把自己关在屋子里静心反思。两天后，他找出了问题的所在：受各种各样因素的影响，股市行情变幻不定，起伏莫测，自己虽然具有一定的股票知识，但缺乏其他方面的信息和知识。他说："我犯了很多错误，一个人如果说不会犯错误，那是在说谎。但是如果我不犯错误，我也就没有办法找到新的机遇。"

通过这次失败，他也深切地体会到生意场上的一个关键点：除非你十分了解内情，否则千万不要去买减价的东西。

这是一个善于总结经验教训的金融家的肺腑之言。也正因为他领悟了这一点，他又多了一份自信，又决定重新白手起家，坚定地走下去。

1924年，他在一次偶然的机会里发现未列人证券交易所买卖的某些股票实际上是有很大利润可图的，而这些股票并不被某些金融大亨们所看重，而且，买卖这种股票虽然周期略长，但风险却极小。他几乎是凭着直觉敏锐地发现，这正是他摆脱目前困境的最佳时机。

于是，他立即放弃了证券的场外交易，把精力放在了这些股票的交易行情上，开始做起未列人证券交易所买卖的股票生意来。

起初，由于资金不足，他不得不少量购进，做着薄利多销的经营。

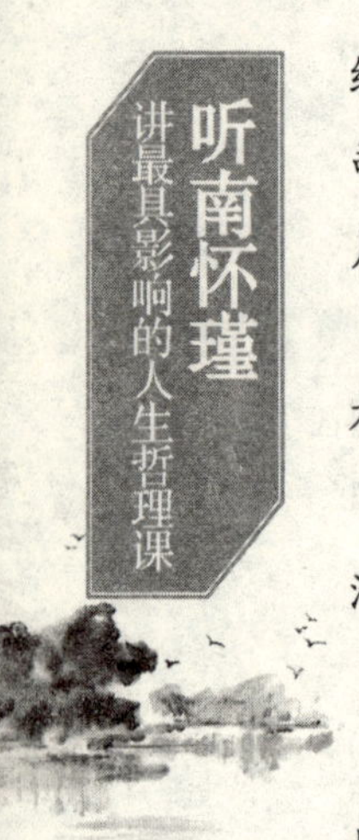

经过一年的艰苦努力，他终于开办了自己的证券公司——霍希哈证券公司。到了1928年，约瑟夫已成为一个成功的股票经纪人了，他的公司每月利润都能达到20万美元左右。

这一年，他刚满28岁。初出茅庐的他，已经在当时美国的金融界拥有了令人羡慕的一方领地。

约瑟夫的过人之处是能够在貌似平静、实则暗藏杀机的危急关头看清实际，悬崖勒马，而这正是其远离风险，求得长久发展的关键所在。

纽约的股票交易变化之快，就像三岁小孩的脸一样，阴晴不定。

第二年春天，股票交易轰轰烈烈，一浪高过一浪，股价也像疯了一样愈炒愈高。人们都疯狂地跑去做股票生意，似乎人人都看到了一个遍地黄金的大好时机。

本来约瑟夫也准备用50万美元在纽约证券交易所买一席单，但经过深思熟虑，他突然放弃了这个念头。

事后，他回忆道："当你发现连医生都停业而去做股票投机生意的时候，那么，一切都已经乱了。大户买进公益事业股票，然后又把它们抬高价码抛出，这真令人害怕。所以，我在8月份就把全部股票抛出，结果在它们大幅降价之前净赚了400万美元。"就这样，约瑟夫坚定不移地在世界金融市场中开拓前进，最终成为世界金融领域的骄子。

别人都赔得一塌糊涂，而他却赚了400万美元，这当然是个了不起的奇迹。

约瑟夫在失败之后还能创造奇迹，正是由于在失败后，他并没有垂头丧气，而是痛定思痛冷静思索，找到了生存和发展的关键所在，借此从挫折中摆脱出来，走向了成功。

人的一生，会遇到很多的事情，有些事情对我们来说是至关重要的，抓住这些机遇，我们的人生就会改变。但是遗憾的是，很多人明知道这些是可以改变自己一生的机会，但是却由于各种原因让机会溜走了。所以在分辨什么是关键的时候，我们是不是更应该做好抓住这些关键的准备呢？

心有劲，力无穷

大师语录

圣人胸怀，对于社会国家，是“明知其不可为而为之”，虽然知道挽救不了，可是他硬要挽救，做了多少算多少。孔子所以为圣，就在这里。明知道这个人救不起来，我尽我的心力去救他，救得了多少算多少，这是孔子之圣。

点亮智慧

每个人从骨子里都渴望成功，每个人从骨子里都希望自己可以出人头地，每个人都有很多很多的愿望和理想想去实现。但是能够把梦想转化为现实的人却少之又少。确定一个目标不难，拥有一个理想不难，但是如何完成目标和理想就是一件很难的事。因为拥有理想的人，很少会有一颗坚持到底、一定实现愿望的进取心。

我们所走的每一步都是来自于我们的内心，我们的内心给我们指导。那些有着决心和进取心的人才会迸发出无穷的力量，才能实现自己的愿望。

而1993年秋，宁夏人民出版社却出版了一位农民写的书——《青山洞》。

小说的作者叫张效友，1949年出生在陕西省定边县右洞乡一个贫困的农民家庭，小学三年级就辍学了。

1972年，23岁的张效友参加了“四清”工作队。到1978年，6年的时间里，他深深体验到了农村生活的复杂性和那个年代的变异性。他有自己的独立看法，却又无法向同伴们诉说，这使他深感压抑，于是决定写成小说。他向一位朋友说出了自己的想法，可是朋友却猛泼了他一盆凉水。朋友认为张效友文化层次太低，不可能写小说。

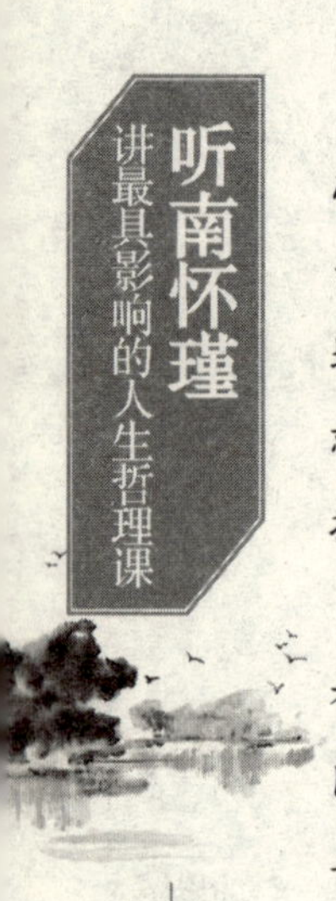

张效友却认为：苏联的奥斯特洛夫斯基没有文化却写成了《钢铁是怎样炼成的》；中国的高玉宝没有文化却写成了《高玉宝》。那自己为什么不能写小说？从此以后，他白天忙农活，晚上在家里构思。一点一点地想，一点一点地安排，每一部分写什么事，如何连贯。如果不太满意，就推翻重来，反复推敲，以后又反复修改。就这样，折腾了两年，终于把全书的框架基本确定下来了。

但没过多久，麻烦也来了。由于他干农活时心不在焉，心里想的全都是书，连续烧坏了 5 台浇灌用的电动机，损失 1000 多元。为了省时间，他还把大部分责任田承包给了他人。妻子终于忍无可忍了，在 1984 年 9 月 9 日将他的书稿烧掉了。张效友悲痛欲绝，想要投井自尽，却被儿子抱住了双腿。

他一连几个星期被绝望的情绪紧紧围绕着。后来他想，自古英雄多磨难，不经历风雨，怎能见彩虹？稿是人写的，重写！

为了避免重蹈覆辙，他偷偷地将冬天贮藏土豆的菜窖清理出来，躲在地窖里夜以继日地忘我写作。

后来，妻子病了，他很内疚，决定先放下写作去挣钱。他到西安打工，走进劳务市场时，突然觉得灵感勃发，思如泉涌。于是，他掏出纸就写。过了一段时间他因找不到工作，带的钱也花光了，不仅没有饭吃，也没有钱买纸笔，只好去卖血。最终他还是没找到工作，只能“打道回府”了。

回到家里，妻子一气之下抢过他的书包，掏出手稿，扔进了火炉里，几个月的心血又白费了。张效友说：“你烧吧，只要你不把我人烧了，你烧多少我还能写多少。”看到张效友的决心这么坚毅，妻子终于被感动了。

张效友 40 万字的长篇小说《青山洞》，终于在 1995 年秋天，由宁夏人民出版社出版发行了。两年后，他的作品荣获榆林地区 1991—1995 年度“五个一工程”特别奖。1995 年 6 月 20 日，他的事迹在中央电视台播出，在全国范围内引起了巨大的反响。

对于很多人来说，写作本来就已经是一件苦差事了，而小说的作家却是一位农民。他之所完成自己的这部小说，就在于他对于自己理想坚持不懈地追求。他的这份进取心让他从来不懈怠，所以他取得了最后的成功。

人一旦有了完成梦想的进取心，他的内在的潜力就会发挥出来。越是进取的人，他行动起来的积极性就越高，潜力发挥出来的也就越大。

约瑟夫大学毕业的时候，恰逢经济大恐慌，失业率很高，工作很难找，试过了投资银行业和影视行业之后，他找到了开展未来事业的一线希望：去卖电子助听器，赚取佣金。这种行业入门的门槛很低，很难做到出人头地，约瑟夫也明白。但对他来说，这个工作为他敲开了机会的大门，他决定努力去做。

在近两年的时间里，他做着一份自己并不喜欢的工作，如果他安于现状，怨天尤人，就再也不会有出头的一天了。但是，首先他便瞄准了业务经理的助理一职，并且顺利取得该职位。往上爬了这一步，便足以使他鹤立鸡群、看得见更好的机会，这是一个崭新的开始。

约瑟夫在助听器销售方面卓有建树，以致约瑟夫服务公司生意上的对手——电话侦听器产品公司的董事长安德鲁想知道约瑟夫是凭什么本领抢走老字号的电话侦听器产品公司的大笔生意的。他派人去找约瑟夫谈话，面谈结束后，约瑟夫成了对手公司助听器部门的新经理。然后，安德鲁为了试试他的胆量，把他派到人生地不熟的佛罗里达州 5 个月，考验他的市场开拓能力。结果他没有沉下去！而是拼命工作，结果他被选中做公司的副总裁。一般人要是在 10 年誓死效忠的打拼之后，能获得这个职位，就已视为无上荣耀。但约瑟夫却在 6 个月不到的时间里如愿以偿。

就这样，约瑟夫凭着强烈的进取心，在短期内取得了优异的成绩，登上了令人羡慕的高位。

有进取心的人，必然心怀理想，有志气，有抱负，有目标。

蒲松龄七十多岁还欲进京考试，但是还是不中。其心怀救万民于苦难的志向，终不被朝廷所用，以至后来“退而论书策，以舒其愤”。蒲松龄面对一次又一次的名落孙山，明知朝廷不会用他，却还欲去应试。可

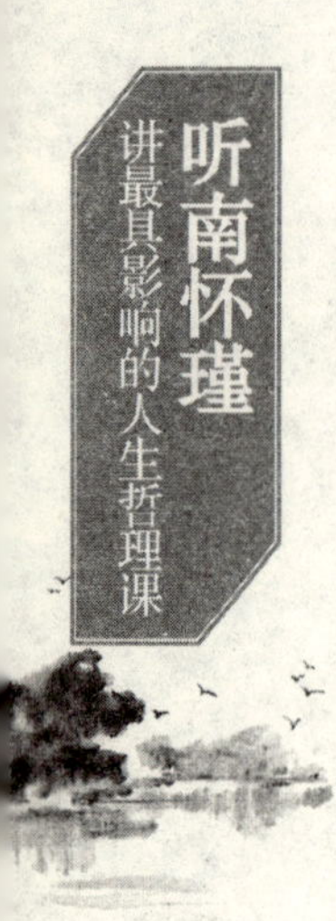

谓真乃有志之人也！

“看天下满街狼犬，几人能过成眷属。”林觉民走上新民主主义革命之路，一心怀有救民之情感，面对北洋军阀的强力抵制，他毅然为革命出力献策，虽然在此过程之中被捕，然其救国救民的抱负是慢慢地传播开了。不可不谓有抱负之士！

其实决定人生成败的是信念、信心和坚持。有时候我们会觉得工作进行不下去了，或者某件事情做不成了，实际上那是梦想枯竭了，是心失去了前进的动力。只要你敢想，没有做不成的。有人说成功就八个字，“敢想敢做，敢做敢当”，实在是精辟之语。

给自己的人生一个意义

大师语录

为什么一个人对历史没有贡献呢？即“所存于己者未定”，他的人生观没有确定。一个人的人生观确定以后，富贵贫穷都没有关系，有地位无地位，有饭吃无饭吃，有钱无钱都一样，人生自然有自我存在的价值。

人生观、信念、信仰，说的是一件事，也就是“人生天地间，各自有禀赋，为一大事来，做一大事去”的一件事。

点亮智慧

人为什么活着，人活着的意义又是什么？我想这是很多人都思考过的一个问题，但是到底有多少人想出了这个问题的答案呢？我想这个问题可能不是那么好回答的。

在一所很有名望的大学里，著名作家毕淑敏正在演讲。从她演讲一开始就不断地有纸条递上来。纸条上提得最多的问题是——“人生有什么意义？请你务必说实话，因为我们已经听过太多言不由衷的假话了。”

她当众把纸条上的内容念了出来，念完纸条上的内容以后，台下响起了掌声。她说："你们今天提出这个问题很好，我会讲真话。我在西藏阿里的雪山之上，面对着浩瀚的苍穹和壁立的冰川，如同一个茹毛饮血的原始人，反复地思索过这个问题。我相信，一个人在他年轻的时候是会无数次地叩问自己：'我的一生，到底要追索怎样的意义？'我想了无数个晚上和白天，终于得到了一个答案。今天，在这里，我将非常负责地对你们说，我思索的结果是：人生是没有任何意义的！"

这句话说完，全场出现了短暂的寂静，如同旷野。但是，紧接着就响起了暴风雨般的掌声。这可能是毕淑敏在演讲中获得的最热烈的掌声。在以前，她从来不相信有什么"暴风雨"般的掌声这种话，觉得那只是一个拙劣的比喻。但这一次，她相信了。她赶快用手做了一个"暂停"的手势，但掌声还是延续了很长时间。

她接着又说："大家先不要忙着给我鼓掌，我的话还没有说完。我说人生是没有意义的，这不错。但是，我们每一个人要为自己确立一个意义！"

人生需要一个意义，有了这个意义我们的生活才能有乐趣，我们才有活下去的动力。这个意义，能赶走生命的颓废和空虚，带来愉快和欣喜；这个意义，能永远璀璨、不会变质，值得为之舍弃很多其他东西；这个意义，要经得起时间的考验，随着时间的流逝，你不会为之感到后悔。一般来说，这个意义若要无悔，必定与感情有关，与金钱无关，而专注于财富积累的人，最后会发现物欲的增长并不能给自己带来真正的快乐。人生的意义，必须包含一些精神上的寄托，如此才能感到生命无悔。

那什么样的人生才能算是一个有意义的人生呢？这得从我们的人生观说起。人生观简单地说就是人对这个世界的看法。对世界的看法不一样，当然所做出的行动也就会有所不同。但是人生观却是人生的一个精神支柱。

贵州残疾乡村教师陆永康因为残疾，36 年来一直跪着给学生讲课；跪着和学生做游戏；跪着串门做家访。在他的跪行劝学下，原本空无一人的学校变得书声琅琅。陆老师就是个普通人，甚至还是残疾人，但是

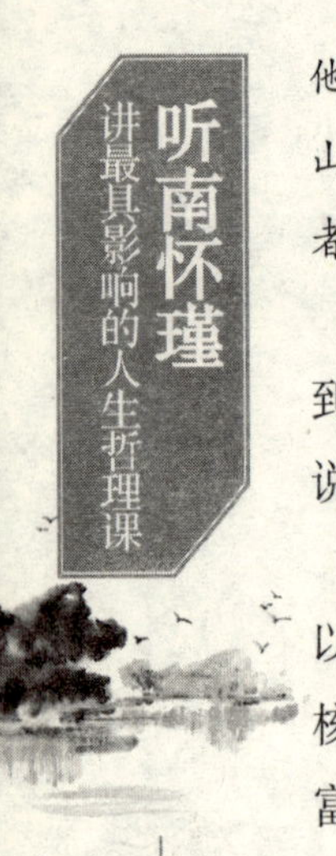

他却实现了人生的巨大价值，正是他36年的功绩使无数的孩子走出了大山，走向了成功。有人这样评价他：“一个跪着工作的人，却让无数站立者叹服不已！”

陆老师就是希望孩子们能够读得起书，他就是想把所有的孩子都送到课堂上去接受教育。这就是他的精神支柱，他做出这样的事迹，应该说和他的人生观是分不开的。

说到了人生观就不能不提一下人的价值。人们活在社会上，希望可以得到别人的认可，希望可以实现自己的人生价值。价值观是人生观的核心内容。如果把自己的享乐作为人生的价值去追逐，去聚敛巨额的财富，虽然他也会有成就感、满足感，但是，那种感觉是狭隘的、低级的，甚至是阴暗的和龌龊的。一个人活在世上，把别人的幸福和快乐作为自己的责任和义务，作为自己活着的价值，他的人生观就是高尚的，他的人生也是伟大的。因此，幸福，分享了才有意义。

爱因斯坦说过，“一个人的价值，应该看他贡献什么，而不应该看他取得什么”。奥斯特洛夫斯基说：“当回忆往昔的时候，他不会因虚度年华而悔恨，也不会因生活碌碌无为而羞愧，在临死的时候，他能够说：‘我的整个生命和全部精力，都已经献给了世界上最壮丽的事业——为人类的解放而斗争。’”文天祥也留下了“人生自古谁无死，留取丹心照汗青”的壮丽篇章。

人生观是什么，人生观就是“人生为一大事来”。毕淑敏说，人生本来是没有价值的，人生的价值在于你用终身的努力来为它定义，只有做自己能做的事，才能真正地实现自我。

目标是灯塔

大师语录

尽管活了几十年，自己的人生观没有方向，都跟着环境在转，这个就是犯了庄子所说“所存于己者未定”的毛病，也就是说自己内在空虚，根基不稳。

点亮智慧

南怀瑾先生认为，一个人把目标确定了以后，富贵贫贱没有关系，有地位无地位，有饭吃没饭吃，有钱没有钱，都一样，人生自然有我存在的价值。是的，人生只有确定了方向，有了目标，才有价值。有了目标的人生才是有意义的人生，否则，是极其可悲的。

法国科学家约翰·法伯曾做过一个著名的“毛毛虫”实验。这种毛毛虫有一种“跟随者”的习惯，总是盲目地跟着前面的毛毛虫走。法伯把若干个毛毛虫放在一只花盆的边缘上，首尾相接，围成一圈，在花盆周围不到6米的地方，撒了一些毛毛虫喜欢吃的松针。毛毛虫开始一个跟一个，绕着花盆，一圈又一圈地走。一个小时过去了，一天过去了，毛毛虫还在不停地、坚韧地团团转。一连走了七天七夜，终因饥饿和筋疲力尽而死去。这其中，只要任何一只毛毛虫稍稍与众不同，便立刻会过上更好的生活。

没有自己的目标，只是随波逐流，且结果就只能和那些毛毛虫一样。努力坚持的精神是成功不可缺少的，积极进取的决心也是成功所不可或缺的，但是制订合适的目标却是成功的第一步。目标是千里之行的第一步。许多伟大的人物到最后可以获得成功，其原因无不是在第一步时就设定了自己的人生目标，然后再付诸行动。

日本的本田宗一郎，在第二次世界大战前原是个汽车修理厂的工人，当时，他在工作中就谋划着自己怎么创办一家生产运输工具的工厂，一旦这个目标在他心中定位，他就倾其所有，在战后自立门户，开了一家小摩托脚踏车组合工厂。战后的日本，经济十分薄弱，虽然情况不太好，但本田宗一郎未曾因此而放弃过目标。他立下誓言：“没有电动机，那么，我们自己来研制，无论多大困难，也要把它做出来。有了电动机，才有我们摩托车的前途。”

经过反复研制，终于克服了种种困难，随着日本经济的恢复和发展，日本国民收入的增加，本田摩托车的市场占有率已居榜首。本田成功了，

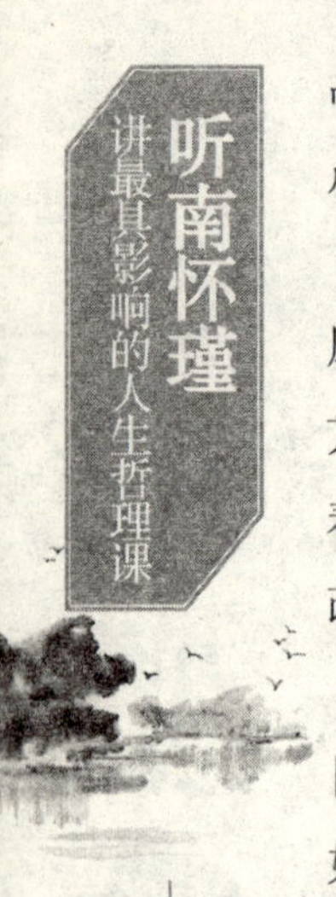

而支持他成功的“首要功臣”就是目标的定位。这一人生航线的把握，成为他心中永远的罗盘，最终促使他事业取得成功。

英国的谚语说：“对于一艘盲目航行的船来说，任何方向的风都是逆风。”没有目标的人生非常危险，在生命的港湾中很容易搁浅。目标在两方面起作用：它是努力的依据，也是对你的鞭策。目标给了你一个看得着的射击靶。随着你实现这些目标，你的思维方式和工作方式会逐渐地改变。

对于目标的确定来说，可以先设立一个自己可以完成的目标。这个目标不需要多么地远大，因为一口吃不成一个胖子，成功也要慢慢地来。如果目标过于远大，那么我们就失去了脚踏实地的耐心，一旦目标实现不了，我们就会自怨自艾，这就打击了我们成功的积极性。人如果能脚踏实地地从最平凡处做起，人生一定会有成就的。不然，仅有高远的理想，不晓得从最平凡、最踏实的第一步开始，便永远停留在幻想中、梦想中，不会有任何成就。

有一个登珠穆朗玛峰的运动员，他登顶是经过了十多年努力才成功的。开始他觉得自己不能登到顶峰，因为常人是无法一次就上去的，他认为能达到半山腰就不错了，就感到满足了。他一次次向上攀登，终于一次攀登到了半山腰，他看看自己脚下，兴奋不已，然后想，我既然能到半山腰，还能不能再向上攀登呢？看看上面，于是鼓励自己继续向上攀登，没有成功。但经过一次次攀登，最后他终于到达了山顶。哇！他哭了，因为他达到了。

所以，凡事都不要心急，不要在开始的时候就订太高的目标。如果有了目标而急于求成，那么人就会失去耐心，其结果也是想要什么得不到什么。

远古时期，有一个很富有的人。一天，他来到另一个富人家做客，看见一座三层的楼房，宽敞高大，庄严华丽，内心十分羡慕，心里想：“我的钱财并不比他少，为什么以前没能建造一座这样的楼呢？”于是他立刻叫来木匠，说道：“请你用最短的时间造一座像他家那样漂亮的三层高楼。”

“那需有耐心，我一定会为您造一座更漂亮的楼。”木匠说。

富人便说：“现在就请你开始吧！”

于是木匠就开始测量土地，制坯垒砖，准备造楼。富人看到他这些安排，便问：“你在这干什么？”

木匠回答说：“这是准备建三层楼的材料。”

富人说：“我不要下面这两层，你先为我建造最上面的一层。”

木匠答道：“哪有这样的事！哪有不造底层就造第二层的！哪有不造第二层就造第三层的道理！”

富人固执地说：“我就是不要下面两层，你一定给我建造最上面的那层。”

富人要的是“空中楼阁”。他急功近利，妄想一步到位，结果滑天下之大稽，至今看到这个故事仍令人忍俊不禁。“千尺之台，起于垒土”。富人错就错在忽视了事情要一步一步做的道理。

没有明确目标的人，就没有自己的方向，就算他们有着巨大的能量和潜力，他们也不会把自己的这种力量用到最关键的地方，而是把精力专注于小事情之上，结果小事情就使它们忘记了本应该做什么，只能是白白地浪费了自己的精力。

成功的定义有很多种，但有一种是：成功是逐步实现一个有意义的既定目标。因此，目标就是对真正期望的事业的决心，没有目标，如同没有空气人不可能生存一样，就不可能成功。不成功者有个共同的特点，就是极少评估自己的现状，不知道离自己的目标还有多远。他们大多数人或者不明白自我评估的重要性，或者无法度量进步。目标正好给你提供了度量工作进展的尺度。如果你的目标具体而又明确，你就可以根据自己距离最终目标有多远来衡量已取得的进步，找出差距，肯定成绩，实现目标。目标能使你感受到生存的意义和价值。人们处世的方式主要取决于他们怎样看待自己的目标。如果觉得目标很重要，付出的努力就是值得的；如果觉得自己的目标不重要，那么，付出的努力就会没有多少价值。如果你心中有目标，而你每天都在接近这个目标，那么，你会感觉生活得很充实，生存的意义和价值也就在其中了。

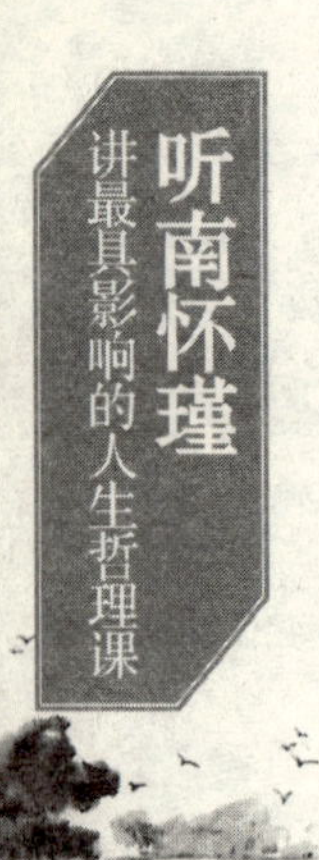

要有自立自强的精神

大师语录

庄子用右师的故事来说明，每个人都有独立生命的价值，人活着要有独立不可拔的精神。而真正的生命价值就要效法天然，超越樊笼之外，自己要有打破环境的能力，创造自然的生命。一只脚的人也顶天立地活在世上，"天上地下，唯我独尊"，决不受外形、外境界的影响。

点亮智慧

"天行健，君子以自强不息"。自强不息才能铸造成功的道路。比尔·盖茨也曾经说过，不同的时代有不同的英雄，现代各个不同的行业也有属于自己的英雄。这些人有一个本质上的相似之处，就是都有种坚韧不拔、不服输、不认命的精神。人在做自己的人生设计时，经常会遇到理想和现实的碰撞，这时更要不服输、不认命。人，就应该有一种独立自强的精神。

每个人都会遇到挫折，但是我们不能在遇到挫折后就坐在地上不起来，路是要靠自己走的。那我们靠着什么走完坎坷的那段路呢？就是要靠自立自强的精神。

史蒂芬·霍金，这位只能通过眨眼和眼光的移动与外界交流的物理学大师，这位靠语音合成器一分钟说五六个单词的重度残疾患者，凭一本薄薄的《时间简史》征服了全世界三千万读者。

童年的霍金，便是人们公认的与众不同的小精灵。大概 9 岁时，他就断定自己能成为一名科学家。然而，天妒英才。进剑桥攻读天体物理学硕士的第二年，刚刚 21 岁的霍金被诊断患了肌萎缩性脊髓侧索硬化症。这种不治之症的结果除了瘫痪，就是死亡。

面对厄运，霍金没有被命运打倒，而是凭着一股献身科学的精神，在科学的征途上锲而不舍，成为在引力物理领域继爱因斯坦后最伟大的理论物理学家。

霍金的人生又一次无可争辩地告诉我们：人是需要一点独立不可拔的精神的。因为有了这种精神，人的奋斗才有了一种原动力，才有了在科学的道路上勇攀高峰、攻坚克难的毅力，才有了不被困难打倒的支柱。只要人的思想不会蜕变，精神就不会不丢失；只要人的精神不颓废，人的意志就不会薄弱，人总会有站起来的那一天。诺贝尔文学奖得主海明威说过：人可以被消灭，但不能被打倒。还有诗人说过：有的人死了，但他还活着。有的人活着，但他已经死了。人死了，只是躯体的消失，而精神可以不朽。如果一个人的精神被腐蚀，被打倒，被摧毁，即使活着，也是行尸走肉。

曾国藩是一个有忍耐力的人，面对别人的不理解、不支持，甚至讥讽、嘲笑、轻蔑，他从不怨天尤人，而是咬牙立志，徐图自强。1854年，曾国藩调遣湘军，决计会战湘潭，这时，太平天国正处于强盛之时，以南京为中心，武汉、镇江、扬州等重镇，都掌握在太平军的手里，清政府在这些地区已经丧失了力量，无法抵抗，而东征太平军的曾国藩也接连失利。因此，在湘潭会战，对于交战双方来说，都至关重要。曾国藩认为："湘潭与靖港之贼互为首尾，倘不及早扑灭，不独省城孤注难以图存，衡、永、郴、桂及两粤匪党闻风响应，东南大局不堪设想。"因此，太平军若能取得湘潭之战的胜利，便能攻取长沙，控制湖南，从而在湖南和两广农民起义军的响应下，迅速南下，控制两广、闽浙等地，占有半壁江山。太平军在真正实现了划江而治的条件下，就具备了发动北伐的可靠基地，从而有可能夺取全国政权。对湘军来说，湖南是湘军的老巢，占有湖南便意味着湘军的兵饷来源有保证，湖南对于湘军来说，其战略地位十分重要。一旦失去湖南，犹如鱼离开水一样，就会因干枯而逐渐消亡。

认识到了湘潭战场的重要性，曾国藩急派悍将塔齐布率领大军开赴湘潭，又调水师提督褚汝航协助陆军，在湘潭摆开与太平天国殊死搏斗的架势。在湘潭战场上，湘军的兵力占了相当大的优势，加上太平军主

帅林绍璋本人碌碌无为，指挥不力，致使战线拉长，兵力过于分散，使太平军完全处于被动挨打的局面。湘潭之战，太平军遭到惨败。清政府对湘军给予了特别嘉奖，并称赞这一胜利所带来的重要影响。

在艰难的境遇下，曾国藩回到长沙以后，咬牙立志，徐图自强，他认真总结了岳州、靖港两次战争的惨痛经验教训，努力克服自己的弱点，为湘军日后出外作战积累了经验。在曾国藩看来，湘军各营在几次战斗中暴露出来的种种弱点，其政治原因是功罪不分，赏罚不明；其组织原因是良莠不分，勇懦不一。因此，曾国藩对湘军进行了大刀阔斧的整编。据查，湘军岳州大败，敢于同太平军进行抵抗的只有彭玉麟一营；湘潭之战，浴血奋战的只有塔齐布、杨载福两营。曾国藩根据兵贵精而不贵多的原则，依据勇于战斗的原则，决定士兵的去留。他从明赏罚、严军纪做起。凡溃散之营便不再收集。营哨兵勇一律裁去不用。经过这番整顿和裁撤，留下的仅有水陆两部5000人。其弟曾国葆也在被裁之列，这对曾国葆的打击很大，多少年后还一直深居简出，拒见宾客。同时决定将王鑫留在湖南，命罗泽南跟随其出征。令塔齐布、罗泽南、彭玉麟、杨载福增募新勇，使湘军人数又扩至10000余人。在衡州、湘潭修造船只，与此同时，除湘军本身人数扩充以外，将胡林翼的黔勇增募至2000人；征调了登州镇总兵陈辉龙所率的船队和广西候补道员李孟群统率的船队，共计1000余人。

经过长沙整顿以后，湘军能战能守，这与曾国藩努力改正自己的弱点有着极为密切的联系。

人是需要独立自主的精神的。有了精神，人的行为就有了准则；依照准则办事，做人就不会出现偏差。有了精神，人的意志就会坚强，不会因为风花雪月而丧失前进的动力，不会因为困难重重而没有克服和战胜它的勇气。有了精神，人才有了目标；朝着目标奔去，不会迷失方向。

华罗庚于1910年出生于江苏省金坛县一个小商人家庭。1925年，初中毕业后就因家境贫困无法继续升学。1928年，18岁的华罗庚在他的数学老师王维克的推荐下，到金坛中学担任庶务员。然而不幸的是，他在这年患了伤寒症，卧床达5个月之久，从此左腿瘫痪。但他并不悲观、气馁，而是顽强地发奋自学。有一次，他发现苏家驹教授关于五次代数方程求解的一篇论文中有误：一个十二阶行列式的值算得不对，于是他把自己的计算结果和看法写成题为《苏家驹之代数的五次方程式解法不能成立的理由》的文章投寄给上海《科学》杂志社。1930 年，此文在《科学》杂志上发表，这时华罗庚年仅 20 岁。就是这篇论文完全改变了华罗庚以后的生活道路。

当时正在清华大学担任数学系主任的熊庆来看到了这篇论文后，大为赞赏。到处打听华罗庚是哪个大学的教授，大家都说不知道。碰巧数学系有位教员名叫唐培经，知道华罗庚这个人。他告诉熊庆来，说华罗庚并不是什么大学教授，而只是一个自学青年。熊庆来爱才心切，并不在乎学历，当即托唐培经邀请华罗庚来清华大学工作。1931 年，唐培经拿着华罗庚寄来的照片到北京前门火车站去接由金坛北上的华罗庚。华罗庚，这位未来的大数学家，当时就是这样拖着残腿、拄着拐仗走进了清华园。

起初，华罗庚在数学系当助理员，经管收发信函兼打字，并保管图书资料。他一边工作，一边自学。熊庆来还让他经常跟学生一道去教室听课。勤奋好学的华罗庚只用了一年时间就把大学数学系的全部课程学完了，学问大有长进。熊庆来对这位年轻人十分器重，有时碰到了复杂的计算也会大声喊道："华罗庚，过来一下，帮我算算这道题！"两年后，华罗庚被破格提升为助教，继而升为讲师。

1936 年，经熊庆来教授推荐，华罗庚前往英国，留学剑桥。20 世纪声名显赫的数学家哈代早就听说华罗庚很有才气，他说："你可以在两年之内获得博士学位。"可是华罗庚却说："我不想获得博士学位，我只要求做一个访问者。""我来剑桥是求学问的，不是为了学位。"两年中，他集中精力研究堆垒素数论，并就华林问题、他利问题、奇数哥德巴赫问题发表了 18 篇论文，得出了著名的"华氏定理"，向全世界显示了中国数学家出众的智慧与能力。1938 年，华罗庚回国，任西南联大教授，年仅 28 岁。

华罗庚后来成为世界著名的数学家，在数论、矩阵几何学、典型群、

自守函数论、多个复变数函数论、偏微分方程等很多领域都作出了卓越的贡献。他著有论文 200 余篇、专著 10 本，成为美国科学院国外院士、法国南锡大学与香港中文大学荣誉博士。他的名字已进入美国华盛顿斯密司——宋尼博物馆，并被列为芝加哥科学技术博物馆中当今“88 位数学伟人”之一。

1946 年，华罗庚应邀去美国讲学，并被伊利诺大学高薪聘为终身教授，他的家属也随同到美国定居，有洋房和汽车，生活十分优裕。当时，不少人认为华罗庚是不会回来了。

新中国的诞生，牵动着热爱祖国的华罗庚的心。1950 年，他毅然放弃在美国的优裕生活，回到了祖国，而且还给留美的中国学生写了一封公开信，动员大家回国参加社会主义建设。他在信中袒露出了一颗爱中华的赤子之心：“朋友们！梁园虽好，非久居之乡。归去来兮……为了国家民族，我们应当回去……”虽然数学没有国界，但数学家却有自己的祖国。

华罗庚从海外归来，受到党和人民的热烈欢迎，他回到清华园，被委任为数学系主任，不久又被任命为中国科学院数学研究所所长。从此，开始了他数学研究真正的黄金时期。他不但连续做出了令世界瞩目的突出成绩，同时满腔热情地关心、培养了一大批数学人才。为摘取数学王冠上的明珠，为应用数学研究、试验和推广，他倾注了大量心血。

据不完全统计，数十年间，华罗庚共发表了 152 篇重要的数学论文，出版了 9 部数学著作、11 部数学科普著作。

从初中毕业到人民数学家，华罗庚靠着其自强不息的精神，走过了一条曲折而辉煌的人生道路，为祖国争得了极大的荣誉。

宋代大文豪苏轼说：“古之成大事者，不唯有超世之才，亦必有坚韧不拔之志。”人生之路不会一帆风顺，所以，如果不具备良好的心理素质、坚忍的意志，一遇挫折就垂头丧气、一蹶不振，那么，在成功的道路上是走不远的。只有具有处变不惊的良好心理素质和愈挫愈强的顽强意志，才能在人生的道路上自强不息、竞争进取、顽强拼搏，才能从小到大、从无到有，开拓出属于自己的一番事业。

坚持才会成功

大师语录

耕种田地，只问耕耘不问收获。好好地努力，生活总可以过得去，发财不一定。只要努力求学问，有真学问不怕没有前途、没有位置，不怕被埋没。……一个为人类国家社会的人，不问眼前的效果，只问自己应该做不应该做。甚至今天种下的种子，哪一天发芽？哪一天结果都不知道。下了种子，终有一天会有成果的。

点亮智慧

南怀瑾先生觉得，做人就要有努力追求的精神，否则的话，这个人的人生也就没有什么价值了。他曾为人们解释了什么是努力，他说，你不管做不做得成功，只要你肯立志，坚决地去做，做到什么程度算什么程度，这便是真正的努力。

如果你是一个爱坚持的人，那你一定懂得成大事在于能坚持多久，而不在于力量的大小。有一句谚语：十九次失败，到第二十次获得成功，这就叫做坚持。坚持就是不间断地努力。你也许不屑一顾落下来的水滴，但是，当你看到它能把坚石滴穿时，你能无动于衷吗？你肯定会信服。有一则寓言是这样的：

在一间工具房中，有一些工具聚在一起开会，大伙商量要怎样去对付一块坚硬的生铁。

斧头首先耀武扬威地说："让我来，我可以一下子就把它解决了。"于是斧头很用力地对着铁块砍下去，可是，只有一会儿的工夫，斧头便钝了，刃都卷了起来。

"还是我来吧！"锯子信心十足地说着，它用锋利的锯齿在铁块上来回地锯，但是没过多久，锯齿都锯断了。

这时锤子笑道："你们真没用，退到一边去，让我来显显身手。"于是锤子对铁块一阵猛锤猛打，其声震耳。但锤了好久，锤子的头也掉了，铁块依然如故。

"我可以试试吗？"小小的火焰在旁边请求说。大家都瞧不起它，但还是给它一个机会试试。

小火焰轻轻地盘卷着铁块，不停地烧，不停地烧。过了一段时间，在它坚忍的热力之下，整个铁块终于烧红，并且完全熔化了。

看完这个故事你有没有明白一些道理呢？看一看周围的成功者和失败者，你会发现，有的人很笨拙，却常常有所成就，而有的人很聪明，却毫无建树。其中的奥秘就在于，聪明人常自以为聪明，忽视了持之以恒的重要性，但是笨人因为"笨"的缺陷，他就用坚持不懈来弥补，所以很多看似不聪明的"笨人"却取得了成功。其实成功不过就是坚持的结果。

熟悉金庸小说的人都知道《射雕英雄传》中的郭靖资质愚钝，不善变通，因而自小学武就是一件极费力气的事。纵然有江南七怪这七位师傅悉心指点，郭靖要成为武林高手的希望也十分渺茫。但是郭靖天生的一大优点却是有一股勤修苦练、持之以恒的猛劲。这一点，加上不错的运气，最终使他成为一代武学高手，威震武林。

一位矮小瘦弱的老头，手无缚鸡之力，他却能带领印度人民走向独立。他以自己坚韧的性格，给千万人带来了独立与和平。

他便是被称为"圣雄"的甘地。提及他，人们自然而然地会联想到这样的形象：身材矮小，体质瘦弱，腰间缠着一块布，赤裸着上身，头发稀疏，鼻梁上架着一副廉价的眼镜。正是这位其貌不扬的男子，却拥有钢铁般的意志，并为一个民族的自由构造了一套特殊的模式。这位将毕生精力致力于非暴力不合作运动的政治家，几乎是在没有印度以外政治权威支持下，差不多孤身一人从事民族解放事业。他的非暴力抵抗运动和独立热情推动了英殖民主义在印度的灭亡。这一切，假如没有坚定的信念和意志，很难想象他能够将自己的事业进行到生命的最后一刻。他有一种高尚的人格，这种人格是一种不可抗拒的力量，是一种令人折服的魅力，而这种力量和魅力来源于他的不懈追求，来源于艰苦生活的种种磨炼，来源于永闪光辉的坚强意志。这是甘地生命中的闪光点。

只要有了目标，有了实现目标的坚定的心，然后持之以恒，你就会成功，你的人生也就没有遗憾。

“前人能做到的我照样也能做到。”这句话是一个没有人把他放在眼里的小男孩迪斯累利说的。他后来成为英国的首相。

迪斯累利的血管里流淌的是犹太人那种顽强不屈的血液，小的时候迪斯累利就对自己说：“我不是一个奴隶，我也不是一个俘虏，凭着我的精力，我可以战胜和跨越一切障碍。”尽管整个世界似乎都在和他作对，他却牢牢地记住了历史上那些不朽的犹太人的光辉业绩。

少年的壮志犹如燎原之火，希望和梦想成为一种激情，深深扎根于迪斯累利的现实生活之中。通过不懈的努力和抗争，迪斯累利从社会的最底层跨入了中产阶层的行列，接着，迪斯累利又雄心勃勃地杀入了上流社会，直到最终登上了权力金字塔的最高峰，成为了英国的首相。

当然，在他通往成功的道路上布满了荆棘和坎坷，他一一领略了世人的指责、白眼、蔑视、嘲讽以及众议院里的嘘声。但是无论什么都无法阻挡迪斯累利前进的脚步和决心。面对所有的挑战，迪斯累利只是冷静地回答：“总有一天你们会认识我的价值，这样的一刻终会到来的。”事情的结果就是他说的那样，他希望的那一刻真的到来了，这位在世人的眼里根本没有希望的人终于出人头地了。在整整四分之一世纪的时间里，迪斯累利主宰了英国政治的沉浮。

试想，如果迪斯累利在一次的失败就放弃自己的理想，或者由于别人的鄙视污蔑而放弃自己的理想的话，那么英国的历史或许就该改写了。

有的时候，我们本来是可以成功的，但是很多人却在即将到达成功彼岸的时候放弃了。结果导致了自己的失败。所谓行百里者，即便是走了 90 里的路，在最后的 10 里放弃了，我们也只能算是一个失败者，其实只要再坚持一下就可以成功，只是很多人放弃了。要知道我们其实是能够走完最后的那一段路程的，但是我们没有坚持。我们走了那么久，为的是成功，不是为了失败。那些能够成功的事情，却由于我们的不想

做而彻底失败了。

汤姆·邓普西生下来的时候只有半只左脚和一只畸形的右手，父母从不让他因为自己的残疾而感到不安。结果，他能做到任何健全男孩所能做的事：如果童子军团行军10里，汤姆也同样可以走完10里。

后来他学踢橄榄球，他发现，自己能把球踢得比在一起玩的男孩子都远。他请人为他专门设计了一只鞋子，参加了踢球测验，并且得到了冲锋队的一份合约。

但是教练却尽量婉转地告诉他，说他“不具备做职业橄榄球员的条件”，促请他去试试其他的事业。最后他申请加入新奥尔良圣徒球队，并且请求教练给他一次机会。教练虽然心存怀疑，但是看到这个男孩子这么自信，对他有了好感，因此就收留了他。

两个星期之后，教练对他的好感加深了，因为他在一次友谊赛中踢出了55码，并且为本队挣得了分。这使他获得了专为圣徒队踢球的工作，而且在那一季中为他的球队挣得了99分。

他一生中最伟大的时刻到来了。那天，球场上坐了6.6万名球迷。球是在28码线上，比赛只剩下了几秒钟。这时球队把球推进到45码线上。“邓普西，进场踢球。”教练大声说。

当邓普西进场时，他知道他的队距离得分线有55码远，那是由巴第摩尔雄马队毕特·瑞奇踢出来的。球传接得很好，邓普西一脚全力踢在球身上，球笔直在前进。但是踢得够远吗？6.6万名球迷屏住气观看，球在球门横杆之上几英寸的地方越过，接着终端得分线上的裁判举起了双手，表示得了3分，圣徒队以19∶17获胜。球迷狂呼乱叫，为踢得最远的一球而兴奋，因为这是只有半只左脚和一只畸形的手的球员踢出来的！

“真令人难以相信！”有人感叹道，但是邓普西只是微笑。他想起他的父母，他们一直告诉他的是他能做什么，而不是他不能做什么。他之所以创造这么了不起的纪录，正如他自己说的：“他们从来没有告诉我，我有什么不能做的。”

大多时候，我们不知道自己能做到，所以很多事情就放弃了，我们也就失败了。其实人生中的许多事情我们是能够做到的，只要我们尝试并坚持做下去，就一定能够做到，而且一定会做好。

成功来自于很多方面，要有目标，要有持之以恒的精神，要有坚强的决心等等，这些要素都加起来才能构成一个人一次的成功。既然我们都想获得成功，那我们为什么还要在最后的时候放弃呢？再多坚持一下，你离成功或许只有一步之遥。

患得患失最终会失去

大师语录

对于模棱两可的事情，随时随地都用得到古人的两句话："事到万难须放胆，宜于两可莫粗心。"

有些人连最基本的修养都没有，当他在功名权力拿不到的时候，就"患得之"，怕得不到而打主意、想办法，爬上这一个位置。等到爬上了这个位置，权力抓在手里了，又"患失之"，怕失去了已经得到的权力。没有谋国的思想，没有忠贞的情操，只为个人的利益而计校，深怕自己的权力地位失去，于是不考虑一切，什么手段都用得出来，打击同事、打击好人、嫉妒贤才等等都来了。患得患失是说明私欲太大，没有真正伟大的思想、伟大的人格和伟大的目标，只为个人利害而计较。

点亮智慧

"患得患失"是指对于个人的利害得失斤斤计较。这种毛病的直接伤害对象往往不是别人，而是自己。一个人，如果过于患得患失，那么就会在该下决断的时候迟疑不定，因而错过机会；同时还会在做事时过度紧张不安，而导致本不该有的失误，遭致意外的失败。总之，一个人做事时如果过于患得患失，那么他将一事无成。成功属于那些敢裁敢断的人。常言说：事至两可莫粗心，人到万难须放胆。

凡是古今中外成大事的人，都是敢于果断裁决的人。如果一味地患

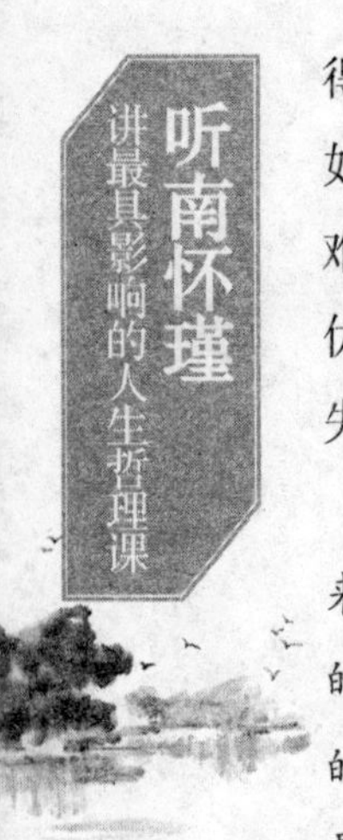

得患失、犹豫不决，那么机会肯定已经悄悄溜走了，想找都找不回来。如果遇到国家大事，犹豫不决，那么后果就可想而知了。做决定是个很难的事情，因为要权衡利弊，因为要考虑各个利益方的反应，但是总是优柔寡断，做不下决定，不仅会让自己被人看不起，更会让国家蒙受损失。

班超手持汉朝的节杖，带领着由36人组成的使团出发了。他们首先来到了鄯善国。班超晋见了鄯善国王，说："尊敬的国王陛下，我们汉朝的皇帝派我来，是希望联合贵国共同对付匈奴。咱们吃过很多匈奴入侵的苦，应该携起手来，同仇敌忾，匈奴才不敢再猖狂肆虐呀！"鄯善国王早就知道汉朝是一个泱泱大国，国力强盛，人口众多，不容小视，现在又见汉朝的使者庄重威仪，颇有大国之风，果然名不虚传，就连连点头称是道："说得太对了，请您先在鄯国住几天，联合抵抗匈奴之事，容过两天再具体商议吧。"

于是班超他们就住下了。头几天，鄯善国王待他们还挺热情，可是没过多久，班超便察觉国王对他们越来越冷淡，不但常找借口避而不见，就是好不容易见上了，也绝口不提联合抗击匈奴之事了。班超有了一种不祥的预感，他召集使团的人分析说："鄯善国王对我们的态度越来越不友好了，我估计是匈奴也派了人来游说他，我们必须去探察一番，搞清事情的真相。"夜里，班超派人潜进王宫，他们果然发现国王正陪着匈奴的使者喝酒谈笑，看样子很是投机，就马上回来将这个消息报告给班超。接下来的几天，班超又设法从接待他们的人那里打听到，匈奴不但派来了使节，而且还带了100多个全副武装的随从和护卫。他立刻意识到事态已经发展到很严重的地步，就马上召集使团研究对策。

班超对大家说："匈奴果然已经派来了使者，说动了鄯善国王，现在我们处于极度危险之中，如果再不采取有效措施，等鄯善国王被说服，我们就会成为他和匈奴结盟的牺牲品。到时候，我们自身难保是小事，国家交给的使命也就完不成了。大家说该怎么办？"大家齐声答应："我们服从您的命令！"班超猛击了一下桌子，果断地说："不入虎穴，焉得虎子！现在我们只有下决心消灭匈奴，才能完成我们的使命！"当夜，班超就带人冲进匈奴所驻的营垒，趁他们没有防备，以少胜多，终于把100多个匈奴人全部消灭了。

第二天，班超提着匈奴使者的头去见鄯善国王，当面指责他说："您太不像话了，既答应和我们结盟，又背地里和匈奴接触。现在匈奴使者已全被我们杀死了，您自己看着办吧。"鄯善国王又吃惊又害怕，很快就和汉朝签订了同盟协议。班超的举动震动了西域，其他国家也纷纷和汉朝签订同盟，很多小国也表示和汉朝永久友好。班超终于圆满地完成了使命。

在危急的情境之下，就应当像班超一样果断，敢于冒必要的危险，才能够获得成功。如果这时还犹犹豫豫、畏缩不前，后果就不堪设想了。南怀瑾先生也告诉我们，遇到事情的时候，考虑一下，再考虑一下，就可以了。如果第三次再考虑一下，很可能就犹豫不决，再也不会去做了。

有些人在做决定的时候患得患失，是因为害怕失去，殊不知，患得患失的人实际上是最后的输家。患得患失的人害怕失去什么呢？或许害怕的事情很多，但是归根结底很多人都担心一旦决定做不好，就会失去自己辛辛苦苦挣来的财富。其实每个人都有对损失金钱的恐惧心理，恐惧本身并不是问题，问题在于你如何处理恐惧心理，如何处理风险问题。处理风险方式的不同造成了人们生活的差异，不仅是对金钱，对生活中的任何事情的处理都是这样。

借用美国总统罗斯福的一句话，对朋友们提个醒："只有恐惧的心理，才是我们应该感到恐惧的东西。"得克萨斯人有一句谚语讲道："人人都想上天堂，却没有人想死。"可是不死怎么能进入天堂呢？这就如同大部分人梦想发财，但却害怕投资失败是多么地可怕，所以他们永远进不了"天堂"。

许多优柔寡断的人，不敢相信他们自己能解决重要的事情。因为犹豫不决，很多人使他们自己美好的想法陷于破灭。有些人常常担心今天对一件事情进行了决断，明天也许会有更好的事情发生，以致对今日的决断发生怀疑。简直优柔寡断到了无可救药的地步。他们不敢决定种种事情，不敢担负起应负的责任。之所以这样，是因为他们不知道事情的

结果会怎样——究竟是好是坏，是凶是吉。

情商高的人能成就机会，智商高的人会发现机会，胆商高的人能抓住机会。摩根则说："冒险是冒险者成功的通行证，保险是保险者失败的墓志铭。"

1995年，孙正义将200万美元投给了当时还名不见经传的只有5个人的雅虎公司。同样是1995年，孙正义只谈了30分钟，就决定投资3000万美元给中国的网络公司——UT斯达康。2002年，孙正义与阿里巴巴网络的马云第一次会面，只有"经典的6分钟"后，居然一举投资2000万美元……比尔·盖茨曾题赠孙正义："你和我一样都是冒险家。"

情商是一种能力，智商是一种优势，但是胆商是一种创造力。

所以，成功同犹豫不决、优柔寡断是格格不入的，在患得患失的心态还没有破坏你的力量、伤害到你、限制你一生的机会之前，你就要即刻把它置于死地。不要再犹豫、再等待，今天就应该开始。要逼迫自己训练遇事果断坚定的能力、遇事迅速决策的能力，对于任何事情切不要犹豫不决。

有计划地获得成功

大师语录

"知崇礼卑"，"知崇"是指智慧要高瞻远瞩，要有最高的目标。"礼"者履也，履就是走路，"卑"就是卑下。第一步开始起步是要从最平凡的地方开始。目标要高远，但是开始的时候却要踏实，从最平凡处起步。

点亮智慧

《庄子》上说：适莽苍者，三餐而反，腹犹果然；适百里者，宿舂粮；适千里者，三月聚粮。之二虫又何知！小知不及大知，小年不及大年。这句话看上去是庄子在告诉我们出门旅行该怎么准备，实际上讲的却是人生的境界。前途远大的人，就要有远大的计划；眼光短浅，只看现实的人，恐怕只能抓住今天。我们应该做的不只是拥有今天，还应该抓住明天、后天，抓住永远。

每个想获得成功的人都应该给自己制订一个详细的计划。计划是什么东西呢？其实就是把目光放长远一点，为你能看到的那个远方，设计行动方案。

秦汉时期宣曲（今陕西西安市西）任氏是一个大富商。他的祖上曾经担任过秦时督道仓的官吏。秦朝灭亡后，豪强之人争着夺取金玉珍宝，只有任氏用地窖藏了许多粮食。任氏的家人都埋怨他，不理解他为什么这样做，任氏也没有多加解释。

后来，楚霸王项羽和汉王刘邦争夺天下，相持于荥阳一线，农民无法种庄稼，加上当时战事频繁，粮食也不能从别的地方转运过来，荥阳开始闹起了饥荒，一石米价陡然涨至一万钱，那些抢夺金玉珠宝的豪强们，空有金玉珠宝，也无可奈何。

这时，任氏打开自己的地窖，趁机贩卖粮食。于是，所有的金玉珍宝又都流到任氏手中了。任氏家人都夸赞他的眼光独到。

其实这件事情就是要告诉我们，做事情要有计划，不能只看到眼前，还要考虑到长远。我们做计划的目的就是要能够为以后可能遇到的困难规避风险，未雨绸缪。

计划还有一个好处，就是让我们每一个阶段都会有一个目标。有了目标就有了方向，路就不会走错。而且把事情分成许多个小的部分去做，我们就会在每一个小的阶段都有动力。随着每个小的目标的完成，我们的信心也会大增，潜力也就会发挥得更加充分。

1968 年，美国加州的一位牧师想要用玻璃建造一座水晶大教堂，他向一位朋友描述了自己的梦想：“这是一座人间的伊甸园。”朋友问他筹备多少了，他开朗地说：“我身上一分钱都没有，我要用教堂自身的魅力来吸引大家的捐款。”

最后，牧师粗略地计划了一下，这个教堂大概需要 700 万美元，他在心里盘算着得到捐款的各种途径：寻找 1 笔 700 万美元的捐款；寻找 7

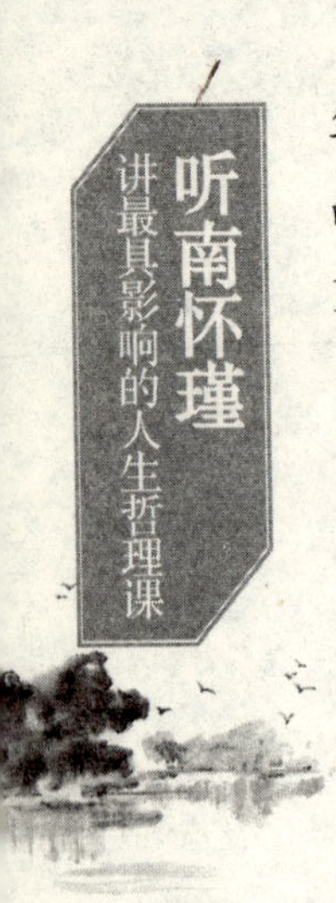

笔100万美元的捐款；寻找14笔50万美元的捐款；寻找28笔25万美元的捐款；寻找70笔10万美元的捐款；寻找100笔7万美元的捐款；寻找140笔5万美元的捐款；寻找280笔2.5万美元的捐款；寻找700笔1万美元的捐款；卖掉1万扇窗，每扇700美元。

40天后，牧师用水晶大教堂奇特而美妙的模型说服了一位富商，他捐出了第一笔100万美元。第50天，一对倾听了牧师演讲的农民夫妇，捐出了1000美元。70天时，一位被牧师孜孜以求的精神所感动的陌生人，在生日的当天寄给牧师一张100万美元的银行支票。6个月后，一名捐款者对牧师说："如果你的诚意与努力能筹到600万美元，剩下的100万美元由我来支付。"第二年，牧师以每扇500美元的价格请求美国人认购水晶大教堂的窗户，付款的办法为每月50美元，10个月分期付清。6个月内，一万多扇窗户全部售出。1980年9月，总造价为2000万美元的水晶大教堂竣工了，成为世界建筑史上最伟大的奇迹，而这一切是靠身无分文的牧师一点一点筹集资金建成的。

一个身无分文的牧师，却建成了价值2000万美元的水晶大教堂。这700万美元的巨款他并没有指望一个人一次捐齐。他让这笔钱有计划地分摊到了更多人的头上，再加上他出色的演讲才能，他办成了这件旁人认为不可能办成的事情。

从他筹资的过程中，我们看出了他每一步都做好了计划，他考虑了各种因素。他对富商不动之以情，也不晓之以理，而是利用他们的好奇，他把那个教堂描述得奇特而美妙，结果富商同意了。他跟农民夫妇演讲，则是他了解这些农民朋友的善良，在他激昂的演讲后，他们也被感动了。他以最微薄的资金，做范围最广泛的宣传，结果陌生人知道了。当越来越多的人知道的时候，他的目的也就达到了。

人一口吃不了一个胖子，成功也不是一蹴而就的。成功需要我们一步一步地走，需要我们一点一点地积累。把成功分成许多步骤，有计划地获得成功。

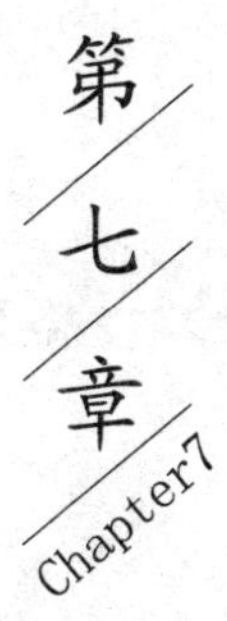

第七章 Chapter7

如何做个好的领导者

一个优秀的领导者应该具备什么样的品格？一个优秀的领导者又是如何搞好和下属的关系呢？借助南怀瑾先生的智慧，教你如何成为一个受人爱戴和尊敬的领导者。

不拘一格降人才

大师语录

正当大动乱如春秋战国时期，每个国家的诸侯，每个地区的领导者，随时随地都在网罗人才，启用贤士，作为争权夺利、称王称霸的资本。所以那个时候的"士之贤者"——有才能、有学识、有了不起本领的人，当然受人重视。"尚"，就是重视推崇的意思。"贤"，就是才、德、学三者兼备的通称。

点亮智慧

电影《天下无贼》里有一句台词是这样的，你知道 21 世纪最贵的是什么吗 ——人才！这句台词一时间红遍了大江南北。虽然这句话是以戏谑的口吻来说的，但是仔细想想，人才无论对一个国家还是对一个企业，确实是很重要的。龚自珍在《己亥杂诗》中说："我劝天公重抖擞，不拘一格降人才。"可见，国家振兴，企业发展，到了哪里都离不开人才。

企业的发展，人才是关键。因为人才本身具有较高的文化素质，也具有行业领域的专业知识。他们可以为企业的发展带来一股新鲜的空气，带来一些新鲜的智慧。而这些新鲜的东西恰是企业的发展所需要的。作为企业的领导者，对于人才的重要性心知肚明，所以他们开出各种优惠的条件来吸引人才。

有一次，福特公司的一台马达坏了，公司出动所有的工程技术人员，但是没有一个人能修复，福特公司只得另请高明。几经寻找，找到了坦因曼思，他原是德国工程技术人员，流落到美国后，被一家小工厂的老板看中并雇佣了他。

他到了现场后，在马达旁听了听，要了把梯子，一会儿爬上一会爬下，最后在马达的一个部位用粉笔画一道线，写上几个字“这儿的线圈多了 16 圈”。果然把多余的线圈去掉，马达立即恢复了正常。

亨利·福特非常赏识坦因曼思的才华，就邀请他来福特公司工作，但坦因曼思却说：“我现在的公司对我很好，我不能忘恩负义。”

福特马上说：“我把你供职的公司买下来，你就可以来工作了。”

福特为了得到一个人才不惜买下一个公司。

人才的重要性是不言而喻的。正是由于福特公司的“爱才”，所以造就了今天如此规模宏大的汽车公司。同样，人才对于国家的发展也是至关重要的。当今时代，国家和国家的竞争已经不再是武力的那种硬实力的竞争，而是那种国家综合实力的竞争。综合实力包括硬实力和软实力，软实力的竞争一个重要的方面就是人才的竞争。其实对于人才的重视自古以来就有，只是今天更甚。

既然人才如此地重要，我们要怎样来选拔人才呢？龚自珍不是说要不拘一格降人才吗？选拔人才需要大智慧、大眼光，需要有理性的头脑，需要任人唯贤，不可任人唯亲。人才没有固定的模样，他们或许现在生活很好，或许现在生活还有困难，但是人才毕竟是人才，是人才就要挖掘。

孟子在齐国十分不得志，于是打算离开这里。在临走之际，他对齐宣王说：“王无亲臣矣。”即“大王您没有值得信任的臣子了”，因为“昔者进贤，今日不知其亡也”。过去有人推荐了人才给您，但是都不得重用，最后都悄悄离开了。齐宣王于是问他如何取才。孟子回答他说：“国君进贤，如不得已，将使卑逾尊，疏逾戚。”意思是说，如果您真遇到贤才的话，就不要拘泥于成规，应该越级提拔，使得人尽其才。

南怀瑾先生对中国古代历来的人才选拔进行了分析，认为每一个朝代稳定之后，在人才选拔上都会出现世臣巨族门第之见。很难做到“拔识于稠人”，即从普通百姓中选才。为此，无数人才怀才不遇，国家的人力资源也遭受了重大损失。

战国时期，魏文侯是一位礼贤下士的国君，一次，他想提拔一位相

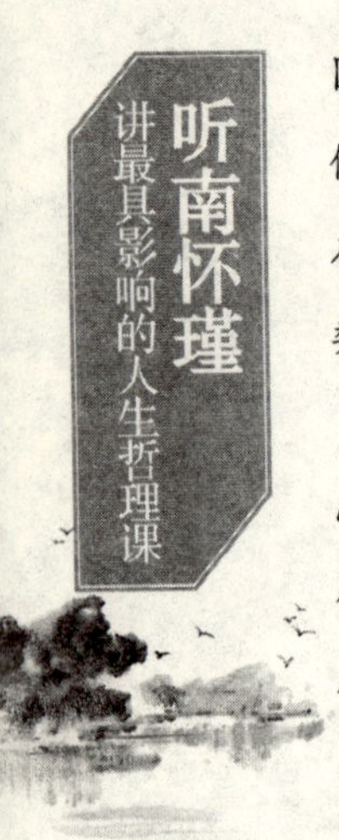

国，可是有两个合适的人选，让他难以抉择。于是他找来谋士李克，对他说：“有句谚语说‘家贫思良妻，国乱思良将’，现在我们魏国正是处在‘国乱’这个状态，我迫切需要一位有本事又贤良的相国来辅佐我。魏成子和翟璜这两个人都不错，我该怎样取舍呢？”

李克听后，并没有直接回答魏文侯的话，却说：“大王，您下不了决心，是因为您平时对他们的考察不够。”魏文侯急忙问：“怎样考察？有何标准吗？”李克说：“当然有，我认为考察一个人的标准应该是：一看他平时亲近些什么人，从他亲近的人的品质可以看出他的为人；二看他富裕了和什么人做朋友，如果富裕了就摒弃以前穷时结交的朋友，或者巴结富贵人，那此人就不可取；三看他当官了推荐什么人，只有真心为您效力的人，才会为您推荐天下最贤良的人；四看他不做官了，不屑于做哪些事情，如果他不做官了，却还摆做官的架子，接受别人的馈赠，像当官时一样威风，那他就不是一个忠心的人；五看他贫穷了哪些钱他不屑于拿，如果他贫穷了就去拿讨来的钱或者偷窃来的钱，那他就不是一个贤德的人。只要您按照这五个标准去衡量他们，就可以做出决定了。”魏文侯听后点头称是。

李克出来后遇见了翟璜，翟璜问道：“听说魏文侯找你商量谁做相国的事情，不知结果如何？”李克说：“结果已定，魏成子为相国。”翟璜气不过，愤愤地说：“我哪里不如魏成子？大王缺西河太守，我把西门豹推荐给他；大王要攻打中山这个地方，我就推荐了乐羊；大王的儿子没有师傅，我就推荐了屈侯鲋，结果是：西河大治，中山攻克，王世子品德日增，我为什么不能做相国呢？”李克说：“你怎么能比得上魏成子呢？魏成子的俸禄，百分之九十都用来罗致人才，所以子夏、田子方、段干木三人都从国外应募而来。他把这三个人推荐给大王，大王以师礼相待。而你所推荐的人，不过是魏文侯的臣仆，你怎么能和魏成子相比呢？”翟璜沉默了一会儿，无奈地说：“你是对的，我的确比不上魏成子。”果然，魏文侯让魏成子做了相国。

选择人才是一件重要的事情，也许你选择的不过几个人，但是这几个人却可以成为一个国家，一个企业前进的动力。选择人才就要扩大人才选拔的范围，就要不拘一格降人才。

信任别人

大师语录

儒家宽可以得众，而“信则民任焉”，上面领导的人言而有信，老百姓就完全信任你。“敏则有功”，敏捷聪明，就可建功业。“公则说”，凡事公正、公平，则大家心悦诚服。

点亮智慧

信任问题是很多领导者都会遇到的问题，这里要说两个方面的信任，那就是领导应该信任自己的部下，还有就是无论是不是领导都应该取信于人。

在平时工作中，上司和下属之间很容易形成隔阂，产生误解。一个有谋略的领导，常常能以巧妙的方法，显示自己用人不疑的气度，使得疑人不自疑，而会更加忠心地效忠于自己。俗话说“疑人不用，用人不疑”，讲的就是这个道理。

冯异是刘秀手下的一员战将，他不仅英勇善战，而且忠心耿耿，品德高尚。当刘秀转战河北时，屡遭困厄，一次行军在饶阳滹沱河一带，矢尽粮绝，饥寒交迫，是冯异送上仅有的豆粥麦饭，才使刘秀摆脱困境。后来还是他首先建议刘秀称帝的。他治军有方，为人谦逊，每当诸位将领相聚，各自夸耀功劳时，他总是一人独避大树之下。因此，人们称他为“大树将军”。

冯异长期转战于河北、关中，甚得民心，成为刘秀政权的西北屏障。这自然引起了同僚的妒忌。一个名叫宋嵩的使臣，四次上书，诋毁冯异，

说他控制关中，擅杀官吏，威权至重，百姓归心，都称他为“成阳王”。

冯异对自己久握兵权，远离朝廷，也不大自安，担心被刘秀猜忌，于是一再上书，请求回到洛阳。刘秀对冯异的确也不大放心，可西北地区却又少不了冯异这样一个人。为了解除冯异的顾虑，刘秀便把宋嵩告发的密信送给冯异。这一招的确高明，既可解释为对冯异深信不疑，又暗示了朝廷早有戒备。恩威并用，使冯异连忙上书自陈忠心。刘秀这才回书道：“将军之于我，从公义讲是君臣，从私恩上讲如父子，我还会对你猜忌吗？你又何必担心呢？”

冯异能够自保，与他自己的行事方法有关。但是刘秀能做到这样，也实属不易。正因为他对冯异能给予一定程度的信任，而不是担惊受怕，怕夺了他刘秀的权力，所以冯异能够一而再、再而三地为他卖命是有道理的。

不怀疑自己的部下，不怀疑自己所选择的人，给他们自己办事的权利，这对每一个不放心自己部下办事的人来说是很难的。但是当你一旦把这种对于部下的信任传递给部下的时候，你的部下会因为你的信任而感激你，自然而然也就会想尽一切办法把事情办得圆满，而作为上级领导也会借此可以和你的部下拉近关系。

同样，信任也存在于人和人之间。对别人讲信誉，人们就会很相信你，就会把重要的事情交给你办，久而久之，你获得成功的机会就会比那些不讲信誉的人多出很多。

1835 年，摩根先生成为一家名叫“伊特纳火灾”的小保险公司的股东，因为这家公司不用马上拿出现金，只需在股东名册上签上名字就可成为股东。这正符合当时摩根先生没有现金却想获得收益的情况。

很快，有一家在伊特纳火灾险公司投保的客户发生了火灾。按照规定，如果完全付清赔偿金，保险公司就会破产。股东们一个个惊慌失措，纷纷要求退股。

摩根先生斟酌再三，认为自己的信誉比金钱更重要，他四处筹款并卖掉了自己的住房，低价收购了所有要求退股的股份，然后他将赔偿金如数付给了投保的客户。

一时间，伊特纳火灾保险公司声名鹊起。

已经身无分文的摩根先生成为保险公司的所有者，但保险公司已经濒临破产。无奈之中他打出广告，凡是再到伊特纳火灾保险公司投保的客户，保险金一律加倍收取。

不料客户很快蜂拥而至。原来在很多人的心目中，伊特纳公司是最讲信誉的保险公司，这一点使它比许多有名的大保险公司更受欢迎。伊特纳火灾保险公司从此崛起。

许多年后，摩根主宰了美国华尔街金融帝国。而当年的摩根先生，正是他的祖父，是美国亿万富翁摩根家族的创始人。

成就摩根家庭的并不仅仅是一场火灾，而是比金钱更有价值的信誉，还有什么比让别人都信任你更宝贵的呢?

答应了别人的事就应该尽自己的努力去办。做一个信任别人也让别人信任你的人。人们忘记那些你曾经答应了也做到的事，但是却会记住那些你曾经答应了却做不到的事，因此，人们在答应别人之前应该想清楚再做决定，否则就会失去别人对你的信任。

有一天，曾参的妻子要到集市上去，小儿子哭闹着要跟着去。曾妻戏哄儿子说：“好乖乖，你别哭，你在家里等着，妈妈回来杀猪炒肉给你吃。”儿子听说有肉吃，便答应不随母亲去了。

曾参的妻子从街上回来，只见曾参拿着绳子在捆猪，旁边还放着一把雪亮的尖刀，正在准备杀猪呢！曾参的妻子一见就慌了，赶快制止曾参说：“我刚才是同孩子说着玩的，并不是真的要杀猪呀！你怎么当真了?”曾参语重心长地对妻子说：“你要知道孩子是欺骗不得的。孩子小，什么都不懂，只会学父母的样子，听父母的教训。今天你要是这样欺骗了孩子，就等于教他说假话和骗别人。再说，今天你要这样欺骗孩子，孩子觉得母亲的话不可靠，以后你再讲什么话，他就不会相信了，对孩子进行教育也就困难了。你说这猪该不该杀呀?”

曾妻听了丈夫的一席话，后悔自己不该和孩子开玩笑，更不该欺骗

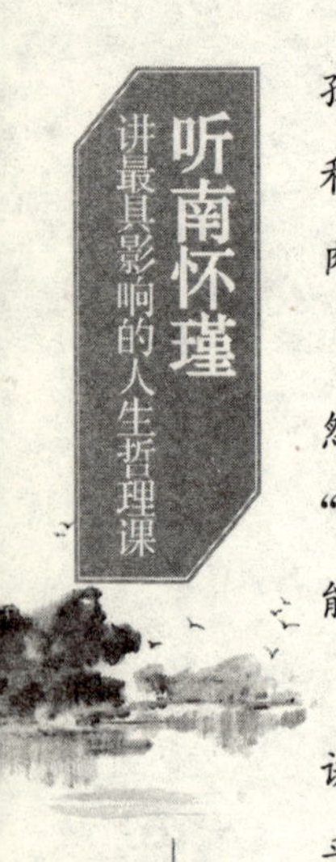

孩子。既然答应杀猪给孩子吃肉，就该说到做到，取信于孩子。于是她和丈夫一起动手磨刀杀猪，为孩子烧了一锅香喷喷的猪肉。儿子一边吃肉，一边向父母投去了信任和感激的目光。

父母的言行直接感染了孩子。一天晚上，曾子的小儿子刚睡下又突然起来，从枕头下拿起一把竹简向外跑。曾子问他去干什么？孩子说："这是我从朋友那里借来的书简，说好了，今天还，再晚也要还人家，不能言而无信啊！"曾子笑着把儿子送出了门。

曾子不但主张教育孩子要说话算话，而且主张在与朋友交往时更要讲究信用。他说过："吾日三省吾身：为人谋而不忠乎？与朋友交而无信乎？传不习乎？"意思是："我每天再三反省自己，替别人出主意办事情，有没有不忠诚的地方呢？与朋友交往时，有没有不守信用的时候？师长的传授有没有复习？"曾子是一个对自己要求相当严格的人，他尤其重视自己的道德修养。他所说的"吾日三省吾身"，千百年来，已成为中国广大知识分子的修身格言。

无独有偶，在中国古代历史上采用"言而有信"这一教育方法的还有孟轲的母亲。相传，孟子很小的时候，一天他看到邻家杀猪，就问母亲："邻家杀猪是做什么用的？"孟母回答说："是给你吃的呀！"她的话脱口而出，原是同儿子说着玩的，但转而一思索，又感到非常后悔。儿子刚刚懂事，如果自己说的话是假的，那就等于是在欺骗孩子，教孩子不讲信用。她想，决不能让自己的话变成戏言诳语。于是孟母真的去邻家买来猪肉，烧给儿子吃，表明自己讲的不是假话。这就是史书上记载的那个有名的"买肉明不欺子"的故事，是很能发人深省的。

说过的话就一定要兑现，答应了的事情就该尽力去做，这样的人才会被人信赖。

信任是需要培养的。因此可以说，要首先做一个诚实守信的人，才能做好一个能够信任别人的领导者。

得道多助

大师语录

“己所不欲，勿施于人。”自己所不愿意的事情，也不要强加于人。我们一般人，大概都是这样：自己不愿意的，都推给人家，这是普通人的心理，人之常情，没有什么大错。不过假使我们要行“仁”道，扩充于为政之间，处人处事之际，那就不同了。你自己不愿意的，就要想到别人也不愿意。怎样使得人、事至于平和，就要“己所不欲，勿施于人”……后世提到孔子教学的精神，每每说儒家忠恕之道。后人研究它所包含的内容，恕道就是推己及人，替自己想也替人家想。

点亮智慧

古人都说“得道者多助，失道者寡助”。主要讲的是国君应该施行仁政，这样人民才能拥护你，国君的位子才能做到长久。放到领导者应该具有的素质这一栏，作为一个领导者，即使身居高位，仍然应该多替手下的人想想。这样才能体会部下的疾苦，才会对你的部下多一些了解。理解是相互的，你若理解别人，别人也会试着去理解你，这样就会构成和谐的上下级关系。况且，每个人的运势都是有生而衰的，都不可能风光无限。

作为领导者居上位时，一定要谦虚，切不可仗势欺人，人生总是盛极而衰的，一个人不可能永远风光无限，繁华过后总会凋零。对于真正悟透人生的仁者来说，谦卑才是应有的心态，而以恭敬心去尊重和对待每一个人，则是他们的特征。

在林肯的故居里，挂着他的两张画像，一张有胡子，一张没有胡子。在画像旁边贴着一张纸，上面歪歪扭扭地写着：

亲爱的先生：

我是一个11岁的小女孩，非常希望您能当选美国总统，因此请您不要见怪我给您这样一位伟人写这封信。

如果您有一个和我一样的女儿，就请您代我向她问好。要是您不能给我回信，就请她给我写吧。我有4个哥哥，他们中有两人已决定投您的票。如果您能把胡子留起来，我就能让另外两个哥哥也选您。您的脸太瘦了，如果留起胡子就会更好看。

所有女人都喜欢胡子，那时她们也会让她们的丈夫投您的票。这样，您一定会当选总统。

格雷西

1860年10月15日

在收到小格雷西的信后，林肯立即回了一封信。

我亲爱的小妹妹：

收到你15日的来信，非常高兴。我很难过，因为我没有女儿。我有三个儿子，一个17岁，一个9岁，一个7岁。我的家庭就是由他们和他们的妈妈组成的。关于胡子，我从来没有留过，如果我从现在起留胡子，你认为人们会不会觉得有点可笑？

忠实地祝愿你

亚·林肯

一年后，当选的林肯在前往白宫就职途中，特地在小女孩的家乡小城韦斯特菲尔德车站停了下来。他对欢迎的人群说："这里有我的一个小朋友，我的胡子就是为她留的。如果她在这儿，我要和她谈谈。她叫格雷西。"这时，小格雷西跑到林肯面前，林肯把她抱了起来，亲吻她的面颊。小格雷西高兴地抚摸他又浓又密的胡子。林肯对她笑着说："你看，我让它为你长出来了。"

原来林肯的胡子是为一个小女孩儿而留。而这个女孩儿，他一开始并不认识。有人说，林肯是为了拉两张选票所以才留起胡子的。其实对于一场大选，两张选票能起的作用很微小。即便换位思考，如果你接到

类似的信，多数人还是会一笑了之，觉得一个 11 岁的孩子不值得重视。可是林肯不但阅读了这封信，还认真地写了回信，并真的蓄起了胡子。在人之上要以人为人，林肯做到了这点，这也许就是他让人们拥护和爱戴的原因。

独乐乐哪如众乐乐来得长远？能够为别人着想的人，才会受到人们的爱戴，才能在高位上做得久。自古以来无论是王宫贵胄还是贩夫走卒，凡是能够推己及人的人，都会受到人们的尊敬。

西汉初年，由于经过连年战争，生产遭到很大破坏，到处是一片萧条景象。汉高祖刘邦针对这种情况采取了很多措施，其中重要的一条即从刑罚方面放松对百姓的统治。早在西汉建立之前，当刘邦率军进入咸阳后，他采纳了樊哙、张良的建议，封闭秦朝的珍宝府库，宣布废除秦的苛法，与关中父老“约法三章”：“杀人者死，伤人及盗抵罪。”让秦的一些地方官留任原职，以维持社会秩序。这些措施，尤其是废除秦的苛法，得到关中百姓的一致拥护，具有稳定社会秩序的积极作用。结果，秦人大喜，争持牛羊酒食，慰劳刘邦的军队，唯恐刘邦不为秦王。西汉建立之后，刘邦下令释放奴婢，对于罪犯，除死罪外一律赦免。获得人身自由的人均投身到生产中去，对当时经济的恢复与发展起了很大作用。后来刘邦又令萧何根据《秦律》制定《汉律》，废除了秦律夷三族及连坐法。刘邦这些减免刑罚的措施，给百姓一定的自由，使百姓乐于遵守当时的法律，稳定了社会秩序，推动了社会的发展。

西汉时期在废除苛法严刑方面表现最为突出的当属汉文帝。汉文帝曾多次下令减轻刑罚，用徒刑和笞刑代替黥（脸上刺字）、劓（割去鼻子）、斩左足等肉刑。这是刑罚制度本身的一种进步。据载，文帝即位不久就召集大臣商量废除连坐法令。文帝说：“法者，治之正也，所以禁暴而率善人也。今犯法已论，而使毋罪之父母、妻、子同产坐之，及为收帑，朕甚不取。其议之。”许多大臣都认为百姓不能自我约束，连坐法则可使他们警醒自心，重视违法之事，还是不废除的好。文帝说：“朕闻法正则民悫，罪当则民从。且夫牧民而导之善者，吏也。其既不能导，又

以不正之法罪之，是反害于民为暴者也。何以禁之?”经过一番辩驳，在文帝的坚持下，终于废除了连坐法令。

文帝十三年，齐国（汉代封国）的太仓令淳于意有罪，朝廷下诏将他逮捕并押解长安治罪。淳于意的小女儿缇萦随父进京，上书文帝说:“妾父为吏，齐中皆称其廉平，今坐法当刑。妾伤夫死者不可复生，刑者不可复属，虽复欲改过自新，其道无由也。妾愿没人为官婢，赎父刑罪，使得自新。”文帝看后颇受感动，便下诏说：“今法有肉刑三（黥刑、劓刑、膑刑），而奸不止，其咎安在？非乃朕德薄而教不明欤？吾甚自愧。故夫驯道不纯而愚民陷焉。《诗》曰：‘恺悌君子，民之父母。’今人有过，教未施而刑加焉，或欲改行为善而道毋由也。朕甚怜之。夫刑至断肢体，刻肌肤，终身不息，何其楚痛而不德也，岂称为民父母之意哉！其除肉刑。”废除部分残酷肉刑，在当时是一大社会进步。在文帝统治时期，许多官吏断狱从轻，不求细若，以致有“刑轻于它时而犯法者寡”、“断狱数百，几致刑措”之说。这与秦时“断狱岁以千万数”的惨景形成鲜明的对比。

除了减轻刑罚以表明宽厚待民之心外，名君治国都能秉着“民为邦本”、“敬德保民”的思想实行廉政的措施，以促进社会的稳定和发展。

汉文帝刘恒所实行的一些廉明措施，较为突出地表现了一个贤明皇帝的爱民之心。前元二年，汉文帝接受谋士贾谊的意见，号召百姓多生产粮食。他说:“农，天下之本，其开籍田，朕亲率耕，以给宗庙粢盛。”他按照古代的传统，在一年之初春耕前亲自下田耕种，来作为天下的表率。前元十二年，文帝再次下诏劝农，并对一些玩忽职守、劝农不力的地方官员大加斥责。他说：“导民之路，在于务本。朕亲率天下农，十年于今，而野不加辟，岁一不登，民有饥色，是从事焉尚寡，而吏未加务也。吾诏书数下，岁劝民种树，而功未兴，是吏奉吾诏不勤，而劝民不明也。且吾农民甚苦，而吏莫之省，将何以劝焉?”为了使耕种顺利进行，当农民缺少五谷种子或者没有口粮时，文帝便下令由各县借给他们，并让各地官员下乡进行农贷。种种措施实行后，粮食产量逐年增加，西

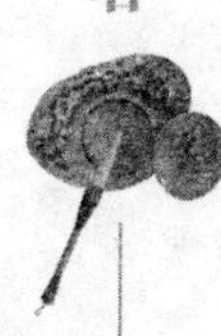

汉日趋强盛。

在重视农业生产的同时，汉文帝还一再下诏减轻百姓的负担。前元二年，责令各级官吏尽量减少百姓的赋税徭役，并下诏免除天下田租之半。第二年，又下诏免除晋阳和中都百姓三年的赋税。前元十二年，又规定只收当年租税的一半。翌年，再次下诏“除田之租税”，在以后长达12年中不收田赋，直到景帝元年。这在整个封建社会中也是极其罕见的。在多次减免土地税的同时，汉文帝还经常减免人头税。在他统治时期，百姓的徭役负担也比较轻，由原来的成年男子一年服役一次变为三年一次。所以汉文帝在位时，政治比较清廉，社会相对稳定，人民能够安居乐业，为中国封建社会的第一个盛世“文景之治”创造了良好的开端。

汉武帝刘彻继位之后，接受儒生董仲舒所提出的“薄赋敛，省徭役，以宽民力”、“限民名田”以“塞并兼之路”的建议，防止贫富过分悬殊，避免出现“富者连阡陌，贫者无立锥之地”的现象。然而，被班固誉为“雄才大略”的汉武帝，由于急功近利，好大喜功，经常连年发动战争，造成人力、物力的极大浪费。汉武帝也认识到了这一点，于征和三年六月发出了一份悔过的诏书，为自己过去政策的失误向百姓表示忏悔，这就是历史上有名的“轮台之诏”。大体内容是：前此曾有人请求按人口加赋三十钱作为边用，这实际上是加重老弱孤独者的困苦；现在又请增兵屯田于轮台，更是“扰劳天下”的行为；今后的政策应当“务在禁苛暴，止擅赋，力本农，修马复令”。“轮台悔过”是汉武帝一生政策的转折，他从此开始痛改前非，“思养富民”。在此之后，武帝在自己多次讲话和诏令中又逐渐检讨了自己的过错。次年的三月，武帝在今山东广饶县看到农民在辛勤劳作，不禁想起自己对不住百姓的地方，于是一边亲自拿着农具到田里参加劳动，一边说：“朕即位以来，所为狂悖，使天下百姓愁苦，不可追悔。自今事有伤害百姓、靡费天下者，悉罢之！”能够做到知错便改确实难能可贵。正是由于汉武帝后期的爱民政策，西汉社会才又趋向安定。

东汉初期，由于全国经历了长期战乱和随之而来的饥荒疫疾，生产

遭到严重破坏，人口锐减，社会经济凋敝。针对这种状况，光武帝实行了一系列爱民措施以恢复生产，安定社会秩序。光武帝在统一全国的过程中就前后颁布了六次解放奴隶、三次禁止虐杀奴隶的诏令。当他在河北站稳脚跟后，就利用战争间隙组织军队屯垦，以保证战争的供给，减轻百姓的负担。屯田成功后，他又下令减轻田赋，在很短的时间内恢复了西汉时期的三十税一。这样，改善了农民处境，减少了农民因破产而沦为奴婢的数量。光武帝还根据实际情况，大规模精兵简政，遣散地方军队，以节省开支。这对减轻人民的兵役、徭役和赋税负担是十分有利的。光武帝又恢复了西汉赈济灾贫和抚慰鳏寡孤独疾高者的规定，发放救济粮，以便减少"不能自存者"卖身为奴。光武帝的一系列措施对恢复残破的社会经济，使百姓稳定地生活，确实起了很大作用。

作为领导者，想人民之所想，急人民之所急，人民才会跟你走，所以才会出现一个盛世。不管是作为国家的领导者，还是作为企业的领导者，想别人之所想，好好对待部下，部下才会团结一致，大家才会和谐共处。

宰相肚里能撑船

大师语录

"俨若思"，俨是形容词，非常自尊自重，非常严正、恭敬地管理自己。胸襟气度包罗万物，人格宽容博大，能够原谅一切，包容万汇，便是"伊兮其若容"雍容庄重的神态。这是讲有道者所当具有的生活态度，等于是修道人的戒律，一个可贵的生活准则。

点亮智慧

世界上没有完全相同的两片树叶，也没有两个完全相同的人。我们之所以能够成为每个自己，就是因为我们每个人和每个人是不同的。人才就如同千里马一样。千里马总是孤高的、挑食的，如果只是将它当做普通的马在马厩间喂养使用，碍眼憎恨它的与众不同，千里马便只能是劣马，人才也只能是庸才，这是人才和上位者共同的不幸。但凡真正的大人物，都有相对广阔的胸襟，肚里撑船，才能人才济济。斤斤计较之辈，一般难有太大的出息。

人才永远都是最重要的，无论在什么时代。优秀的领导者总有一种对人才极度的渴望，曹操在诗中所说："青青子衿，悠悠我心。但为君故，沉吟至今。"人才难得，所以很多政治家对冒犯自己的人才往往能既往不咎，收为己用。这也是他们能成就霸业的关键。

齐桓公即位后，即发令要杀公子纠，并把管仲送回齐国治罪。因为管仲做公子纠的师傅时，想用箭射死齐桓公，结果齐桓公假死逃过一劫。管仲被关在囚车里送到齐国，鲍叔牙立即向齐桓公推荐管仲。齐桓公气愤地说："管仲拿箭射我，要我的命，我还能用他吗？我恨不得杀之而后快！"鲍叔牙说："以前他是公子纠的师傅，所以他用箭射您，这不正好体现了他对公子纠的忠心吗？而且要是论起本领来，他比我强多了。主公如果要干一番大事业，我看管仲可是个用得着的人。"

齐桓公也是个豁达大度的人，听了鲍叔牙的话，不但不治管仲的罪，还立刻任命他为相，让他管理国政。管仲帮着齐桓公整顿内政，开发富源，大开铁矿，多制农具，后来齐国越来越富强了。

齐桓公确实是一个有胸襟的人，既往不咎，原谅了管仲的冒犯。管仲确有大才，所以才能让齐国变得越来越富强。如果作为一个领导者，对于别人的错误斤斤计较，那么不仅人才招不来，还会让更多的人才离你而去。因为心胸太狭隘的领导者看不得别人犯错，也看不得别人的缺点。世界上没有一个下属愿意为斤斤计较、小肚鸡肠、犯一点儿小错就抓住不放，甚至打击报复的领导者卖力的。

战国时期，楚庄王赏赐群臣饮酒，日暮时正当酒喝得酣畅之际，一阵狂风吹来，灯烛灭了。这时有一个人因垂涎于庄王美姬的美貌，加之

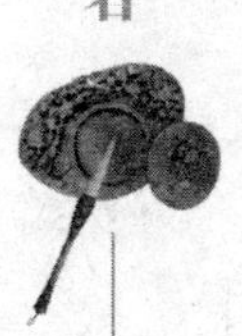

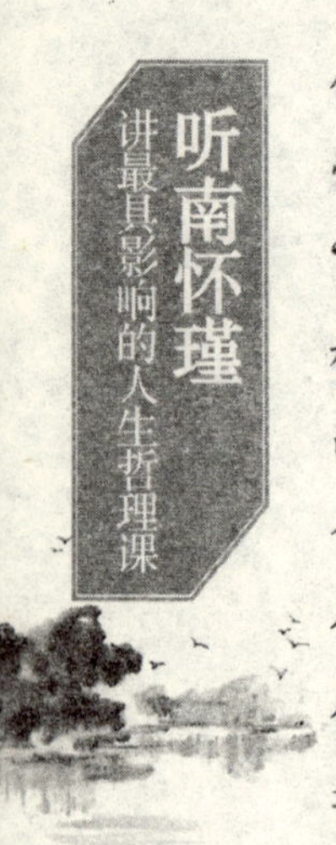

饮酒过多，难于自控，便乘黑暗混乱之机，抓住了美姬的衣袖。美姬一惊，左手奋力挣脱，右手趁势抓住了那人帽子上的系缨，并告诉庄王说："刚才烛灭，有人牵拉我的衣襟，我扯断了他头上的系缨，现在还拿着，赶快拿火来看看这个断缨的人。"庄王说："赏赐大家喝酒，让他们喝酒而失礼，这是我的过错，怎么能为显示女人的贞节而辱没人呢?"于是命令左右的人说："今天大家和我一起喝酒，如果不扯断系缨，说明他没有尽欢。"群臣一百多人都扯断了帽子上的系缨而热情高昂地饮酒，一直到尽欢而散。过了三年，楚国与晋国打仗，有一个臣子冲在前面，最后打退了敌人，取得了胜利。庄王感到惊奇，忍不住问他："我平时对你并没有特别的恩惠，你打仗时为何要这样卖力呢?"他回答说："我就是那天夜里被扯断了帽子上系缨的人。"

从这里，我们不仅看到了楚庄王的宽宏大度、远见卓识，也可以洞悉他驾驭部下的高超艺术。人性层面有感激之情，我们常说："滴水之恩，当涌泉相报"，就是这个道理。对别人的好，以后都会反馈回来的。楚庄王了解人性，因此他的部下都归顺于他，一时间震烁一方。按照南怀瑾先生的标准来看，算真正有胸襟的人了。

心胸宽广人的心就像大海。海纳百川，有容乃大。如果一个人的胸怀可以做到像大海那样宽广，他就能容下别人的缺点和错误，能容下那些有才华却个性高傲的人。作为一名领导者，终归到底领导的是人。而人都会有缺点，都会犯错误，抓住别人的错误不放的人，到头来自己犯了错别人也会这样对你。

领导者之所以能够成为领导者，就是因为他比其他的员工有着更高的智慧。而凡是可以做到领导者的人，都是懂得宰相肚里能撑船的人。

上下梁的关系

大师语录

孔子讲到为政的道理，始终认为个人的修养非常重要，任何一种制度，到底还是人为的。领导人本身端正，就是一个良好政治的开端，用不着严厉的法令，社会风气自然会随着转化而归于端正。如果本身不正，仅以下达命令来要求别人，结果是没有用的。

点亮智慧

《论语》中指出："其身正，不令而行；其身不正，虽令不从。"领导者要想赢得下属的追随，就应当以身作则。作为领导者，确实需要牢记这一点。领导者的一举一动都会引起部下的注意，在这种情况下，如果能以适宜的态度或行动出现在部下面前，就会立刻影响到部下的士气，如此一来，组织就会更加牢固。

三国时的曹操曾被人称为"治国之能臣，乱世之奸雄"。古今褒贬不一，虽然其功过不定，任由后人评说，但他在治国治军方面深得将士尊重，因为他深谙管理之道，正人先正己，以身作则。

麦熟时节，曹操率领大军去打仗，沿途的百姓因害怕士兵，躲到村外，无人敢回家收割小麦。曹操得知后，立即派人挨家挨户告诉百姓和各处看守边境的官吏，他是奉旨出兵讨伐逆贼为民除害的，现在正是麦收时节，士兵如有践踏麦田的，立即斩首示众，以儆效尤。百姓心存疑虑，都躲在暗处观察曹操军队的行动。曹操的官兵在经过麦田时，都下马用手扶着麦秆，一个接着一个，相互传递着走过麦地，没有一个敢践踏麦子的，百姓看见了，无不称颂。

但是，曹操骑马经过麦田之时，忽然，田野里飞起一只鸟，坐骑受

惊，一下子蹿入麦地，踏坏了一片麦田。曹操为服众立即唤来随行官员，要求治自己践踏麦田之罪。官员说："怎么能给丞相治罪呢？"曹操言道："我亲口说的话都不遵守，还会有谁心甘情愿地遵守呢？一个不守信用的人，怎么能统领成千上万的士兵呢？"随即抽出腰间的佩剑要自刎，众人连忙拦阻。此时，大臣郭嘉走上前说："古书《春秋》上说，法不加于尊。丞相统领大军，重任在身，怎么能自杀呢？"

曹操沉思了好久说："既然古书《春秋》上有'法不加于尊'的说法，我又肩负着天子交付的重任，那就暂且免去一死吧。但是，我不能说话不算话，我犯了错误也应该受罚。"于是，他就用剑割断自己的头发说："那么，我就割掉头发代替我的头吧。"曹操又派人传令三军：丞相践踏麦田，本该斩首示众，因为肩负重任，所以割掉头发替罪。

古人云："身体发肤，受之父母。"曹操深知军纪的重要性，要想让士兵发自内心地重视军纪，他自己就要遵守军纪。曹操割发代首，士兵看在眼里，心里必定会想："丞相尚且如此，我等更应该严格遵守。"

领导者是下属仿效的对象，一个优秀的领导者应当以身作则，用自己的修养和思想影响身边的人，凡事自己起个好的带头作用，这样才能具有凝聚力，使下属自觉团结在自己周围。美国前副总统林伯特·汉弗莱说："我们不应该一个人前进，而要吸引别人跟我们一起前进，这个试验人人都必须做。"

中国有句俗话是："上梁不正下梁歪。"这句话本意是对孩子和父亲来说的。指的是做父亲的如果管不好自己，给孩子树立起不好的榜样，孩子就会效仿，最后也成为像自己父亲一样的人。其实不仅仅是父子之间，上下级之间也是一样，上行下效是一种风气。领导者凡事要以身作则，这样才能在下属面前树立起自己的威信，达到令行禁止的目的。

在这方面，唐太宗就是一个很好的榜样。他说过："身为国君必须先以人民的生活安定为念。压榨人民而自己却过着奢侈浪费的生活，无疑是割取自己腿上的肉吃一样，虽然吃饱了，但是身体也糟蹋了。倘若希望天下安泰，首先必须端正自己的姿态。迄今为止，尚未听说直立的身体却映出弯曲的影子，也没听说过端正的君主治理下的政治，百姓会胡作非为。”还说：“自取灭亡的原因不外乎是为政者为了满足自身的欲望罢了。吃山珍海味，又沉溺于歌舞笙华与美女之中，则欲望会越发膨胀，如此一来，不但无暇顾及政治，甚至会使人民陷于困苦的地狱之中。结果国君只要说出一点不合理的话，人民的心就马上起伏不定，谋反的人就会趁机作乱。有鉴于此，我极力压抑自己的欲望。”

魏征听后说：“自古以来被尊崇为圣人的君主都努力实践这件事，所以才能够开创理想的政治。从前楚庄王聘请詹何来询问政治的要义，詹何回答他，君主首先要端正自己的行为。楚庄王又问他具体的政策，但他的回答仍是，从未听过国君本身行得正而国家混乱的事情。陛下所说的，其实正和古代贤者的意思相同。”

唐太宗以这种态度来处理政事，率先努力端正自己的行为，虽然已经十分努力了，但他仍然怀疑自己是不是做得不够彻底。有一次，他向魏征表示这种不安：“我一直努力端正自己的行为，但是不管怎么努力，也及不上古代的圣人，因此不得不担心自己是否会受到世人嘲笑。”

魏征听后安慰他：“从前鲁哀公曾告诉孔子：有一个健忘的男子，在搬家的时候连自己的太太都给忘了。孔子听后回答说：‘不，还有更严重的呢。像桀和纣等暴君不要说自己的太太，甚至连自己都忘了呢。’陛下千万不要连这个都忘了，只要能时时留心自己本身，这样做至少不至于受到后世子孙的嘲笑。”

有一次，大臣们向唐太宗上奏：“自古以来有所谓‘夏之月可以居台榭’，在夏末可以住在高殿，现在夏天的酷暑仍未消退，秋季的长雨又将来临，宫中湿气太重，恐怕对陛下身体不太好。希望陛下马上建筑高殿。”

对皇帝来说，造一座宫殿简直如同家常便饭，但是唐太宗却婉言拒绝大臣们的好意：“诚如各位所知，朕患有神经痛，这种疾痛若长年处于湿气重的地方当然不好。但是造一座宫殿需要一笔数目庞大的费用，从前汉文帝打算营造宫殿时，发现需要的费用相当于十户普通人家的资产，

便打消了这个念头。虽然和汉文帝相比，我的德行是远远不及，但是使用的费用却要多得多，这不正是身为百姓父母的天子失职的地方吗？”大臣们再三要求，唐太宗仍旧执意不肯。由此可见，唐太宗对自己行为上的要求是非常严格的。

正人应该先正己。领导者能够率先做出表率，修正自己的行为，那么部下才会群起效法，端正自己的品格行为。

作为一个领导者，应该时刻注意自己的行为。领导者是一个团队的核心，领导者是一个团队的灵魂。如果领导者不严格要求自己，下属就会效仿，久而久之，整个团队就会精神涣散，再也团结不起来了。中国的军队都讲究延续老部队一种精神，这种精神其实就是最先的领导者留下的。而不论在一个企业还是在一个国家，作为领导者，就应该意识到自己身上的责任，就应该要严格要求自己。

在其位，谋其职

大师语录

一个知识分子，如果不是身居官职，最好不要随便谈论批评政事。真正的隐士更需要有如此的胸襟。

……

据我所知，文人更喜欢谈战争，开口就是应该打。他们可不知道打仗的难处，自己又没有打过仗，也不知道怎么打。等于有人在街上看到别人打架，自己在旁边吆喝着大声喊打，可是叫他自己来，只要一扬拳头，他就先跑了。这就是历代文人的谈战争。

点亮智慧

刘墉先生的《我不是教你诈 2》中讲到过一个故事：有一个秘书擅自

做了一个对的决定，为老板挽回了损失，没想到老板却分外生气，大发雷霆。秘书很是费解和不满，于是求另一个老板，将她调到该老板的部门去。结果呢，她被开除了。其实这个道理不难。不在其位，不谋其政。但是我们很多时候是看到这样的情况，在其位，不谋其政。

一次，齐宣王问孟子："不为者与不能者之形，何以异?"即两者之间有什么差异?孟子答曰："挟泰山以超北海，语人曰'我不能'，是诚不能也，为长者折枝，语人曰'我不能'，是不为也，非不能也。"意思是说，要人做背着泰山以超越北海的事情，如果他回答不能做到，那是真的不能，但是让他为长者折一段树枝，他如果说不能，那就是有这个能力而不去做了。

上面这个故事讲的是齐宣王在其位而没有谋其政。中国古代有"不在其位，不谋其政"的说法。但是这句话包含有四个方面，就是"不在其位，不谋其政"，开篇第一个小故事讲的是这个内容。"在其位，不谋其政"，这是那个齐宣王的故事。还有两个意思是"在其位，谋其政"和"不在其位，谋其政"。作为领导者必须深谙"在其位，谋其政"和"不在其位，不谋其政"的道理。

在其位就要谋其政。能提拔一个人作为领导者，就是希望你可以发挥更大的力量，给国家也好给企业也好带来更大的利益。如果你在其位而不谋其政，损害的是大家的利益，而且也干不出效益来。清代纪晓岚的《阅微草堂笔记》里记载了这样一个故事：

一位官员死了之后去见阎王，自称清廉，所到之处只饮一杯水，不收一分钱，自认无愧于心。不料，阎王却大声训斥道："不要钱即为好官，植木偶于堂，井水不饮，不更胜公乎?"官员辩解："某虽无功，亦无罪。"阎罗王又言："公一生处处求自全，某狱某狱，避嫌疑而不言，非负民乎?某事某事，畏烦重而不举，非负国乎?三载考绩之谓何?无功即有罪矣。"

这个故事对古代庸官刻画得入木三分。这种庸官就是"在其位，不谋其政"的代表。这样的官员的心态基本上就是"不求有功，只求无过"，

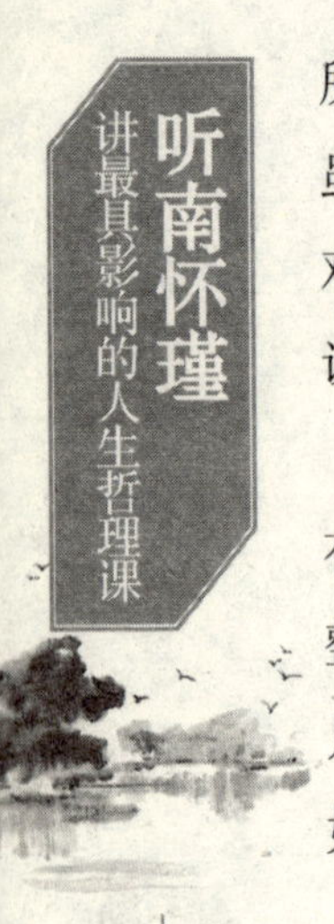

所以体现在行动上就是，办事拖拉、工作推诿、纪律涣散、政令不畅，虽然两袖清风，但却无所作为。这种“在其位，不谋其政”的人对社会、对人民、对企业都是有害的。他们不能想群众之所想、急群众之所急，误国误民。

还有一些领导者最容易犯的错误就是不在其位而谋其政。每个人都有自己的专长，每个人也都有自己的分工，只有把自己的事情做好了，整体才会变得很好。就像是一个机器，每个零件都有每个零件的作用，只要每个零件把自己的工作做好，机器就可以正常运转了。而一个零件如果想去干别的零件的工作，必然导致机器无法正常运转。

三国时期，“运筹帷幄之中，决胜千里之外”的诸葛亮身居丞相之位，兢兢业业，鞠躬尽瘁，事必躬亲，处理政务通宵达旦，极度辛劳，以致身体日渐消瘦。虽然诸葛亮乃旷世之才，可他的事必亲躬，已经超出主管政事的权限。长此以往，健康不仅受损，办事效率也会降低。这时，蜀国主簿杨仪“以家论国”，诚心劝谏诸葛亮，“处理政务有一定制度，上下不能超越权限而相互侵犯”。

杨仪是如此劝谏诸葛亮的，他说：“一家之中，主人负责持家，男仆负责种地，女仆负责做饭，鸡负责报晓，狗专门吠叫防盗，牛的任务是驮运货物，马专门在出远门时使用。只要职责明确，主人的需求也就可以满足了。可是突然有一天，主人要自己包揽所有家务，不再分派任务给其他人。于是，主人耗时耗力，弄得身疲力乏。究其原因，是他丢掉了当家做主的规矩。”诸葛亮听后，觉得非常有理，放权于别人，并不失为政之道理。因此他欣然采纳了杨仪的建议。

古人说：“坐而论道，谓之王公；作而行之，谓之士大夫。”为官者需要各司其职，各尽其能。清官也好，明君也罢，各个企业的领导也好，有了一个足以施展抱负的位子，那么就应该在位子上尽心尽力，将自己的本职工作做到最好。对于旁人来说，可以依据自己的理解提出意见和建议，但不应该在私下里议长论短，致使在职者无法开展工作。与此同时，一个人担任了某个职位，就必须要不断学习，以便自己能够胜任。

社会是一个大舞台，在这个舞台上每个人都有自己的角色。我们只要把自己的角色表演好就可以了。作为领导者，在其位就把自己的职责做好，这样既做好了本职工作，也赢得了别人的尊重和爱戴。

人生有时候就像一出戏：如果你想在自己的位置上扮演好自己的角色，首先应该把自己的剧本与戏路揣摩清楚；如果你想对别人的角色有所了解，也要深入了解之后再发表意见，不要仅凭表面的猜测去指手画脚。

敢于担当

大师语录

每个人自己做错了事，说错了话，自己晓得不晓得呢？绝对晓得，但是人类有个毛病，尤其不是真有修养的人，对这个毛病改不过来。这个毛病就是明明知道自己错了，第二秒钟就找出很多理由来，尤其是事业稍有成就的人，这个毛病一犯，是毫无办法的。所以过错一经发现后，就要勇于改过，才是真学问、真道德。

点亮智慧

在生活中面对自己的错误时，我们的第一反应往往是不肯承认。其实，犯错误并不可怕，可怕的是发现不了自己的错误，不能正确认识自己的错误，这常常会阻碍一个人的进步，更可能让人失去对你的信任。所以过错一经发现后，就要勇于改过，才是真学问、真道德。有真学问、真修养的人，绝不会推卸责任，这样的人才真正值得人敬服。

魏扶南大将军司马炎，命征南将军王昶、征东将军胡遵、镇南将军毋丘俭讨伐东吴，与东吴大将军诸葛恪对阵。毋丘俭和王昶听说东征军兵败，便各自逃走了。朝廷将惩罚诸将，司马炎说：“我不听公休之言，

以至于此，这是我的过错，诸将何罪之有？”

雍州刺史陈泰请示与并州诸将合力征讨胡人，雁门和新兴两地的将士，听说要远离妻儿去打胡人，都纷纷造反。司马炎又引咎自责说：“这是我的过错，非玄伯之责。”

老百姓听说大将军司马炎能勇于承担责任，敢于承认错误，莫不叹服，都想报效朝廷。司马炎引二败为己过，不但没有降低他的威望，反而得到了很大的提高。

领导也是人，是人就会犯错误。或许这个错误是属下犯的，但是作为领导者也应该平心静气地想想，自己在领导方面有没有什么过错呢？其实属下是害怕犯错误的，他们有时候很努力地去做一件事情，为的是能把事情好好完成，但是并不是所有的事情都会按照人的计划发展，难免会在做事的过程中出现错误。作为领导者，如果敢于承担属下所犯下的错误，必然会得到属下的感激，而在有事情交给他们去做的时候，他们必然是全力以赴。敢于承认自己的错误，不仅不会让别人小看你，反而能够提升你的威望。

春秋战国时期，秦穆公是秦国的一代仁义之君。他曾经为了向东扩张势力，派三员大将带兵偷袭郑国。由于郑国离秦国较远，当时秦国的谋士蹇叔劝秦王说：“长途奔涉，士兵们肯定在未到郑国时就已疲惫不堪，况且，浩浩荡荡大军去偷袭，郑国又怎能没有准备呢？”秦穆公不听蹇叔的意见，要坚决进攻郑国。蹇叔于是号啕大哭，因为他已料到秦国必败，而他的儿子正是三员出征大将之中的一个。

果然，郑国大商人弦高在途中遇到秦军，当他得知秦军要攻打郑国时，一面找人急速报于郑国，一面犒劳秦军，并对他们说：“你们三路大军奔波这么远，浩浩荡荡，影响那么大，郑国早有准备了，你们恐怕不可能偷袭成功。”

秦军三员大将一听就犹豫，弦高说得不错，以疲惫之师去攻打早有准备的郑国，肯定会损失惨重，于是，开始撤退。但是在归途中，却遭到晋军的偷袭，结果秦军全军覆没，三员大将也被俘虏了。

当秦国三员大将历经千险万阻，逃命回到秦国时，秦穆公披着孝衣，到郊外三十里迎接他们，哭着说："委屈你们了，这一切都是我的过错啊！我不该不听蹇叔的话，而坚决让你们进攻。你们哪有罪啊？"

秦穆公勇于承认自己的错误，正是一代仁君风范的表现。他这样做丝毫无损于他的威信，相反，却让他的将士们更加信服他，更加愿意为他效劳。

如果在下属犯了错误之后，不分青红皂白就大发雷霆，这样属下就更不敢正视问题，也不会感到内疚，还会可能会和领导闹情绪，如果是这样的话，领导就会失去一个原本可以成为得力助手的好下属。

所以，如果下属在工作中犯了错误，处于十分难堪的境地，受到大家的责难时，作为上司，就应该勇敢地站出来，主动承担责任，实事求是地为下属辩护。

苛刻待人，孤立自己

大师语录

我们人类的心理，有一个自然的要求，都是要求别人能够很圆满：要求朋友、部下或长官，都希望他没有缺点，样样都好。但是不要忘了，对方也是一个人，既然是人就有缺点。再从心理学上研究，这样希望别人好，是绝对的自私。因为所要求对方的圆满无缺点，是以自己的看法和需要为基础的。我认为对方的不对处，实际上只是因为违反了我的看法，根据自己的需要或行为产生的观念，才会觉得对方是不对的。

点亮智慧

世界上有很多的人追求完美，希望任何的事情都可以达到最为圆满的结果，所以就会有些人对自己、对别人严格要求。有的时候对别人的

要求太苛刻了，别人受不了，就离开了你，到头来，鼓励的只能是自己。

追求完满的心是没有错的，你也可以严格地要求自己，但是要知道“水至清则无鱼，人至察则无徒”的道理。每个人都有自己的个性，都有自己的习惯，不能按照自己的所想去改变别人。所谓“江山易改，本性难移”，你如果对别人要求太苛刻了，别人自然无法接受了。

每个人都有自己的处世原则和看事情的态度，但我们不能因此而特别地挑剔别人，也没有必要用那种苛刻的眼光来要求别人。

我们每个人只要能够遵守做人的原则，那么采取什么样的生活方式都无所谓。我们不可能要求别人在生活各个方面处处和自己一样，或是事事如己愿，这是极不现实的。如果能认清这个道理，人的心胸就会豁然开朗。

一个人有很多面，如果我们不喜欢他的这个方面就换一个角度，换一个角度去看他的另外的一个面，何必非要看那个我们不喜欢的一面呢?

一只鹦鹉与一只乌鸦一起被关在一个鸟笼里。鹦鹉觉得自己很委曲，竟和这么一个黑毛怪物关在一起。“多么黑、多么丑啊！多难看的样子，多呆板的面部表情啊！如果谁在早晨看它一眼，这一天都会倒霉的。再没有比和它在一起更令人讨厌的了。”

同样奇怪的是，乌鸦和鹦鹉在一起，也感到不愉快。乌鸦抱怨自己时乖命蹇，竟和这么一只令人难受的花毛家伙在一起，乌鸦感到伤心和压抑。“我的运气为什么如此糟糕？为什么我的命运之星总是抛弃我？为什么我总过这种倒霉日子？我要能和其他乌鸦一起坐在花园的墙头上，享受我们都有的东西，该有多快活啊！”

苛求别人的人往往忽略了个体的差异。古人说：“举大德，赦小过，无求备于一人之义也。”过分挑剔的人没人愿意亲近。因此我们要尊重个性差异，谅解、理解人性所共有的弱点、缺点。尤其是手中握有权柄之人，更应如此。如果成天对下属颐指气使，只能使自己变成孤家寡人，让自己的人际关系过分紧张。

苛求别人的人往往责人之心大于责己之心。俗语：“责人之心责己，恕己之心恕人。”这句话的意思是：批评别人时，应想想自己做得是否够好；宽恕自己的时候，也应想想对别人不能太苛刻，这也就是所谓的“将心比心”。如果能够多恕人，就会退一步海阔天空，给别人，也给自己一个机会。如果能够常责己，就会发觉有很多事并不像自己想象的那样，于是加以修正。如果一味地恕己责人，只会让自己不思进取，蛮横无理。

对别人苛刻的人往往不会换位思考，只顾了自己，不顾别人。其实只要多站在别人的角度上看看问题，多考虑考虑别人的想法，就不会太主观、偏颇，自然也不会一味地苛求别人，而且还能免去诸多误会。

与其苛刻地要求别人，不如改变一下评价别人成功的标准。通常情况下，人们爱用一件事是否做得成功来评价做这件事的人。如果做成功了，他就是成功者；反之则是失败者。用这样的标准去评价一个人，未免要求的标准太高了。

总之，凡事留有余地，不过分苛求，应当成为我们做人的信条。俗话说：“金无足赤，人无完人。”对别人宽容一些，别人也才会用宽容的心来对待我们。

你的智慧，借我用用

大师语录

天聪睿知的人，决不轻用自己的知能来处理天下大事，再明显地说，必须集思广益，博采众议，然后有所取裁。所谓知者恰如不知者相似，才能领导多方，完成大业。

点亮智慧

每一个人都成功其实都不能算作是自己的成功，每一个人的成功细

说起来应该是一群人的成功。

一个人，不管他的能耐有多大，他的智慧和才能都是有限的。唯有借助他人的能力和智慧，取长补短，为我所用，才能广采博集，发挥集体的智慧。特别是在全球化迅速发展的今天，更离不开他人的智慧和支持。成功不能只靠自己的强大。成功需依靠别人，只有帮助更多人成功，你自己才能更成功。

唐太宗是历史上的明君，在唐太宗统治时期，中国出现了贞观之治。但是这个成就的取得也不能是唐太宗一个人所为，而是由他和他的手下大臣一起取得的。

《贞观政要》记载着唐太宗李世民的用人之术。李世民说："明主之任人，如巧匠之制木。直者以为辕，曲者以为轮，长者以为栋梁，短者以为拱角，无曲直长短，各有所施。名主之任人也由是也。智者取其谋，愚者取其力，勇者取其威，怯者取其慎，无智愚勇怯兼而用之，故良将无弃才，明主无弃士。"李世民不仅是这样说的，也是这样做的。

在一次宴席上，唐太宗对王珐说："你善于鉴别人才，尤其善于评论。你不妨从房玄龄等人开始，都一一做些评论，评论一下他们的优缺点，同时和他们互相比较一下，你在哪些方面优秀。"

王珐回答说："孜孜不倦地办公，一心为国操劳，凡所知道的事没有不尽心尽力地去做，在这方面我比不上房玄龄；常常留心于向皇上直言进谏，认为皇上的能力、德行比不上尧舜，这方面我比不上魏征；文武全才，既可以在外带兵打仗做将军，又可以进入朝廷担任宰相，在这方面，我比不上李靖；向皇上报告国家公务，详细明了，宣布皇上的命令或者转达下属官员的汇报，能坚持做到公平公正，在这方面我不如温彦博；处理繁重的事务，解决难题，办事井井有条，这方面我也比不上戴胄；至于批评贪官污吏，表扬清正廉明，疾恶如仇，好善喜乐，这方面比起其他几位能人来说，我也有一技之长。"

唐太宗非常赞同他的话，而大臣们也认为王珐完全道出了他们的心声，连连点头称是。

从王珐的评论中可以看出在唐太宗的团队中，每个人各有所长，但更重要的是唐太宗能知人善用，使其能够发挥所长，进而让整个国家繁荣强盛。其实在用人大师的眼里，没有废人，正如武林高手，无需名贵宝剑，摘花飞叶即可伤人，关键看如何运用。

管理学大师德鲁克说过："人的长处，才是一种真正的机会。"大凡高明的领导者无不深明此意：要以人的长处运用为机会，善于识察人的长处，并能用得恰到好处，这样就能不失时机地赢得事业的成功。这也正是中国管理者们从古至今一直在学习汲取并不断实践的用人之道。

取人所长，用人所长，这样才能人尽其才，事情也才能做到最好。危急的时候，别人的智慧也能帮助你渡过难关。

孟尝君去秦国，被秦昭襄王软禁起来。

孟尝君打听到秦王身边有个宠爱的妃子，就托人向她求救。那个妃子叫人传话说："叫我跟大王说句话并不难，我只要你那件举世无双的银狐皮袍。"很不巧，孟尝君那件皮袍在刚来秦国时就献给了秦王，现在在秦王的内库里。孟尝君手下有个门客，擅长偷盗，当天夜里，这个门客就摸黑进王宫，找到了内库，把银狐皮袍偷了出来。孟尝君把狐皮袍子送给秦昭襄王的宠妃。那个妃子得了皮袍，就向秦昭襄王劝说把孟尝君放回去。秦昭襄王同意了，发下过关文书，让孟尝君他们离去。

孟尝君得到文书，怕秦王反悔，就带领门客急急忙忙地往函谷关跑去。到了关上，正赶上半夜里。依照秦国的规矩，每天早晨鸡鸣后才可打开城门。孟尝君手下有一个门客很会学鸡叫，且模仿得惟妙惟肖，让人分不出真假。于是，这个门客捏着鼻子学起公鸡叫来。一声跟着一声，附近的公鸡全都叫了起来。守关的人听到鸡叫，开了城门，验过过关文书，让孟尝君出了关。秦昭襄王果然后悔，派人赶到函谷关，可孟尝君已经走远了。

即使是鸡鸣狗盗之辈，也有用途。孟尝君倘若没有这些人的帮助，只怕要被囚禁终生了。唐代陆贽说过："若录长补短，则天下无不用之人；责短舍长，则天下无不弃之士。"唐代韩愈在《送张道士序》中也

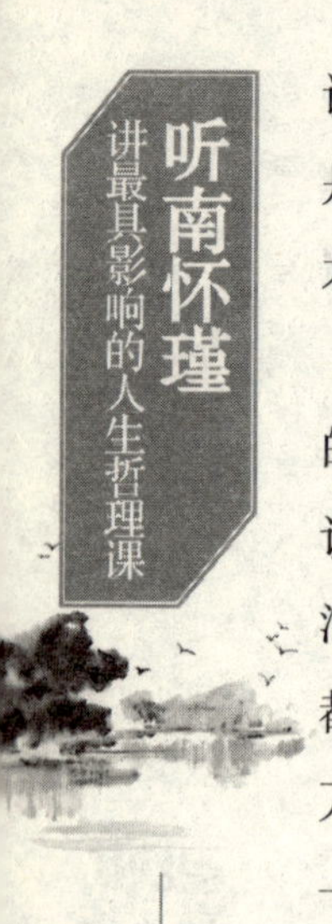

说："大匠无弃材，寻尺各有施。"用人也是如此。俗话说："人无弃才。"是人，就有他的用途。作为领导，关键在于知人善任。只有知人善任，才能人尽其才。知人善任是领导艺术，也是决定事情成败的关键所在。

牛顿说得好："如果说我看得远，那是因为我站在巨人的肩膀上。"的确，除了他的自身实践之外，如果没有前人创造的高等数学和力学知识，牛顿也是不能创立地心引力论的。一滴水只有放到大海里才不会干涸，一个人只有借用他人的力量才会更有所作为。因为任何成绩的取得，都是智慧的结晶。古人云，三人行，必有我师。浩瀚的大海是由千千万万滴水会聚而成的，集体的智慧和力量也是由个人聚集而成的，只有每一个人都发挥才智，集体才会有无穷的智慧和力量。借助别人的智慧解决和处理问题，往往能够收到事半功倍的效果。

上到帝王将相，下到贫民百姓，谁都需要借助他人的智慧。俗话说：一个好汉三个帮，一个篱笆三个桩。好汉也离不开帮手，篱笆要站稳，离不开几个桩。这样，平时有个三长两短，紧急偶然，也有几个说话的，帮衬的，遇事方能应付。这都是在讲利用他人之长，借用朋友之力。

一个人在社会中，如果没有朋友，没有他人的帮助，他的境况会十分糟糕。普通人如此，一个成就大事业的人更是如此。如果失去了他人的帮助，不能利用他人之力，任何事业都无从谈起。所以，当自己一个人做不来的时候，就去借别人的智慧用用吧。

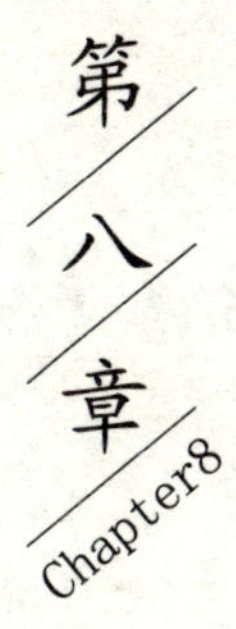

第八章 Chapter8

孝敬父母是儿女应做的

人生最大的痛苦莫过于“子欲养而亲不待”。父母是我们的第一任导师，是照亮我们人生路的灯塔。他们把自己所有的爱都给了自己的孩子，任凭世事变迁，任凭年华老去。作为儿女，我们最应该做的就是孝敬父母。

百善孝为先

大师语录

“孝”是什么呢？就是他们西方文化叫的“爱”，也就是回过来还报的爱。就是说父母好比两个朋友，照顾了你二十年，如今他们老了。动不得了，你回过来照顾他们，这就是孝。孝道的精神就在这里，假使一个人连这点感悟都没有，那是不行的。

………

点亮智慧

乌鸦小时候，都是由乌鸦妈妈辛辛苦苦地飞出去找食物，然后回来一口一口地喂给它吃。渐渐地，小乌鸦长大了，乌鸦妈妈也老了，飞不动了，不能再飞出去找食物了。这时，长大的乌鸦没有忘记妈妈的哺育之恩，也学着妈妈的样子，每天飞出去找食物，再回来喂妈妈，并且从不感到厌烦，直至乌鸦妈妈自然死亡。这就是乌鸦反哺。

孝道自古以来就是中华民族所提倡的。任何一个有感情的人，只要有一点点良心，就需要对父母的爱给予回报。因为父母的爱是无偿的，所以我们的“孝”，也就是爱的回报也应该是无偿的、天经地义的。孝是回报的爱。从每个人的出生到长大，到工作，再到结婚生子，我们的父母一直在为我们操心。父母用他们的爱来帮助我们成人，我们在父母年事已高的时候也应该尽我们的努力，让父母过得好一些。

我们孝敬父母，不仅仅是指物质上的孝敬，而更重要的是指精神上的孝敬。物质上的孝敬父母是很容易完成的。但是，实际上，我们的父母在上了年纪之后，最需要的不是我们物质上的回报，而是我们精神上的安慰。时时牵挂着父母，记得常回家看看，饭后给他们端杯热茶，阳

光灿烂的日子陪他们出门散散心和邻居聊聊天。这样父母就已经会很开心了。

父母老了，做儿女的就应该理解他们，拿出一些耐心来对父母。常言道：不听老人言，吃亏在眼前。你眼中的唠唠叨叨，其实都是父母为你好。当父母说话时忽然忘了主题，请给他们一点回想的时间，让他们想一想再说。父母吃饭时嘴漏，把饭菜与口水流在衣服上时，千万不要责怪他们，因为当初他们是那样手把手地喂你吃饭。当父母老了，就要和父母多交流。其实谈论什么并不重要，只要你能够在身旁听他们说下去，父母就已经很满足了。

随着父母年龄的逐渐增大，我们没有等待去孝敬的理由，而是应该积极主动地去孝敬老人。他们留给我们的时间其实并不多。他们为我们操劳一生，应该享受晚年儿女带给他们的欢乐。回报父母的爱，不需理由，不需等待。

如果一个人连他自己的亲生父母都不孝敬，你还会信任这个人吗？你还会相信他能爱谁呢？

“卫公子开方仕齐，十年不归，管仲以其不怀其亲，安能爱君，不可以为相。”卫国的一位名叫开方的贵族，在齐国做官，十年都没有请假回卫国。然而，管仲却把他开除了，理由是说开方在齐国做了十年的官，从来没有请假回去看看父母，像这样连自己父母都不爱的人，又怎么会爱自己的君主呢？怎么可以为相呢？

我国古代有一首《劝孝歌》，里面有两句话：“人不孝其亲，不如禽与兽。”语句直白而深刻，孝是一切道德和爱心的根源，是我们为人处世的根本，也是做人的基本要求。

我们要感谢自己的父母，正是因为他们无偿的爱把我们养育成人，教我们读书，把我们送上幸福生活的轨道。所以父母对儿女的恩情是天高地厚的。父母的一生过的是最不容易的，他们节衣缩食，让你吃最好的东西，上最好的学校，接受最好的教育。在你生病的时候，他们为你难过，为你哭泣，为你四处求医问药。当你读书成绩不好时，他们为你

的前途忧愁，四处奔波上下打点。在你刚刚参加工作工资很低的时候，他们还接济你，宽容你暂时的“啃老”。父母对孩子的爱甚至超过了他们对自己的爱，超过了你对自己的爱。试想，如果没有父母，能有你今天的幸福生活吗？

所以说，百善孝为先，父母为我们付出了太多，我们能做的却少之又少。孝敬父母是中华民族的传统美德，也是每个有君子品德之人所必备的品德。而那些不肯孝敬父母的人，谁敢和他们共事，谁又敢和他们结交呢？

行孝尽早，莫留遗憾

大师语录

孝道很简单，你只要想到当你病的时候，你的父母那种着急的程度，你就懂得孝了。以个人而言，所谓孝是对父母爱心的回报，你只要记得自己出了事情，父母那么着急，而以同样的心情对父母，就是孝。

点亮智慧

中国古诗云：“树欲静而风不止，子欲养而亲不待。”树原本想静下来，可是风却在不停地刮；子女想奉养父母，可双亲却已经不在人世。时间如流水，在我们每个人都忙着自己的工作、自己的学习、自己的生活的时候，时间就悄然溜走了。有很多人忙于自己的事情而忽略了父母，等到父母去世之后，才突然觉得，自己还没有向父母尽自己的孝道。行孝需趁早，子欲养而亲不待的痛苦，谁也无法说清，只能成为自己终身的遗憾。

不仅仅是中国文化，西方的文化也要求人们要爱自己的父母。要把自己对父母的爱说出来。人们总是害羞，不肯表达自己对父母的爱，不要等到父母过世，要对父母说的“我爱你”还没有说出口。

卡耐基在为成年人上的一堂人生课上，给他们出过一道家庭作业："在下周以前去找你所爱的人，告诉他们你爱他，而那些人必须是你从没对其说过这句话的人，或者是很久没听到你说这句话的人。"

下一堂课程开始前，卡耐基问他的学生们是否愿意把他们对别人说爱而发生的事和大家一同分享。一个中年男子从椅子上站起身，开始说话了："卡耐基先生，上礼拜你布置给我们这个家庭作业时，我对您非常不满，因为我并没感觉有什么人需要我对他说这些话。但当我开车回家时，一个念头一闪而过，自从6年前我的父亲和我争吵过后，我们就开始彼此躲避，除了在圣诞节或其他不得不见的家庭聚会之外，我们避而不见，即使见面也从不交谈。所以，回到家时，我告诉我自己，我要告诉父亲我爱他。在我做了这个决定后，忽然感到胸口上的重量一下子减轻了。第二天，我一大早就起床了，整晚都在想这件事。我很早就赶到办公室，两小时内做的事比从前一天做的还要多。9点钟时，我打电话给爸爸，问他我下班后是否可以回家去，因为我有些事想要告诉他。父亲以暴躁的声音回答：'又是什么事？'我跟他保证，不会花很长的时间，他同意了。下午5点半，我到了父母家，按门铃，祈祷爸爸会出来开门，如果是妈妈来开门，我恐怕会丧失告白的勇气。但幸运的是，爸爸打开了门。我没有浪费一点时间，踏进门就说：'爸，我只是来告诉你，我爱你。'父亲听了我的话，不禁哭了，伸手拥抱我说：'我也爱你，儿子，原谅我竟一直没能对你这么说。'这一刻如此珍贵，我甚至期盼时间停止。但这不是我要说的重点，重点是两天后，从没告诉过我有心脏病的爸爸突然病发，在医院里结束了他的一生。这一刻来得如此突然，让我毫无防备。如果当时我迟疑着没有告诉爸爸我对他的爱，可能永远都没有机会了！所以我想对所有儿女说的是：爱你的父母，不要迟疑，从这一刻开始！"

爱，需要用行动来表达，对父母的爱也是如此。像关心自己的子女一样关心自己的父母，你便不会总为自己推迟行孝的举动而寻找借口。爱你的父母，就像爱你的孩子，只有这种付出才是真正的孝。

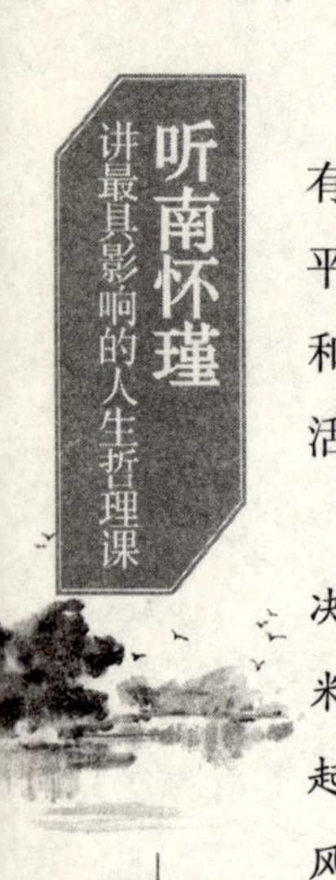

行孝要趁早，莫留下终身遗憾。真正支撑这个世界、使这一片土地有绿的希冀的，是那些伟岸、豁达、温暖、拥有着宽阔臂膀的父亲们和平凡、正直、善良、坚忍不拔、任劳任怨的母亲们。正因为父爱的博大和母爱的神圣，于是我们报之以孝。对于他们，我们能做的，就是在生活的每一个细节里孝敬他们。

有一对夫妇都是登山运动员，为庆祝他们儿子1周岁的生日，他们决定背着儿子登上7000米高的雪山。夫妇俩很快便轻松地登上了5000米的高度。然而，就在他们稍事休息准备向新的高度进发之时，风云突起，一时间狂风大作，雪花飞卷，气温骤降至零下三四十摄氏度。由于风势太大，能见度不足1米，或上或下都意味着危险或死亡。两人无奈，情急之中找到一个山洞，暂时躲避风雪。

气温继续下降，妻子怀中的孩子被冻得嘴唇发紫，最主要的是他还要吃奶。要知道在如此低温的环境下，任何一寸裸露的肌肤都会导致体温迅速降低，时间一长就会有生命危险。怎么办？孩子的哭声越来越弱，他很快就会因为缺少食物而饿死。丈夫制止了妻子几次要喂奶的要求，他不能眼睁睁地看着妻子被冻死。然而，如果不给孩子喂奶，孩子很快就会死去。妻子哀求丈夫："就喂一次。"丈夫把妻子和儿子揽在怀中。喂过一次奶后，妻子的体温明显下降了，她的体能受到了严重的损耗。时间在一分一秒地流逝，孩子需要一次又一次地喂奶，妻子的体温在一次又一次地下降。

3天后，当救援人员赶到时，丈夫已冻昏在妻子的身旁。而他的妻子——那位伟大的母亲已被冻成一尊雕塑，但她依然保持着喂奶的姿势屹立不倒。她的儿子，她用生命哺育的孩子正在丈夫的怀里安然地睡眠，他的脸色红润，神态安详。为了纪念这位伟大的母亲，丈夫决定将妻子最后的姿势铸成铜像，让她最后的爱永远流传。

爱是一种力量，那么母爱就是尘世间一股吸恒星之刚强、纳星月之柔肠、萃狂风暴雨、取闪电惊雷，日积月累逐渐形成的超自然神力。对母亲而言，爱的付出不是一种责任，而是一种本能。有这样一句谚语：

“上帝不能无处不在，才为人类创造了妈妈。”母爱的力量是如此地伟大。因此，即使她的孩子畸形弱智，被浅薄者视作瘟疫，遭社会遗弃，她们也会忠贞于生生不息的母爱精神，让生命的光在孩子身上辉映。

爱，需要用行动来表达，对父母的爱也是如此，就像当年我们的父母对我们所做的那样。年少时不能完全理解父母的爱，等自己也为人父母，理解了父母的苦心时，父母年事已高。孝顺的事情，需要提早，等到他们越来越老的时候，自己的机会也就越来越少。回头想想，这世界上还有什么能报答父母对自己的爱呢？无以为报，一生回报，才能心安。

给父母以真诚的爱

大师语录

现在的人不懂孝，以为只要能够养活爸爸妈妈，有饭给他们吃，像现在一样，每个月寄50或100元美金给父母享受享受，就是孝了。还有许多年轻人连50元也不寄来的，寄来了的，老太太、老先生虽然在家里孤孤独独，“流泪眼观流泪眼，断肠人对断肠人”，但看到50元还是欢欢喜喜。所以现在的人，以为养了父母就算孝，但是“犬马皆能有养”，饲养一只狗、一匹马也都要给它吃饱，有的人养狗还要买猪肝给它吃，所以光是养而没有爱的心情，就不是真孝。孝不是形式，不等于养狗养马一样。

点亮智慧

很多人都知道去孝敬自己的父母，但是如何去孝敬呢？很多人都把握不好。人们一般都习惯给父母一些钱或者是多给父母一些物质的东西，这样好像就尽了自己的孝道。其实这远远不能满足父母的要求。随着生活一天比一天好，人们生活水平在一天天地提高，父母缺少的不是钱，也不是什么物质上的东西，他们缺少的是孩子精神上的安慰。《常回家看

看》这首歌当年红遍大江南北，因为它唱出了老人们的心声。

儿子回乡办完父亲的丧事，要母亲随他去城市生活，母亲执意不肯离开清静的乡下，说过不惯都市的生活。儿子没有勉强母亲，只是坚持以后每个月寄300元生活费。母亲居住的村子十分偏僻，邮递员一个月才来一两次。如今村子里外出打工的人多了，留在家里的老人们时时盼望着远方儿女的信息，因此邮递员在村里出现的日子便是留守老人的节日。每次邮递员一进村，就被一群大妈、大婶和老奶奶围住，争先恐后地问有没有自家的信件，然后又三五人聚在一起或传递自己的喜悦或分享他人的快乐。这天，邮递员交给母亲一张汇款单，母亲脸上洋溢着喜悦，说是儿子寄来的。这张3600元的高额汇款单像稀罕宝贝似的在大妈、大婶们手里传来传去，每个人都是一脸羡慕。

过了几个月，儿子收到了母亲的来信，信只有短短几句，说他不该把一年的生活费一次寄回来，明年寄钱一定要按月寄，一月寄一次。转眼间一年就过去了，儿子由于工作缠身，不能回老家看望母亲了，本想按照母亲的嘱咐每月给寄一次生活费，又担心忙忘了误事，便又到邮局一次给母亲汇去3600元。几天后，儿子收到一张3300元的汇款单，是母亲汇来的。

儿子百思不得其解之际收到了母亲的来信，母亲又一次在信上嘱咐说，要寄就按月给她寄，否则她一分也不要，反正自己的钱够花了。儿子对母亲的固执十分不理解，但还是按母亲的叮嘱做了。后来，他无意间遇到了一个从家乡来城市打工的老乡，顺便问起了母亲的近况。老乡说："你母亲虽然孤单一人生活，但很快乐，尤其是邮递员进村的日子，你母亲像过节一样欢天喜地。收到你的汇款，她要高兴好几天呢！"儿子听后泪流满面，他此刻才明白，母亲坚持要他每个月给她寄一次钱，是为了一年能享受12次快乐。母亲心不在钱上，而在儿子的身上。

孝没有固定的形式，但是它的内涵却是一致的。它是一种发自人们内心的真挚感情，是一种爱的心情。父母需要的是儿女对老人的那种牵挂。

世间最爱我们的莫过于父母。对于我们，他们无限包容。这种爱来得太容易，太无偿，所以很多人便在不知不觉中肆意挥霍，不懂得珍惜。因为他们知道，无论自己如何对待父母，多么伤父母的心，父母都会一如既往地爱自己，所以有些人和父母说话的时候就像在斥责自己的父母一样。这种态度着实不能让人接受。孝敬父母要注意自己的态度。

陈毅一生十分孝敬父母，投身革命后，虽然长年战乱、远离家乡，但总是千方百计寄回家书，让父母知道自己的近况，向父母请安问好。新中国成立后，父母没有同陈毅一起居住，陈毅除了每月给父母寄上足够的生活费外，仍在百忙中挤出时间亲笔给父母写信，聊叙家事，宽慰老人。

1962年，身居要职的陈毅已62岁，这年春天，他工作途经成都，当时，他的老母亲已年过八旬，重病在身，住在成都陈毅弟弟家中。当天下午，陈毅就与妻子张茜前去看望。由于老人病重，有时小便失禁，陈毅刚到母亲房中，恰遇母亲换下一条被尿弄湿的裤子。母亲担心让儿子见到污浊之物，便不停挥手、使眼色，要身边照顾她的保姆将尿裤藏起来，保姆慌忙中将裤子扔到了床下。

陈毅拉住母亲的手关切地问道："娘，您把啥子东西扔到床下了?"母亲连连摇头说："没啥子，不关你的事。快坐下，跟娘聊聊天!"陈毅笑了笑，对母亲说："娘，您怎么对我也保起密来了?"说着，弯下身去，要看个究竟。母亲见瞒不住，只好将事情的缘由告诉儿子。陈毅听罢，眼圈红了，动情地说："娘！您久病在身，我没能在您身边伺候，心里有说不出的难受。这裤子应该马上拿去洗了，还藏着干什么!"说着，他一手拿过裤子，并对保姆说："我母亲的病如此沉重，平时不知给你们添了多少麻烦！今天，就让我去洗吧!"

保姆怎么也不让，母亲也赶紧阻拦。陈毅诚恳地说："娘，我不是说着玩的，您就允了吧。小时候，您不知给我洗过多少尿裤屎裤啊，儿子怎么做，也难报答养育之恩。"接着，对妻子笑道："我们家乡有句俗话，'婆媳亲，全家和'。你这个长年不能照顾婆婆的媳妇，也该尽点孝道，今天我们俩一起来洗这条裤子，好不好?"

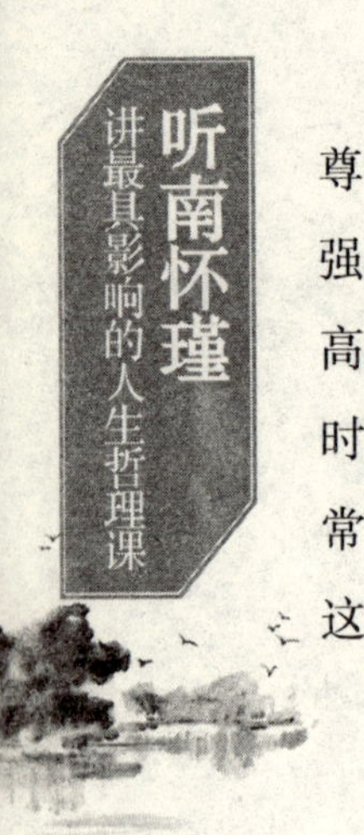

爱在态度上。孝敬父母就要由内而外，发乎真心，给予父母同等的尊重，这才是真正的孝。随着年龄的增长，父母对儿女的依赖感越来越强，此时，儿女便成了他们唯一可以依靠的支柱。其实父母的要求并不高。只要儿女时时刻刻牵挂着父母，牵挂父母的衣食、起居、心情，平时常给父母打电话，多和父母聊天，关心他们的身心健康，他们就会非常地高兴，也非常地知足。孝是发自内心的行动，不是敷衍了事，只有这样才能形成好的氛围，才能共同感受亲情的甜美。

大爱无言

大师语录

红楼梦你真懂的话，那是一部禅学，一部佛法。第一回合开始讲贾宝玉有两句话："负父母养育之恩，违师友规训之德。"……我们做了一辈子人，学佛的人都说上报四重恩，四重恩有一重是父母恩。我们报了什么？都是负父母养育之恩，违背了师友的教化、教育的德行。

点亮智慧

母爱是最无私的爱。母亲总是在孩子最需要的时候，牺牲自己，用她们所能做到的一切来鼓励我们，让我们在幸福中成长。有一篇流传很久的文章，叫做《母亲一生撒的八个谎》。

儿时家穷，饭不够吃，母亲就把碗里的饭分给小男孩吃。母亲说，快吃吧，我不饿——母亲撒的第一个谎。

长身体了，母亲常用休息时间去县郊农村河沟里捞鱼，给孩子们做新鲜好吃的鱼汤。孩子们吃鱼，母亲就在一旁舔鱼骨头上的肉渍。男孩心疼，就把自己碗里的鱼夹给母亲。母亲不吃，又把鱼夹回男孩碗里。母亲说，快吃吧，我不爱吃鱼——母亲撒的第二个谎。

上初中了，为了交够孩子们的学费，当缝纫工的母亲就去外面领些火柴盒晚上在家糊。有个冬天，男孩半夜醒来，看到母亲还在油灯下糊火柴盒。男孩催母亲早睡，母亲说，快睡吧，我不困——母亲撒的第三个谎。

高考那年，烈日下，母亲请假站在考点门口为男孩助阵。每当考试结束，母亲都会准备好一杯浓茶。望着母亲干裂的嘴唇和满头的汗珠，男孩将茶递给母亲。母亲说，快喝吧，我不渴——母亲撒的第四个谎。

父亲病逝后，母亲靠着微薄收入供孩子们念书，日子过得苦不堪言。胡同路口电线杆下修表的李叔叔过来打个帮手，送些钱粮。左邻右舍都劝母亲再嫁，不要苦了自己。然而母亲始终不嫁，别人再劝，母亲说，我不爱——母亲撒的第五个谎。

孩子们工作后，下了岗的母亲就在农贸市场摆小摊维持生活。孩子们常常寄钱回来给母亲，母亲坚决不要。母亲说，我有钱——母亲撒的第六个谎。

后来，男孩考取美国一所名牌大学念博士，毕业后留在美国一家科研机构工作，待遇丰厚。男孩想把母亲接来。母亲说，我不习惯——母亲撒的第七个谎。

晚年，母亲重病，男孩乘飞机赶回来时，手术后的母亲已是奄奄一息。望着被病魔折磨的母亲，男孩潸然泪下。母亲却说，别哭，我不疼——母亲撒的最后一个谎。

无论是西方文化还是中国文化，都把母爱作为自己的崇拜对象。因为人间不可能处处有上帝，所以才安排了母亲来照顾我们。母亲的爱用言语是根本无法表达的。

有一个性情孤僻的小姑娘。父亲很早就去世了，收入微薄的母亲艰难地把她养大，小女孩却因为贫困、受到歧视和侮辱而怨恨着自己的母亲。

冬季的一天，母亲由于工作出色而被允许休假一周。为了缓和母女之间的关系，母亲决定带女儿去阿尔卑斯山滑雪。但不幸降临了，她们

在雪地里迷了路，她们的呼救声又引来了一连串的雪崩。

突然，母亲看见了救援的直升机，但由于母女俩穿的都是与雪的颜色相近的银灰色羽绒服，救援人员并没有发现她们。母亲含着泪看了看冻昏在雪地上的女儿，脱下外套裹紧孩子，毅然地向前走去……

当小女孩醒来时，发现自己正躺在医院的病床上，而母亲却不幸去世了。医生告诉这个小女孩，真正救她的是她的母亲。母亲用岩石片割断了自己的动脉，然后在血迹中爬出了十几米的距离，以使直升机能发现她们，事实上也正是雪地上那道鲜红的长长的血迹才引起了救援人员的注意。

母亲在能够选择的时候总是把对孩子的爱放在第一位。她对孩子的爱超过了对自己的爱，有的时候她们已经做了最大的努力了，但是在孩子面前却总是心存愧疚。

一个捡垃圾的妇女被歹徒抢劫，她拼命护住了自己的钱袋，但手指却被歹徒掰断了。人们都在猜钱袋里一定有很多钱，打开一看才发现，那袋子里总共只有8块5毛钱。为8块5毛钱，一个断了手指，一个沦为罪犯！一时，小城哗然。

一位民警想探个究竟，为什么妇女忍受剧痛却不愿放弃那么一点钱。他决定尾随走出医院的妇女，找到答案。但令人惊讶的是，妇女用这8块5毛钱买了一个梨子、一个苹果、一个橘子、一根香蕉、一节甘蔗、一枚草莓，凡是水果摊儿上有的水果，她每样都挑一个，直到将8块5毛钱花得一分不剩。

随后，妇女提了一袋子水果，来到郊外的公墓。妇女走到一个僻静处，那里有一座新墓。她将袋子倚着墓碑，喃喃自语："儿啊，妈对不起你。妈没能治好你的病。还记得吗？你临去的时候，妈问你最大的心愿是什么，你说你从来没吃过完好的水果，要是能吃一个好水果该多好呀。妈愧对你呀，竟连你最后的愿望都不能满足。可是，孩子，到昨天，妈妈终于将为你治病借下的债都还清了。妈今天又挣了8块5毛钱，孩子，妈买了很多水果，你看，有橘子、有梨、有苹果，还有香蕉……都是好的。都是妈花钱给你买的完好的水果，一点都没烂，妈一个一个仔细挑过的，你吃吧，孩子，你尝尝吧……”

在母爱面前，一切都变得那么地渺小，而母亲则变得那么地伟大。我们年轻的时候不懂母亲的心，做过很多伤害母亲感情的事情。回头想想，自己是多么地幼稚。当有一天看着母亲满头的白发，我们又会是什么样的感觉呢？母亲把自己所有的爱都倾注给了自己的孩子，孩子是他这一生唯一的作品。母亲用她最博大的胸怀，把我们包容在了她的世界里。在母亲面前，在母爱面前，一切都显得那么微不足道。

大孝天下

大师语录

那么，究竟怎样才算是孝子呢？真正的大孝子，不只孝顺自己的父母，还要能孝顺天下人的父母。所以我常常跟一班老年同学和青年同学说，你不要把自己的儿女看得那么重，天下人的儿女都是你的儿女，天下人的父母都是你的父母，为什么不能将自己的心量放大呢？如果将心量放大了，以天下人的父母为自己父母，以天下人的儿女为自己儿女，那该多好！……又何必一定要只爱自己的儿女呢！爱天下人也是一样。这正是孝经的根本道理。真正令人钦佩的孝子，其行止如何？“大孝于天下”。

点亮智慧

南怀瑾先生倡导“视众生如父母”这和古语说的“老吾老，以及人之老”有着异曲同工之妙。父母为我们操劳了一生，我们理应回报父母。但是这只是一种“小孝”，天下的父母都是一样，所以我们也要以对待自己父母的态度去对待天下的父母，做到大孝于天下。

当父母老时，即使你是一个大孝子，也不可能时时刻刻陪伴在他们的身旁。当你不在他们身边的时候，当然希望别人能够帮助他们，善待

他们。你的愿望可以说是所有为人子女的愿望。他们也希望陌生的你在遇到他们父母时，能够伸出善意之手。于是，尊老爱幼就不仅仅是一句虚空的道德口号，更成为每一个家有父母的人最切实的需要。因为如果做这件事的人多了，我“尊”一下你家的老人，你“尊”一下我家的老人，那么即使儿女不在身边，老人们也不会形单影只，更不会在遇到困难和危险时无人照料。这其中，当然也包括你的父母。因此，“老及人之老”要从每一个人做起，从我做起，从你做起，从他做起。

孔子说一个人有没有学问，就在于这个人能否对父母尽孝，对兄弟姐妹、亲朋好友乃至陌生之人是否友爱。南怀瑾先生将父母比作两个照顾了你二十年的朋友，如今他们老了，动不得了，你回过头来照顾他们，便是“孝”。孝敬父母、关爱他人的人都有着深厚的感情和仁爱之心，这种人是不会危害社会的，所谓“而好犯上者鲜矣”。从上古的舜，到孔门的曾参、子路、子骞，再到汉朝的“以孝治天下”，一直到今天，实际上孝历来是中华民族的传统美德，孝敬父母的各种故事在人间传为美谈，成为世间温暖的见证。

历史上有名的是“二十四孝”，这二十四个故事个个都很经典感人，举个例子：

南齐高士庾黔娄，曾任孱陵县令。赴任不满十天，突然心灵感应紧张流汗，预感家中有事，即刻辞官返乡。回到家中，才知道父亲果然已病了两天。医生嘱咐说：“要想知道你父亲病得轻重，需要亲自尝一尝他老人家的粪便，味道要是苦的就没有事。”黔娄于是就去尝父亲的粪便，发现味是甜的，他内心十分焦虑，夜里诚心跪拜北斗星，乞求让自己代父去死。几天后父亲死去，黔娄安葬了父亲，并守丧三年。

有一首诗，十分地感人，这篇文章让很多的人都读懂了自己的父母，看完这篇文章很多人潸然泪下。它的内容是这样的：

孩子！当你还很小的时候，

我花了很多时间，

教你慢慢用汤匙，用筷子吃东西。

教你系鞋带，扣扣子，溜滑梯

教你穿衣服，梳头发，擤鼻涕

这些和你在一起的点点滴滴

是多么地令我怀念不已

所以，当我想不起来，接不上话时，

请给我一点时间，等我一下

让我再想一想……

极可能最后连要说什么，

我也一并忘记。

孩子！你忘记我们练习了好几百回，

才学会的第一首娃娃歌吗？

是否还记得每天总要我绞尽脑汁

去回答不知道从哪里冒出来的“为什么”吗？

所以，当我重复又重复说着老掉牙的故事，

哼着我孩提时代的儿歌时

体谅我，

让我继续沉醉在这些回忆中吧！

希望你，也能陪着我闲话家常吧！

孩子

现在我常忘了扣扣子，系鞋带。

吃饭时，会弄脏衣服，

梳头发时手还会不停地抖，

不要催促我，

要对我多一点耐心和温柔，

只要有你在一起，

就会有很多的温暖涌上心头。

孩子！

如今，我的脚站也站不稳，走也走不动，

所以，

请你紧紧地握着我的手，

陪着我，慢慢的。

就像当年一样，

我带着你一步一步地走。

只有心存孝义，以自己的能力把孝心落实成孝行，我们的生活才会到处充满爱。记住：只有对父母更好，在你的心里才会生出一股巨大的力量，推你走向成功。看过很多故事，也听过无数传奇，但有一条不变，奇迹总是在孝顺感动上天之后发生。在成长的路上，应该感谢一直给你力量的两个人。

普天下的老人都需要我们的照料，即便他们不是自己的父母，但是我们一样可以在自己的能力范围内去照顾他们。如果每一个为人儿女的人都这样想的话，我们的父母也就不会在困难的时候没有人帮助了。将别人的老人也当做自己的父母一样看待吧。当有老人蹒跚地穿行于满街的车水马龙时，请跑上前去扶他一把；当那些无依无靠的“空巢老人”备感孤独时，请在工作之余去陪他们说说话；当有老人颤巍巍地登上公交车时，请将自己的座位让出。这看似并不起眼的事情，对于老人们来说却温暖了他们的心灵。大孝于天下的梦想，也是从这一点一滴的平凡小事出发的。通过我们发自内心的孝的行动，让我们的老人安度晚年吧。

父母之年，不可不知

大师语录

子曰：“父母之年，不可不知也，一则以喜，一则以忧。”我们做子女的人，对父母的年龄不能不知道。为什么呢？两种心理，一种因为知道父母的年龄多了一岁，寿又添了一岁而高兴；但同时又害怕，因为父母年岁越高，距离人生的终点越近，儿女与父母相处行孝的时间也越短，所以就有这两种矛盾的心理了。

点亮智慧

每个人都有自己的生日，包括我们的父母。小时候，父母总在你生日的时候，为你祝贺，给你带来惊喜。我们沉浸在每年一度的幸福中，渐渐地把这当成了一种理所当然，感恩之心，踪影全无。现在，许多人对自己的生日念念不忘，每到这一天就呼朋唤友庆贺生日。另一方面，却很少有人记得父母的生日，即便是还有人记得父母的生日，也会有不少人因为工作的忙碌，因为生活的脱不开身而忘记在父母生日那天给父母送去一句问候，一句祝福。

“父母之年，不可不知也，一则以喜，一则以忧。”南怀瑾先生对于《论语》中这句明白如水的话是相当推崇的。对于父母的年龄，儿女不能不知道，父母又增了一岁，儿女应当既感到喜悦，又感到惧怕。我们今天很少有人能做到，这可以说是一种悲哀。所以，如果做儿女的不知道父母的生日，就应该想办法知道，在他们生日的时候，给他们一个惊喜。至少也要有一句问候和一句祝福。

关于老，究竟是什么感觉？作家陈之藩曾经打趣地写道：一个人是不是老了，可以从三个指标看出。第一个指标是“记远事，不记近事”：八百年前的丰功伟绩还记得一清二楚，可是昨天和谁吃饭已经记不得了。第二个指标是“在乎小钱，不在乎大钱”：张三去年欠他的两百块，他还牢记在心；李四前天向他借的五万元，他已经忘记了。第三个指标是“疼孙子，不疼儿子”：儿子说什么都不对，孙子怎么调皮都可爱。这话虽多少带些调侃成分，却也是人到老年所发生变化的生动写照。这些，作为儿女的都应当知道。

人年老之后其实并没有特别大的奢望，就是希望儿女可以围在自己的身边。人老了，最害怕的就是孤独，但是很多的老年人却承受着孤独。

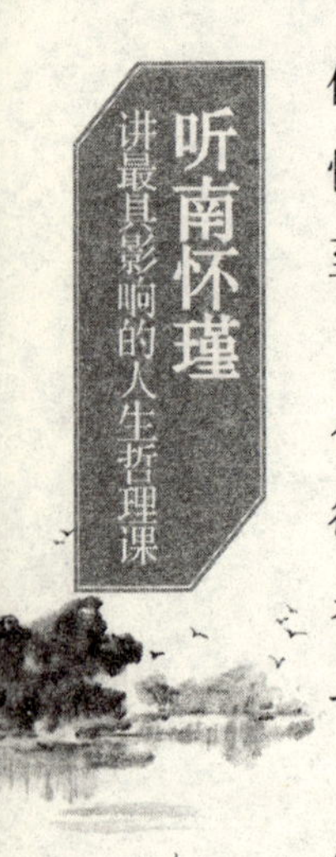

他们一方面希望儿女陪着自己，但是又都了解自己孩子还要有很多事情忙，又不舍得打扰孩子。所以我们作为儿女的就应该自觉地去孝敬父母，至少父母的生日应该和他们一起好好过。

凯文是一位在华尔街事业有成的投资经理，在他为工作埋头苦干一个冬季之后，终于获得了两个礼拜的休假。他早就计划好要利用这个难得的机会到一个风景秀丽的观光胜地去随心所欲地休憩一番。临行前一天下班回家，他十分兴奋地整理行装，把大箱子放进轿车的车厢里。第二天早晨出发前，他打电话给母亲，告诉她去度假的主意。

母亲说："你会不会顺路经过我这里？我想看看你，和你聊聊天，我们很久没有团聚了。"他急忙向母亲解释："妈妈，我也很想去看你，可是我和朋友已经约好见面时间了，恐怕没有时间过去。"当他开车正要上高速公路时，忽然记起今天是母亲的生日。于是他绕回一段路，停在一个花店门口，打算订些鲜花，叫花店给母亲送去，因为母亲喜欢鲜花。

到了花店，他发现店里有个愁容满面的小男孩，挑好了一束康乃馨后，却发现所带的钱不够，少了10元钱。

凯文问小男孩："这些花是做什么用的？"

小男孩说："送给我妈妈，今天是她的生日。"

他拿出钞票为小男孩凑足了买花的钱，小男孩很快乐地说："谢谢你，先生。我妈妈会感激你的慷慨的。"

凯文笑了笑："很愿意帮助你，其实，今天也是我母亲的生日。"

看着小男孩满心欢喜地抱着花束离开，凯文若有所思。他选好一束玫瑰、一束康乃馨和一束黄菊花，付了钱，给花店老板写下他母亲的地址，然后发动车子，继续上路。

车子开出一小段，转过一个小山坡时，他看见刚才遇到的那个小男孩跪在一个小墓碑前，把鲜花摊放在那里。小男孩也看见了他，挥手说："先生，我妈妈喜欢我给她的花。谢谢你，先生。"

凯文立即将车开回花店，找到老板，问道："那几束花是不是已经送走了？"老板告诉他还没有。

“不必麻烦你了，”他说，“我自己去送。”

我们可以想到，当他拿着三束花敲开母亲的门的时候，他母亲会激动成什么样子。这个老人在她生日的时候只是想跟自己的孩子聊聊天，这就是她奢望的生日礼物。

给父母一份礼物其实并不难，只是看我们有没有心去这样做。爱是要用行动来证明的。或许我们没有时间像小时候父母给我们认真准备生日一样地去为他们准备礼物，但是小小的礼物、小小的惊喜是简单的。这么做为了什么？只为了父母脸上的微笑。

谁都无法使父母不老，但是可以让父母晚年的生活过得幸福。当父母年老时，子女应当知道如何照顾他们，应当知道如何陪伴父母迎接老年，应该帮助他们规划一个黄金年代。这些都不是简单的事情。

要学会和年老的父母相处，首先要了解他们正在经历的心理冲击。老年期一个重要的生命主题，在这个时期父母要面对失落，也会有那种对万事万物失而不可复得的感伤。很多老年人退休之后，上班时获得的名誉、头衔都没有了，这就让他们倍感失落，他们需要重新追寻生命的意义。一样是晚年，有些人会觉得晚霞无限好，有些人则会感叹日暮沉沉。在回忆自己一生的时候，他们常常会问：“我的一生到底做了些什么？”这时候，很多老人就会感觉失落。这种失落带来了老年人的心理危机或心理冲击。作为儿女的，首先要了解并理解父母的这一变化，才能更好地陪伴他们。

有效沟通是能进入父母的内心世界，帮助他们适应老年期的挑战，最重要的一件事。但是，与老年人沟通最常出现的问题是，大部分儿女都带着对老年的许多不理解和他们沟通。一旦沟通不畅或发生争执，就会把一切罪过归咎到父母“老”了。在和年老的父母沟通时，很重要的一点就是找出你自己以及父母最习惯的沟通管道。在沟通过程中尽量采取开放的沟通方式，不带主观判断的态度去聆听对方的观点，做双向的沟通。学会运用我们的肢体语言，例如，如果你老是打断对方的讲话，可能代表你不愿跟他开放沟通；如果你的眼神老在回避对方，可能是在暗示你对他的意见没兴趣。

在中国传统的教育观念下，父母通常以权威的姿态出现，而子女往往只有顺从。但是当父母年老体衰的时候，子女会过度地介入，接管了老人家的决定权。随着父母年纪渐长，很多成年子女和父母一直停留在早年的关系，也就是没有办法转换权威与顺从的关系，对父母依然言听计从。这种关系也不利于与年老父母和谐相处。子女和父母可以慢慢发展为成人对成人的平等关系，有很多看上去较困难的决定是可以坐下来一起讨论的。子女也可以放下一些内疚，照顾一下自己的需要，长者也未必不能谅解。

父母每过一个生日都意味着他能够陪你的时间越来越短，所以我们应该记住父母的每一个生日，在他们生日的时候送去自己的祝福。陪他们一起度过最后的时光。

一味顺从父母不算孝

大师语录

子夏来问孝，孔子说色难。什么叫色难呢？态度问题。替长辈做了事，请长辈吃了好的，不一定就是孝了，为什么呢？“色难”，态度很重要。……所以孝道第一个要敬，这是属于内心的；第二个则是外形的“色难”，是态度的。

点亮智慧

有一次，曾参和父亲给瓜地除草，一不小心，把几个瓜苗给铲断了，他的父亲性情很暴躁，看见后十分生气，便拿起一根棒子，狠狠地抽了他一下，口中还骂道：“你这个废物，这点活都干不好！”曾参只感到肩膀上火辣辣的疼，但为了不让父亲后悔难过，就故意表现出一点都不疼的样子。而父亲看见曾参无所谓的表情，心里想：“看他的样子，说明我打得不太疼，还好如此，否则真的打伤了他，我可就要难过、伤心了！”

孔子听说了这件事，并没有称赞曾参的忍耐和孝顺，而是说：“当儿女的人，一定要有智慧，当父亲用小棒子打你，只是轻轻地打，他是在提醒你、教训你犯错，当儿女的应当接受这种处罚。可是，如果父亲拿了一根千斤重的棒子来打你的时候，就不应该接受了。”学生们听完孔子说的话，都很好奇地问：“这是为什么呢？”孔子告诉他们有两个理由：“你们想想看，天下哪有不爱子女的父亲，如果父亲生气了，处罚儿女，这是一时的愤怒，他们并不是有心要打伤孩子，如果孩子被打伤了，他们就会很难过，这是第一个理由。第二个理由，儿女也应该为父母的名声着想，如果一个孩子在父亲的生气下被打伤或打死了，别人就会责怪这个当父亲的人。”

“打在儿身，痛在娘心。”天下的父母，对子女都是一片好心，但他们有时候也会办错事，曾参的父亲就是如此。曾参一味忍耐的做法也不算是真正的孝顺。如果父母做得太过，子女不应该一味承受。

有些人认为我们要孝敬父母就应该什么都听从父母的，就像上面的曾子一样。但是父母也不一定就什么时候都是对的。父母也是人，所谓“金无足赤，人无完人”，父母也会犯错误。我们要孝敬父母不假，但是不能一味地顺从父母。孝顺和孝敬是差别很大的。虽然同为“孝”，这两个词的含义还是有差别的。前者侧重于“顺从”，更多的是外在的；后者强调“尊敬”，更多在于内心。虽说“孝敬”的外在表现常常为“孝顺”，但并不是所有的外在“孝顺”都是真正的“孝敬”，孝敬是发自内心的，有内容的；而“孝顺”则多为外在的、形式的。因此，真正的“孝”，要孝顺，更要孝敬。《孟子》中有一个小故事可以说明赡养父母和尊敬父母的区别：

曾子侍奉父亲曾皙吃饭，每餐都有酒肉，饭后曾子一定要请示剩下的给谁。曾子的儿子就不同了，他侍奉曾子吃饭，虽然也一样有酒有肉，但饭后不问吃剩下的给谁。

一句无足轻重的话，却体现出完全不同的意义：曾子的请示包含的是敬重，一切听从父亲吩咐；而曾子的儿子对父亲的话已经无所谓了，

所以根本不必请示，这就是赡养和尊敬的区别。

父母虽然也有做得不对的时候，但是要知道父母的出发点都是好的。父母总是希望我们可以过更好的生活，希望我们过得幸福。有时候他们用的方法确实也有些过分，这也是人们常说的恨铁不成钢。但是我们不能用过分的方法去对待父母的一片好心。没有一个父母愿意打骂自己的孩子，都是打在孩身，疼在娘心。所以作为儿女也不应该用那种极端的方法来反抗父母的管教。

燕文跟母亲吵架了，她一气之下，冲出了家门，走进茫茫的夜色中。漫无目的地走了一段路后，她发现走得匆忙，竟然一分钱都没带，连打电话的钱都没有！

夜色渐深，燕文饥肠辘辘的感觉越来越强，忽然一个小小的馄饨摊映入眼帘，一位老婆婆在摊前忙碌着。馄饨的香气扑鼻而来，燕文咽了一下口水，又看了一眼锅中翻滚的馄饨，慢慢转身离去。老婆婆早已注意到徘徊不定的燕文，她热情地问道："小姑娘，吃碗馄饨吧！"燕文转过身尴尬地摇了摇头，说："我忘记带钱了。"老婆婆笑了笑，说："没关系，我请你吃！"

片刻之后，老婆婆端来一碗馄饨和一碟小菜。燕文吃了几口，忍不住掉下了眼泪。"小姑娘，怎么了？"老婆婆关切地询问。"哦，没事，我只是感激！"燕文拂去脸上的泪花，"您跟我不曾认识，只不过偶然在路上看到我，就对我这么好，煮馄饨给我吃！但是……我妈，我跟她吵架了，她竟然把我赶出来，还说不让我再回去了……您是陌生人都对我这么好，我妈，竟然对我这么绝情！"

老婆婆听了，语重心长地劝她："你怎么会这样想呢！我只不过煮了一碗馄饨给你吃，你就这么感激我，而你妈给你煮了十多年的馄饨，从小到大照顾你，你怎么不感激她呢？为什么还要跟她吵架呢？"燕文听了这话，默默无语："是啊！一个陌生人为我煮了一碗馄饨，我尚且如此感激，而母亲辛苦把我养大，我为什么心中没有感激之情？为什么还要与母亲发生争执？"

燕文慢慢吃着馄饨，脑海中闪现出儿时的一些画面。馄饨吃完了，她谢别了老人，朝家走去，当走到自家胡同口时，看到妈妈疲惫而又熟悉的身影正焦急地左右张望……看到燕文回来了，妈妈长舒了口气，说道："燕文啊！你让妈急死了！赶紧回家吧！饭菜都凉了！"此时，燕文的泪珠再次滑落。

父母千方百计地想让我们能比他们过得更好，所以才会给孩子设计生活、设计未来。我们应该谅解他们的苦心，应该理解他们。即便他们做得不对，我们也可以换一种方式来提醒他们。但是这并不是说我们就不应该敬畏父母。

南怀瑾不到 30 岁的时候，对佛学就已经有相当的研究了。有一次回到家里（那时他还没有去台湾），他父亲听说儿子研究佛学，研究得还不错，就要求他讲一点佛经给乡人听，并且说，自己也来听。南怀瑾说："您来了我就讲不出来。"因为他们家孩子，长到几十岁，从外面回家，看到父母亲都会赶紧跪下来磕头。父母亲坐在旁边时，孩子不敢随便坐。如果要给别人讲佛经，必然是坐着的，而自己的父亲又在旁听，按礼应当站着。因此他深感为难。不过父亲执意要他讲，最后不得已，他便对父亲说："您真要来，那我讲孝经好了。"父亲觉得很奇怪，问为什么要讲这玩意儿？他回答说："现在的青年不得了，家乡的子弟们先要懂一点孝经，不然学个什么佛?!"他父亲想想，也认为有道理，就允许了。因此南怀瑾在家乡曾经讲过一次孝经。

南怀瑾听他父亲讲话有时还会畏惧，因为父亲讲话很威严，但是，这样的畏惧并不是害怕，只是一种很自然诚恳的恭敬而已。

因为那时南怀瑾已经有点小名声了，常常有人来找他会谈，因此平常家里的客人不少。如果这时候，他的父亲走过来，南怀瑾一定马上站起来听父亲吩咐。他父亲说："你长大了，以后不必这样守礼，马虎一点也可以的。"可是他一直不敢。说这是由于自小受了老式文化教育很深影响的关系。

一味地顺从父母的安排是不对的，但是如果对待父母提出的所有要

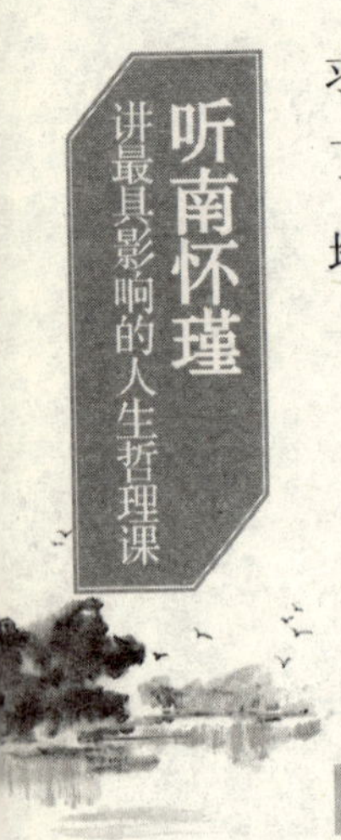

求都拒绝、都反抗也是不对的。父母固然也会犯错，但是父母毕竟经历了很多的事情，看待事情的角度多，看得也长远，所以我们既不能一味地顺从父母，也不能一味地反抗父母，要把握好这个度。

可怜天下父母心

大师语录

子曰："父母在，不远游，游必有方。"古人讲父母老了，怕没人照应，而不远游，即使要远游，也一定要有个方向。这种解释，我不大同意。有哪一个人出门会没有一定方向乱走的呢？到月球去也还有个方向。我认为"游必有方"的方是指方法的方，父母老了没人照应，子女远游时必须有个安顿的方法，这是孝子之道。"方"者应是方法，不是方向。

点亮智慧

父母的一生都是为了孩子。在孩子小的时候一口一口地喂饭，希望孩子快快长大；等长大了上了学，希望孩子可以学习好，为此很多家长给自己的孩子报辅导班，请家庭教师；等孩子工作了，希望孩子可以找到一个好的工作，为此上下打点，希望孩子能在一个好单位上班；等孩子结婚了，父母还要照看孩子的孩子。父母的一生就是辛劳的一生。你有没有感激过父母的那颗为你操劳的心？可怜天下父母心，又有几个孩子知晓呢？

小刘的爸爸早就去世了，他的母亲是一个农村妇女。跟城市里的那些贵太太们不一样，他的母亲没有细腻有光泽的双手和美丽的脸庞，有的只是一双粗糙的大手和长期劳作被晒黑的脸。他一旦犯一点错误，他母亲就会打他，所以他总是觉得他的母亲根本不爱他。所以小刘学会了谨慎，也犯不着什么大事。母亲总是忙里忙外，就当小刘是空气一样。

小刘看着周围的朋友们被各自的家长宠着，而自己只能孤独地待着，像个没有人管的孩子。

不管小刘做什么事情，母亲一般都不帮忙，总是到了实在不行的时候，母亲才挪出手来扶持一下。小刘觉得这个母亲根本就不爱他。

小刘从来没有体会过像别人家那样的温馨，他觉得自己学会的这些东西，完全跟母亲无关。他吃力地做着别的小朋友能做的一切，渐渐地长大了。但是母子之间的隔阂却越来越大。

他要求母亲给他买的东西，母亲总是托词说以后再买，但是看着儿子高高撅起的小嘴，她也不太忍心，过不了多久，他的小要求总会得到满足。但是小刘却觉得母亲是虚假的，是不情愿的，是被逼无奈才给买的。不但没有感激，对于母亲对他的好，他都通通认为是应该的。

就在他上了高三不久，母亲病逝了，他突然发现，晚上回来没有人给自己做饭了，屋子里安静得能听见针掉到地上的声音。他发现别人有的东西，母亲一样也没有少给他。他自己很快就能自立，此时他才明白母亲教给了他所有该知道的生存技能。想到这里他泪如雨下，因为他从来都没有跟他的母亲说过一声“我爱你”。怀着对母亲深深的内疚，他以惊人的毅力考上了北京的一所名校。小刘不懂母亲的心，所以一直误会母亲，可是当真有一天明白过来的时候，才知道母亲教给自己的东西比其他的人教会的都要多。只可惜，他的母亲已经不在，他醒悟时已经晚了。

很多时候我们不懂事，误解了自己的父母，但是父母却从来没有因此而责怪过我们。当有一天你突然发现父母对你的良苦用心的时候，父母多半已经不再人世。我们只能留下终身的遗憾。但是在生活中，在父母亲还为我们努力付出的时候，我们很多人就那样伤害了父母，可是自己却全然不知。

《新华每日电讯》一篇“儿子在大学里怎么没学到良心”的报道引起了广泛的关注，现摘录如下：

“我是一位65岁的农民，今天我给你们写信，是想说说我的家事。

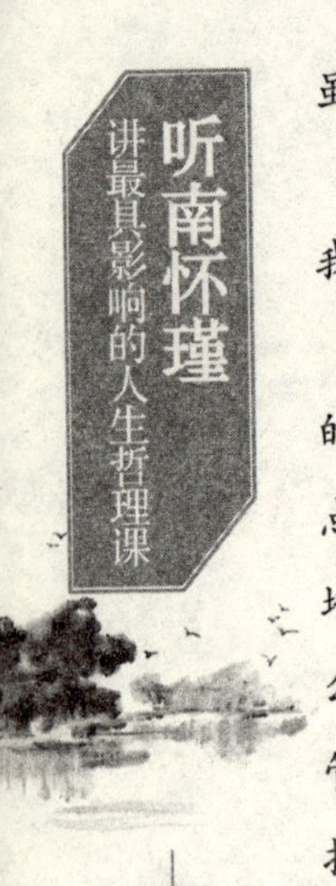

虽说家丑不可外扬，但这些事憋在心里好长时间了，最近总感到心口疼。

“我儿子是一名大学生，也是我们家五代人唯一考出的大学生，这是我们老两口的骄傲啊！但因为这个不争气的东西我们也伤透了心。

“记得儿子刚考上大学时，我去学校送他。下了火车后，我扛着笨重的行李走在前，儿子跟在后。本来就因为坐了一夜的火车，再加上上了点年纪，刚到学校门口，就被大门前一根铁条绊倒了。我重重地摔倒在地上，行李扔出了老远，一只鞋也甩掉了。儿子向四周看了看，像怕什么似的拉住我的胳膊猛地用力拽了一下说：‘干什么啊，丢不丢人！’尽管我的双腿摔得很痛，但还是得很快爬起来，捡起鞋穿上继续去背行李。把儿子安顿好后，我忙着又是挂蚊帐，又是买日用品，这一切似乎在儿子眼里都是天经地义的。

“第一学期儿子一共来了 3 次电话，每次都是要钱。我和老伴种着 5 亩地，抽空我就到村里的砖厂去做苦工。开始人家说我老，不肯收，我几乎给人家跪下了，人家可怜我才让我干的。小闺女 16 岁了，初中毕业后上不起学给人家当了保姆，挣的钱交给我后，我一分也舍不得用，全寄给了儿子。甚至有一段时间老伴的眼红肿得厉害，疼得一个劲儿流泪，都舍不得花钱买一瓶眼药水啊！

“为了能多挣点钱，老伴又在村子里找了一份看孩子的差事。给人家抱一天孩子只挣 5 元钱，没日没夜的。去年冬天，儿子电话打得特别勤，每次都是要钱。我寄了 4 次有 6000 多元，我不知道现在上学还得用这么多钱。后来才听村里去打工的一个小伙子回来说，他见到我儿子了，正谈着恋爱，很潇洒。说真的，我和老伴听了后不知是该生气还是该高兴。然而最可气的是今年过年儿子回来时，那不争气的东西，居然偷改了学校的收费通知，虚报学费。这之前我只是在报上看到过这事，没想到会发生在我身上。如今好几个月过去了，我一想起这事就心痛，整夜睡不着觉。我不明白我们亲手抚养大的儿子好不容易考上大学，为什么会变成这样，不知他在大学里除学习文化外，还能否学到要有良心？”

有句佛语这么说：“假使有人左肩荷父，右肩荷母，行万里路也不能报答父母养育之恩；假使有人剥皮为纸，折骨为笔，和血为墨尽情抒写父母的养育之恩，也不能书尽。”读着这样的佛语，你的心灵是否为之深深震撼！天下最悲凉的事情，莫过于深深地伤了爱我们的人的心。这样的一个孩子，真不知道该怎么说他，完全不理解父母的难处，只知索取索取再索取。

年轻时的叛逆，以为天下无人能理解自己，把父母的苦心当成了冷漠和束缚。当岁月流逝，我们在父母的潜移默化下，渐有收获，才发现他们将最宝贵的东西都给了我们。止怨、尊亲是我们应该做到的最基本的东西啊。他们的批评成为记忆中规整我们行为的法则，他们的身影成为世间爱的定格。不爱是因为不理解，可理解了却又爱不成了，悲剧由此而生。所以我们应该永远将父母牢记在心，时时处处不忘。我们之所以能有今天，他们功不可没。

小的时候因为不懂父母的关爱，不知道如何去回报。长大了之后，有一段时间是没有能力来回报父母的关爱。等我们知道去回报父母和有能力去回报父母的时候，父母的年事已高。我们能回报的时间或许只有那么短短的几年。所以当我们能够理解父母的爱的时候，就要开始回报自己的父母。他们过得那么辛苦却不肯苦了我们。我们应该多了解父母，多了解父母的心。谁言寸草心，报得三春晖。

发自内心的孝

大师语录

孝道很简单，你只要想到当你病的时候，你的父母那种着急的程度，你就懂得孝了。以个人而言，所谓孝是对父母爱心的回报。你只要记得自己出了事情，父母那么着急，而以同样的心情对父母，就是孝。

点亮智慧

上了岁数的人会对子女有一种依赖，也会变得敏感、脆弱。老人最受不了的是子女的冷落，这会让他们的内心十分痛苦。随着年龄的增大，“耳畔频闻故人去，眼前但见少年多”而萌生的生命所剩无几的恐怖感，使他们特别渴盼儿女们的关怀。作为儿女不能只是从物质上、从生活起居上去照顾老人，而是应该从心理上去真正关心老年人的疾苦。

有的人就很不在意这一点，认为给老人吃的、喝的了，我们已经做得够多了，还能怎么样呢？因此对待老人的态度十分地不好。

一对白领夫妻下班回家，感到累得要命。这时卧病在床的爸爸，想喝杯茶，吩咐他们倒杯茶来。做儿女的茶是倒了，但端过去时，绷着脸，把茶杯在床前茶几上重重地一搁，用冷硬的语调说：“喝吧！”

南怀瑾先生很反感这样的行为，认为这种所谓的“孝”，缺乏亲人之间的感情，好像是完成任务一样。更可悲的是，子女以一种施舍的姿态对待自己的父母，充满了不耐烦与蔑视。面对儿女的这份“嗟来之食”，做父母的只好默默忍受，其实心里比死都还难过。这样的孝根本就算不上是真正的孝。

这样的人就是不孝敬父母。要知道孝敬父母不是口头说话，而是要求有行动；孝敬父母不是一句空话，而是需要我们发自内心的爱。中央电视台有一个很温馨的公益广告。

一个劳累了一天的妈妈，回家之后忙里忙外，还要和孩子玩，到了该休息的时候，妈妈给行动不方便的婆婆端上了洗脚水，然后给她洗脚。

这一幕，被孩子看见了。

然后，我们看到孩子在狭长的楼道里摇摇晃晃地端着一盆水，他把水端到妈妈跟前说：“妈妈，洗脚。”

妈妈脸上露出了微笑，那微笑中似乎还闪动着晶莹的泪花。

这个孩子还不大，但是他却已经开始关心自己的妈妈了，而且用实际行动表现了出来。面对这个小孩子，是不是有很多人觉得无地自容呢？

有的人也会困惑，我们也想很好地孝敬父母，但是无论我们怎么做，好像还是不能获得父母的满意，那儿女应该怎么做呢？

1. 要让父母睡个好觉

老年人普遍睡眠时间减少，睡觉时容易醒，还会多梦，使睡眠质量大打折扣。采用下列方法，可以让父母睡个好觉。

卧具有学问：老年人比较容易有骨关节疾病，应避免睡棕绳床，最好睡木板床。垫的褥子要薄厚适中，可给睡眠不好的父母选择一些“药枕”，比如菊花药枕适用于头痛目赤、肝火上炎的老人，灯芯药枕适用于心神不定、夜寐不宁的老人。

睡姿有讲究：让父母睡觉时尽量向右侧的姿势，这样有利于放松肌肉，帮助胃中食物向十二指肠方向推动，还能避免心脏受压迫。

避免情绪过于激动和兴奋，要在轻松舒适的心境下入睡。在睡前不要和父母聊天太久，也不要让他们做太剧烈和强度大的活动。

2. 合理安排父母的饮食

父母的饮食状况是健康的直接反映，人到老年，一般食量都不会太大，身体健康的老年人每餐基本上都会保持定时定量，进餐比较顺畅，口味也不会突然地改变，但还是要合理安排父母的饮食。

精细搭配。应该提醒父母多吃一些含纤维素的食品或粗粮。

酸碱平衡，注意喝水。父母的膳食中应做好荤素搭配，做到酸碱平衡，同时要注意多喝水。

营养全面，不要偏食。适当地让父母吃些肉、鱼和蛋类，对身体是有益的。

便于消化，定时定量。父母消化吸收机能下降，食物应尽量切碎煮烂。

3. 注意预防常见老年病

要注意老年性痴呆症及高血压。记忆锻炼可防痴呆，坚持给父母量血压，也可帮助预防高血压等。

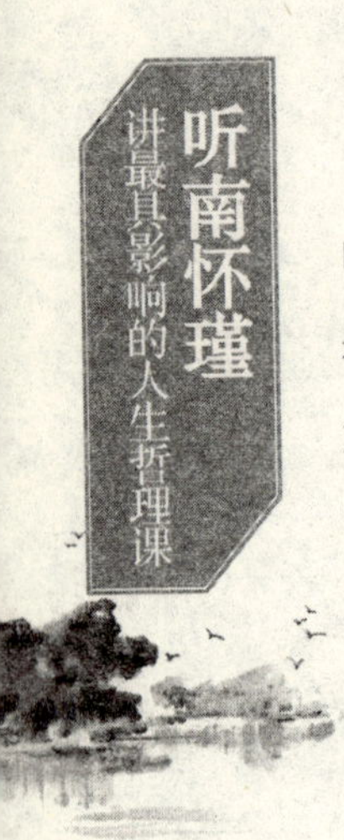

4. **学学精神赡养法**

如果你远在他乡，没有条件经常回家看望父母，那就不妨经常打个电话，向父母报一声平安，问候一下父母的健康，最好能写一封家书，表达对父母的思念。如果你与父母同在一个城市，那就常回家看看，陪父母说说话、聊聊天，让他们把心中的郁闷和寂寞倾吐出来。如果自己和父母的条件都允许，那就可以利用业余时间经常跟父母进行网上交流，既可以语音又可以视频，虽然远在天涯，却能给老人一个近在咫尺的感觉。

在父母有生之年送父母去旅游。让老人外出愉悦心情、开阔眼界，提高一下生活品质，这是很好的精神赡养。

创造条件让父母老有所学、老有所为。这是一种更高层次的精神赡养。随着生活水平的提高和保健条件的改善，退休回家的老年人无论是精力还是体力都仍然很旺盛，他们有的想利用退休后的时间学习自己感兴趣的东西，弥补前半生的遗憾；有的希望尽己所能，为经济社会发展发挥余热、贡献智慧。对父母的这些心愿，子女就要积极支持，并提供力所能及的帮助，真正让父母老有所乐。

物质赡养很容易做到，但是精神赡养其实也不难做到。能做到精神赡养父母，就提高了孝敬父母的水平。这是对孝的内容的更高的一层解读。只有真诚付出，做到物质关怀和精神赡养相结合，才是做到了真正的孝。

第九章

Chapter9

面对困难，让它助你成长

困难犹如船上的帆，带你驶向成功的彼岸；困难犹如一双翅膀，带你飞向成功之巅。没有人喜欢困难，但它却是助你成功的动力；没有人喜欢困难，但是它却不断地拉近你与成功的距离。走出困难，原来成功离你并不遥远。

失意不忘形

大师语录

我们都常听说“得意忘形”，但是，据我个人几十年的人生经验，还要再加上一句话——“失意不忘形”。有人本来蛮好的，当他发财、得意的时候，事情都处得很得当，见人也彬彬有礼；但是一旦失意之后，就连人也不愿见，一副讨厌相，自卑感，种种的烦恼都来了，人原来的性格完全变了——失意忘形。

点亮智慧

人的一生难免会遇到一些困难，也许有些困难克服起来比较难，而有些困难克服起来就很简单。但是总归到底，困难基本如影随形。有些人得意的时候就会事事处理得很恰当，待人接物也会很客气。但是一旦遇到困难，失意了，就会自怨自艾，怨天尤人，谁都不想见，感觉别人都比自己高一头一样。人们得意的时候容易忘形，这很好理解，人们失意的时候也会忘形。

其实，每个人都会面对失败，都会面对挫折，这也没有什么大不了。失意的时候也要和往常一样，不要忘记自己原来的修养，自己的样子。这就是得意不忘形。但是这个个人修养太高了，很少能有人做到这些。我们看看南怀瑾先生是如何做到的。

南怀瑾先生早年在台湾开办了“义利行”，但是后来不幸“义利行”破产了，他不得不靠典当衣服来维持生活。不久后，他迁居台北，住在一个菜市场旁边，那儿的环境可谓“脏、乱、差”。他带着妻儿，挤住在一间屋子里，相当寒酸。自此，他开始了长达十年的“煮字疗饥”的生活。这是他对写稿卖钱的戏称。他还说自己“著书多为稻粱谋”，言下颇有自嘲的味道。

不过，这些外在的环境的变化丝毫没有影响到南怀瑾先生的精神状态。他每天身居陋室，右手执笔疾书，左手抱着大一点的孩子，双脚还要不停地蹬着摇篮，照料更小的孩子。在这样的环境中，他完成了两部著作。他的学生曾这样描述他这一段的生活状况："一家六口挤在一个小屋内，'家徒四壁'都不足以形容他的穷，因为他连'四壁'都没有。然而，和他谈话，他满面春风，不但穷而不愁，潦而不倒，好像这个世界就是他，他就是这个世界，富有极了。"

南怀瑾先生就是这样，贫穷落魄而不自惭形秽，不自卑。这就是他所说的"失意不忘形"。现实的生活中人们总是喜欢攀比，攀比谁家的钱多，谁家的房子好、车子好，攀比谁家的孩子学习好，甚至攀比谁家的孩子嫁得好或者娶的儿媳妇好。一旦自己不如别人，就好像人家都很富有，而自己也很寒酸一样。而如果朋友、同学等个个都是"春风得意"，这一比，人就自卑了，不失意忘形才怪！其实，攀比没有什么不可以，比得上固然好，但若比不上，就千万不要在那儿怨天尤人，或是抱怨连连，甚至是自暴自弃，不要"失意忘形"。一个不尊重自己的人怎么会得到别人的尊重呢？

和"失意忘形"相反的即是"得意忘形"。在社会上取得成功的人，往往就觉得自然我的地位上升了，我赚了钱了，也就没人会说我是穷光蛋。这种"得意忘形"的人大有人在。只想到了今天的得意，而忘记了自己之前的努力艰辛和落魄。

失意忘形的人总是在失败之后没有信心，所以才导致了自己行为上的自暴自弃。但是失意的人应该明白，我们没有什么可以自暴自弃的。我们还有健康的身体，健康是世界上最宝贵的财富。我们可以看到五彩缤纷的世界，我们可以到处行走，我们还有双手，我们还可以去劳动。当我们埋怨我们的鞋不好看的时候，你会发现，有的人还没有脚。只要有了健康的身体，我们就有了工作最根本的本钱，我们就可以东山再起。

因为这世上只有一个"你"，所以要明白你是独一无二的，有人也许

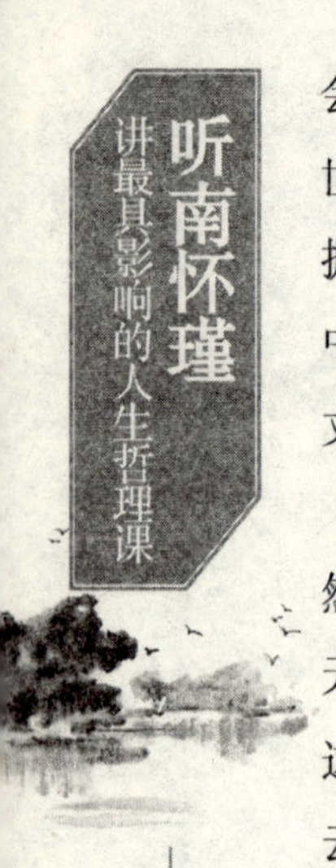

会怀疑地问：我既没有金钱，也没有名位，样样不如人，怎么称得上是世界上第一的最独特的人呢？其实只要稍微转念一想，你将会发现自己拥有太多“世界第一”的头衔：你是父母眼中最爱的孩子，你是孩子眼中最慈爱的父母，你是丈夫眼中最美丽的妻子，你是妻子眼中最忠诚的丈夫……

因为你拥有精彩的宇宙，所以要明白你是最富有的。你的住处，虽然没有冷暖气的设备，但是清凉的和风吹拂着你，热情的太阳曝晒着你，天上的明月、地下的繁花任你欣赏，峻峭的崖壁、幽静的溪谷随你遨游，这山河大地的一切莫不属你所有，你拥有了整个宇宙，一粒砂尘、一片云彩，都蕴藏着你生命的喜悦，世界上还有什么比拥抱全宇宙更富有的事呢？你往往拥有无限的至宝，却不自知，反而贪心不足，羡慕别人的良田美眷。既然你是最富有的人，你还会在那些一掷千金的富豪面前自惭形秽吗？

我们其实并不比别人缺少什么，只是我们没有发现我们所拥有的世界。一旦当你看到你所拥有的东西之后，我们还有什么理由自暴自弃呢？世界是如此地美好，我们以前的思维是那么地狭隘。放开我们的眼界，发现我们其实最为富有，干吗还要失意忘形呢？

山重水复疑无路

大师语录

个人也好，社会也好，团体也好，国家也好，是“生于忧患，而死于安乐”啊！所以，叫你有忧患意识，一个人要活着，想创业成功，在痛苦中会成长，得意了就死亡了。

点亮智慧

大凡成功的人士都经历过失败，都经历过困难。天下的事情，当好事来的时候，都有困难。不经过困难而成功的，绝对不是好事；轻易得到的，很快就会失去。也就是说，真正成功的事业，没有不经过困难的。其实不仅仅人是这样，动物世界也是这样的。

一位好心的老人，在草地上发现了一个蛹，他把蛹带回家。过了几天，蛹壳上出现了一道小裂缝，里面的蝴蝶挣扎了好几个小时，身体似乎被卡住了，一直出不来。老人看着于心不忍，于是，为了帮助蝴蝶脱蛹而出，他拿剪刀把蛹壳剪开。可是，这只蝴蝶的身躯臃肿，翅膀干瘪，根本就飞不起来，不久就死去了。

蝴蝶失去了成长的必然过程，所以蝴蝶最后死去了。蝴蝶的成长必须在蛹中经过痛苦的挣扎，直到它的双翅强壮了，才会破蛹而出。一旦缺少了这个过程，蝴蝶的翅膀没有经历那个洞窟的过程，就无法获得力量，也就飞不起来了。

每个想成功的人也是这样，不经历困难，不经历挫折，就不会成长，没有磨炼的人必然平平庸庸，很难脱颖而出。孟子说："天将降大任于斯人也，必先苦其心志，劳其筋骨……"吃苦贵在先，是人生的一种本钱、一份财富。在艰难困苦中磨炼出来的人，才往往具有担大任的能力，有成大业的本钱。

威廉·亨利布拉格，是1915年获得诺贝尔物理学奖的，青年时在皇家学院求学。这里读书的人大多是富有人家的子弟，可亨利布拉格衣衫褴褛，拖着一双比他的脚大得多的破旧大皮鞋。富家子弟栽诬他这双破皮鞋是偷来的。一天老学监把他召到办公室，两眼死盯着他那双破皮鞋。亨利布拉格明白是怎么回事，他拿出一张小纸片交给学监。这是他父亲写给他的一封信，上面有这样几句话："儿呀，真抱歉，但愿再过一两年，我的那双破皮鞋你穿在脚上不再嫌大。如果你一旦有了成就，我就引以为荣。因为我的儿子正是穿着我的破鞋努力奋斗成功的。"老学监看完之后，也被深深地感动了。

我们所经历的苦难，其实是一种财富，是我们可以攀登成功大厦的垫脚石。越是成就大的人，他遇到的苦难、经历的失败也就越多。但也

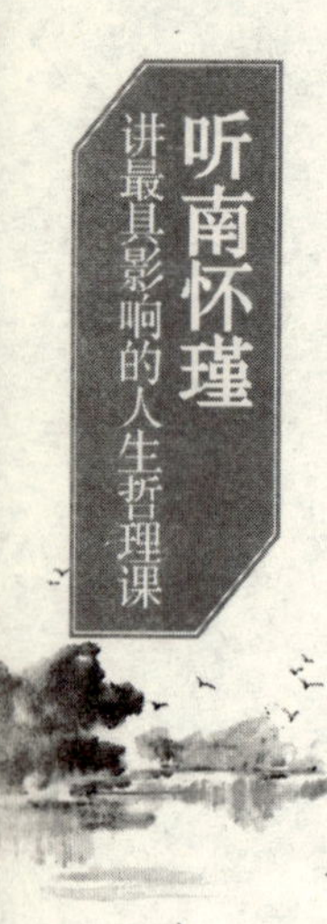

正是由于这些失败，让他积累了经验，让他磨砺了意志。而失败和困难赠送给他的这些东西，正是一个成功的人要具备的品格。

吴士宏从一个“毫无生气甚至满足不了温饱的护士职业”，先后当上IBM华南区的总经理，微软中国总经理，TCL集团常务董事、副总裁，靠的就是不断超越自己、不自满于过去的进取精神。

满脸带笑、外表温文的吴士宏曾经是北京一家医院的普通护士。用吴士宏自己的话说，那时的她一无所有，自卑地活着。她自学高考英语专科，在她还差一年毕业时，她看到报纸上IBM公司在招聘，于是她通过外企服务公司准备应聘该公司，在此之前外企服务公司向IBM推荐过好多人都没有被聘用，吴士宏虽然没有高学历，也没有外企工作的资历，但她有一个信念，那就是“绝不允许别人把我拦在任何门外”，结果她被聘用了。

她回忆说，1985年，她为了离开原来的职业，凭着一台收音机，花了一年半时间学完了许国璋英语三年的课程。正好此时IBM公司招聘员工，于是吴士宏来到了五星级标准的长城饭店，鼓足勇气，走进了世界最大的信息产业公司——IBM公司的北京办事处。

虽然IBM公司的面试十分严格，但吴士宏都顺利通过了。到了面试即将结束的时候，主考官问她会不会打字，她条件反射地说：“会!”“那么你一分钟能打多少?”“您的要求是多少?”

主考官说了一个标准，她环视四周，发觉考场里没有一台打字机，吴士宏马上承诺说可以。果然，主考官说下次录取时再加试打字。

实际上吴士宏从未摸过打字机。面试结束，吴士宏飞也似的跑回去，向亲友借了170元买了一台打字机，没日没夜地敲打了一星期，双手疲乏得连吃饭都拿不住筷子，竟奇迹般地敲出了专业打字员的水平。以后好几个月她才还清了这笔对她来说不小的债务，而IBM公司一直没有考她的打字功夫。

吴士宏就这样成了这家世界著名企业的一名最普通的员工。

吴士宏顺利迈入了IBM公司的大门，靠的就是这种不断超越自我的意识。进入 IBM 公司的吴士宏不甘心只做一名普通的员工，因此，她每天比别人多花 6 个小时用于工作和学习。于是，在同一批聘用者中，吴士宏第一个做了业务代表。接着，同样的付出又使她成为第一批的本土经理，然后又成为第一批去美国本部作战略研究的人。最后，吴士宏又第一个成为 IBM 华南区的总经理。这就是多付出的回报。

1998 年 2 月 18 日，吴士宏被任命为微软（中国）有限公司总经理，全权负责包括中国香港在内的微软中国区业务。据说为争取她加盟微软，国际猎头公司和微软公司做了长达半年之久的艰苦努力。

在中国信息产业界，吴士宏创下了几项第一：她是第一个成为跨国信息产业公司中国区总经理的内地人；她是唯一一个在如此高位上的女性；她是唯一一个只有初中文凭和成人高考英语大专文凭的总经理。在中国经理人中，吴士宏被尊为“打工皇后”。

从一名普通的护士到一名跨国公司的总经理——事实上，她的每一步都是自己对过去的超越。“逝者如斯夫！不舍昼夜。”同样的时间和生命，有人用来缅怀过去，有人用来享受现在，有人却用来书写明日的辉煌。

和吴士宏相反，那些没有经历过困难的人，只能是虚度时光，只能成为这个社会的一个平庸之辈，而不会有什么建树。对杜邦家族来说，这个家族是美国的亿万富翁。豪华的别墅、专用飞机、游艇和高级小轿车，家里应有尽有。然而，这个家族的后代却大都是平庸之辈。他们精神世界苍白空虚，有时竟无聊到专门搞恶作剧，用绒布做食品馅招待贵客，或以数吨水泥散堆于邻居门前。他们躺在先人的财富上寻欢作乐，意志必然会颓废堕落。

大家都知道：老年遭受艰难困苦是不幸的。但是很少会有人明白少年未经历困苦也是不幸的。对孩子来说，经受困难、经受失败、经受困苦是他们的必需课。不经历困难的孩子就像那个被人切开蚕蛹的蝴蝶一样，根本无法自己飞翔。经历困难是孩子成长的一个过程，经历过困难的孩子日后才能成为社会的有用人才。

日本从幼儿园开始，就注意培养孩子的“吃苦”意识，这首先体现在培养孩子生活自理能力方面。幼儿园从3岁开始，就要训练孩子学会端碗、拿筷子吃饭，学会在保育员的指导下穿衣、脱裤、系鞋带；到了6岁，就必须养成独立饮食、刷牙、洗脸的习惯。有一家幼儿园给大班的孩子做用粗菜杂粮混合而成的“忆苦饭”，孩子们连续三天硬是不吃，并且号啕大哭。园方却依然坚持，大多数家长也不反对，最终孩子们只得“忍苦”咽下去，着实接受了一次“忆苦思甜”教育。

在日本，中小学校每年都要举办“孤岛学校”或“森林学校”活动，就是让孩子们在既无电源又无淡水的荒凉小岛上，扎营搭篷，寻找水源，捡拾柴草，采集野果、野味……然后自己生火烧饭。日本重视对下一代进行精神教育的一种做法就是让孩子“吃苦”。

相似的例子也有不少，美国有一个腰缠万贯的大企业家的“千金”，白天上课，晚上外出打工，以赚取学杂费。但这个企业家却平静地说：“我这样做只是为了让孩子从小知道生活的艰辛，让她经受一点艰苦生活的磨炼。她长大后才能知道怎样把握自己，怎样才能在社会上站住脚。”

一个人不管在哪里做事业，欲享福而事业成功，这是不可能的。如果想有所建树，那是永远不能安宁的。人都想功名富贵，想成功，又想留万世之名，又最好不要劳累，这是办不到的。人的一生谁都难以躲过吃苦，如果该吃苦的时候不吃苦，那么到了不该吃苦的时候就一定会吃苦。

困难并不可怕，不要去躲避它，不要总想着过顺风顺水的生活。优越是滋生失败的温床，艰难才是成功的助推器。

在痛苦中成长

大师语录

个人也好，社会也好，团体也好，国家也好，是“生于忧患，而死于安乐”啊！所以，叫你有忧患意识。一个人要活着，想创业成功，在痛苦中会成长，得意了就死亡了。

点亮智慧

巴尔扎克说过：“苦难对于一个天才来说是一块垫脚石，对于能干的人来说是一笔财富，而对于一个庸人来说却是一道万丈深渊。”一个没有自己深刻痛苦过的人，对别人的痛苦就不可能有深刻的理解。一个无视自己痛苦的人，一个不从痛苦中汲取教训和智慧的人，不可能有深刻的生命智慧。一个没有从痛苦中走出来的人，不可能会产生真正的积极的人生态度。痛苦是我们人生里帮助我们成长的最好的生活老师。

人的成长有两种方式，一种就是以最难堪的姿态和最残酷的方式，用最猝不及防的手段一下子为我们撕开生活的真相，打破我们所有的幻想，逼迫我们在最短的时间内迅速地成熟或者苍老；还有一种是顺理成章地逐一应对生活对我们不断增加的责任和压力，在比较顺利的情况之下缓步增加对生活的认知。不管怎样，我们要经得起考验才能知道人生的奥秘，而这两者都是人生的考验。

当你的心灵在承受痛苦的时候，恰恰就是你的生命在提醒你需要改变了，所以痛苦并不完全是一件坏事。如果你利用这个机会，对心灵进行检视和保养，那么痛苦在某种程度上，就会变成你心灵成长的契机。

人生中的痛苦，就好比蚕身上的蛹壳，通过它的磨砺，我们才得以更快地成长。

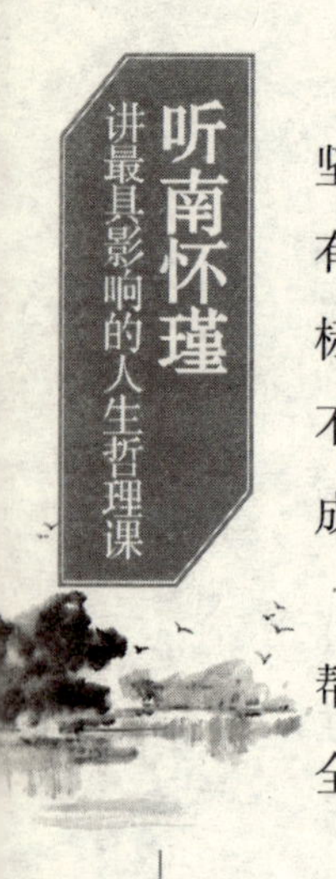

痛苦是成长的前奏，痛苦是成功的催化剂。只有那些敢于同困难作坚决彻底斗争的人，才能够长久触摸成功的奖杯。在生活的不幸面前，有没有坚强刚毅的性格，从某种意义上说，也是区别伟人和庸人的一个标准。在厄运和不幸面前，不屈服，不动摇，不退缩，勇往直前，坚持不懈地同困难和不幸的命运作顽强的斗争，直到取得最后的胜利，终于成为了主宰自己命运的主人，这样的人是能够被称为伟人的人。

逃避、哭泣、唉声叹气都不是解决问题的办法；乞求别人的同情和帮助，只能让别人更看不起你。而能够感动人心的，永远都是那些能够全力抵抗挫折，一次次倒下后又一次次奋力站起来的人。

盖文王拘而演《周易》；仲尼厄而作《春秋》；屈原放逐，乃赋《离骚》；左丘失明，厥有《国语》；孙子膑脚，《兵法》修列；不韦迁蜀，世传《吕览》；韩非囚秦，《说难》、《孤愤》；《诗》三百篇，大抵圣贤发愤之所为作。古之圣贤，都曾经经历了苦难，才有了流传后世的作品。并不是苦难本身教会了你什么，而是人们在身处困难、身处苦难的时候，能激发出昂扬的斗志，能让你把潜力都发挥出来。

汉朝时，少年时的匡衡，非常勤奋好学。由于家里很穷，所以他白天必须干许多活，挣钱糊口。只有晚上，他才能坐下来安心读书。不过，他又买不起蜡烛，天一黑，就无法看书了。匡衡心痛这浪费的时间，内心非常痛苦。他的邻居家里很富有，一到晚上好几间屋子都点起了蜡烛，把屋子照得通亮。匡衡有一天鼓起勇气，对邻居说："我晚上想读书，可买不起蜡烛，能否借用你们家的一寸之地呢？"邻居一向瞧不起比他们家穷的人，就恶毒地挖苦说："既然穷得买不起蜡烛，还读什么书呢！"匡衡听后非常气愤，不过他更下定决心，一定要把书读好。匡衡回到家中，悄悄地在墙上凿了个小洞，邻居家的烛光就从这洞中透过来了。他借着这微弱的光线，如饥似渴地读起书来，渐渐地把家中的书全都读完了。匡衡读完这些书，深感自己所掌握的知识是远远不够的，他想继续多看一些书的愿望更加迫切了。附近有个大户人家，有很多藏书。一天，匡衡卷着铺盖出现在大户人家门前。他对主人说："请您收留我，我给您家里白干活不要报酬。只是让我阅读您家的全部书籍就可以了。”主人被他的精神所感动，答应了他借书的要求。匡衡就是这样勤奋学习的，后来他做了汉元帝的丞相，成为西汉时期有名的学者。

其实苦难并没有什么，人只有经历过苦难才能走向成功，只有经历了苦难才能让你成长。纵观人生，苦难不可避免，因此我们应该借着苦难的风，迎风飞翔，这样才能达到成功的彼岸。但是当我们到达成功之巅的时候，切记得意忘形终将败啊。

迎接每一天新的太阳

大师语录

我们要了解，昨天活着的我不是今天活着的我，今天活着的我不是明天活着的我。所谓“苟日新，又日新，日日新”。

点亮智慧

有一句美国谚语说：“通往失败的路上，处处都是错失的机会。坐等幸运从前门进来的人，往往忽略了从后门进入的机会。”太阳每天都是新的，人生每天也应该是新的，正如大师所言“我们要了解，昨天活着的我不是今天活着的我，今天活着的我不是明天活着的我”。重要的是看你是否每天都有新变化，是否每天都能上一个新台阶。所谓“苟日新，又日新，日日新”。

成功就是简单的事情重复着去做。每天进步一点点，哪怕是1%的进步，有什么能阻挡得了你最终达到成功？每天进步一点点是简单的，之所以有人不成功，不是他做不到，而是他不愿意做那些简单而重复的事情。因为越简单、越容易的事情，人们也越容易不去做它。

试想，一个企业，如果每天都能上一个新台阶，成为其企业文化的

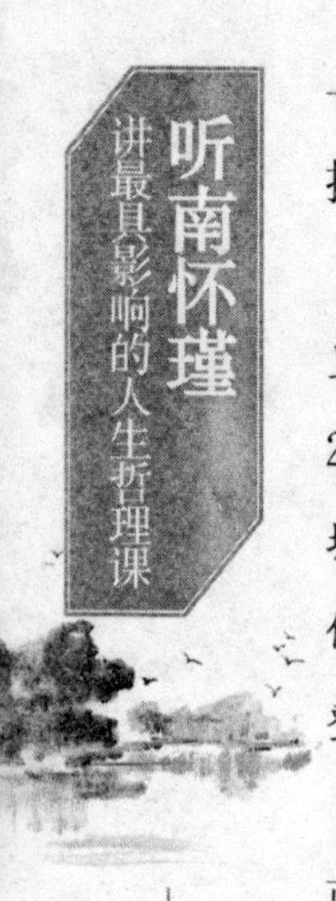

一部分，其中的每个人每天都能上一个新台阶。试想，有什么障碍能阻挡得住它最终的辉煌呢？

法国的一个童话故事中有一道“脑筋急转弯”式的小智力题：荷塘里有一片荷叶，它每天会增长一倍。假使30天会长满整个荷塘，设问第28天，荷塘里有多少荷叶？这个问题的答案要从后往前推，即有1/4荷塘的荷叶。这时，假使你站在荷塘的对岸，你会发现荷叶是那样地少，似乎只有那么一点点，但是，第29天就会占满一半，第30天就会长满整个荷塘。

正像荷叶长满荷塘的整个过程，荷叶每天变化的速度都是一样的，可是前面花了漫长的28天，我们能看到落叶都只有那一个小小的角落。在追求成功的过程中，即使我们每天都在进步，然而，前面那漫长的“28天”因无法让人“享受”到结果，常常令人难以忍受。人们常常只对“第29天”的希望与“第30天”的结果感兴趣，却因不愿忍受漫长的成功过程而在“第28天”放弃。

每天都能上一个新台阶，它具有无穷的威力。只是需要我们有足够的耐力，坚持到“第28天”以后。从我们迈出的第一步，说出的第一句话，学会做的第一件事开始，每件事都是由生疏到最后做到熟练，就好像是在上楼，若想要登高，攀登的过程是不可避免的。人生是一个过程，是一个不断向上攀登的过程。的确，仔细想想，言菊鹏潜心学习的故事，达·芬奇画蛋的故事，都是很好的例证。他们在人生的路上都是自己不断攀登，一个成为京剧言派的创始人，一个成为不朽的名师。这就是每天进步一点点的威力。

这世上本没有绝对的顶峰。向上攀登是一种追求。刘翔向自己提出了：将来我会跑得更快吗？这个问题，答案是肯定的。一个人即使已经爬到了顶峰，还要自强不息。更何况，心有多大，脚步有多高，这顶峰就有多远。成功者不是比我们聪明，而是他比我们每天都能上一个新台阶。

要“每天都能上一个新台阶”，就要耐得住寂寞，不为目标尚远而情绪动摇，不因收获不大而心浮气躁，而应具有持之以恒的韧劲；要抗得住干扰，不为冷嘲热讽而犹豫停顿，不因灯红酒绿而分心走神，应有专心致志的定力；就要顶得住压力，不为遇到挫折而垂头丧气，不因面临障碍而畏惧退缩，而应具有攻坚克难的勇气。

“新”在我们生活中无处不在，每天都有新的生命诞生；每天都有新的种子萌芽；每天都有新的困惑破解；每天都有新的故事开始；每天都有一轮新的太阳冉冉升起！

对于我们每个人来说，生活似乎都是枯燥乏味、单调无趣的。我们每天都在同一时候起床、吃饭、上班，每天都面对相同的面孔，做同样的工作，甚至重复相同的话语，做同样机械的动作。因此，我们当中很多人活得都不怎么起劲，我们慵懒、散漫，甚至消极、颓废，内心中充满了悲观情绪。其实，更多的时候是我们缺乏每天应有的激情，流于庸散，就像诗人眼中的太阳——太阳每天都是新的，而常人是意识不到的。其实每个人每天都能上一个新台阶，需要每天都要具体设计，认真规划，既不能急躁，又不能糊弄，更不能作假，因为这不是做给别人看，也不是要跟人交换什么，而是严于律己的人生态度和自强不息的进取精神。每天都能上一个新台阶，使每一个今天充实而又饱满。每天进步一点点，终将使一生厚重而充实。假如我们总是认为太阳每天都是新的，每天都能上一个新台阶，那么我们的人生将每天都有一个新变化。

忧虑就是耗费生命

大师语录

你认为你有本事，这个乱世要担当天下，那么急躁没有定力，没有耐心，你何以处世？……天下事不要那么急，问话问清楚，做事也清楚。

点亮智慧

人活在世上就会有自己的烦心事。人无远虑必有近忧，家家都有一本难念的经，这就说明其实人和人都一样，谁都有自己担心的事情，只是担心的事情不同罢了。

其实担心是特别耗费人的精力的。《庄子·齐物论》中说："小恐惴惴，大恐缦缦。其发若机栝，其司是非之谓也；其留如诅盟，其守胜之谓也；其杀若秋冬，以言其日消也；其溺之所为之，不可使复之也；其厌也如缄，以言其老洫也；近死之心，莫使复阳也。"南怀瑾先生说："这一段文字是庄子形容人如何消耗自己的神与气，最后到那个一点阳气都没有的可怜境界。"南怀瑾先生解读了这句话，人一天到晚总是活在恐惧中，恐惧钱掉了，恐惧生病了，恐惧没事做，恐惧没饭吃。在某一个小问题上一动，肯定会引出大烦恼，然后成天在心里倒腾，做一些毫无意义的事情。一个人每天在惶恐、忧虑中度过，最后终会将自己的精神耗尽，而变得毫无生气了。

每个人都会有忧虑，但是如果过分地担忧某事，就会弄得我们心灵疲惫，就会花费我们大量的时间来思考一件事情，最后弄得人身心疲惫，对于事情的解决反而发挥不了多大的作用。有这样一则故事：

一个商人晚上睡觉的时候在床上翻来覆去，折腾了足有几百次都无法入睡，妻子不停地劝慰着她的丈夫："睡吧，别再胡思乱想了。"

"嗨，老婆子啊，"丈夫说，"你是没遇上我现在的罪啊！几个月前，我借了一笔钱，明天就到了还钱的日子了。可你知道，咱家哪儿有钱啊！你也知道，借给我钱的那些邻居们比蝎子还毒，我要是还不上钱，他们能饶得了我吗？为了这个，我能睡得着吗？"他接着又在床上继续翻来覆去。

妻子试图劝他，让他宽心："睡吧，等到明天，总会有办法的，我们说不定能弄到钱还债的。"

"不行了，一点儿办法都没有啦！"丈夫喊叫着。

最后，妻子忍耐不住了，她爬上房顶，对着邻居家高声喊道："你们知道，我丈夫欠你们的债明天就要到期了。现在我告诉你们：我丈夫明天没有钱还债！"说完之后，她跑回卧室，对丈夫说："这回睡不着觉的不是你，而是他们了。"

既然事情已经是这样了，那么担心也是无济于事的。所以，还不如就让它顺其自然，这样最好。

其实世界上有很多事人们只是杞人忧天罢了。以前有一个人把自己所有的烦恼都写在了纸上，等过了一段时间以后发现，很多自己原本以为会发生的事情其实根本没有发生，是自己过于担心了。

一个年轻人四处寻找解脱烦恼的秘诀。他见山脚下绿草丛中一个牧童在那里悠闲地吹着笛子，十分逍遥自在。

年轻人便上前询问："你那么快活，难道没有烦恼吗？"

牧童说："骑在牛背上，笛子一吹，什么烦恼也没有了。"

年轻人试了试，烦恼仍在。于是他只好继续寻找。

他来到一条小河边，见一老翁正专注地钓鱼，神情怡然，面带喜色，于是便上前问道："您能如此投入地钓鱼，难道心中没有什么烦恼吗？"

老翁笑着说："静下心来钓鱼，什么烦恼都忘记了。"

年轻人试了试，却总是放不下心中的烦恼，静不下心来。

于是他又往前走。他在山洞中遇见一位面带笑容的长者，便又向他讨教解脱烦恼的秘诀。

老年人笑着问道："有谁捆住你没有？"

年轻人答道："没有啊！"

老年人说："既然没人捆住你，又谈何解脱呢？"

年轻人想了想，恍然大悟，原来自己是被自己设置的心理牢笼束缚住了。

"一切都是暂时的，一切都会消逝；让失去的变为可爱。"只要能放下心中的不快，失去的就会变成一种美丽，失去就不会带来那么多烦恼。普希金在《如果生活欺骗了你》中这样写道。

想从忧虑中走出来，就要靠我们自己，靠自己的心。有的时候是心累了，怕了，不愿意再前行，所以我们才会忧虑，才会害怕。解铃还须系铃人，所以要想走出忧虑，就要靠我们自己。

黄昏时刻，有一个人在森林中迷了路。眼看黑幕即将笼罩，天色渐渐地暗了，黑暗的恐惧和危险一步步移近。这个人心里明白：只要一步走错，就有掉入深坑或陷入泥沼的可能。还有潜伏在树丛后面饥饿的野兽正虎视眈眈地注意着他的动静，一场狂风暴雨式的恐怖正威胁着他，侵袭着他。万籁无声，对他来说是一片死前的寂静和孤单。

这时，凄黯的夜空中，几颗微弱的星星一闪一烁，似乎带来了一线光明，却又不时地消失在黑暗里，留给人迷茫。但是对汪洋中的溺水者来说，一根空心的稻草都是珍贵的，都认为是救命的宝筏，虽然一根稻草是那么地无济于事。

突然间，他不禁欢喜雀跃，因为眼前出现一位流浪汉，他也在这夜色中赶路，于是这个人上前探询出去的路途。这位陌生的流浪汉很友善地答应帮助他。走着走着，他发现这位陌生人和他一样迷茫。于是他失望地离开了这位迷茫的陌生伙伴，再一次回到自己的路线上来。不久，他又碰上了第二个陌生的人，那人肯定地说他拥有逃出森林精确的地图，他再次跟随这个新的向导，终于发现这位新向导也是一个自欺欺人的人，他的地图只不过是他自我欺骗的结果而已。于是他陷入深沉的绝望之中，他曾经竭力问他们有关走出森林的知识，但他们的眼神后面隐藏着忧虑和不安。他知道：他们和他一样的迷茫。他漫无目的地走着，一路的惊慌和失误使他由彷徨、失落而恐惧。无意间，当他把手插入口袋时，找到了一张正确的地图。

他若有所悟地笑了：原来它始终就在这里，只要在自己身上寻找就行了。从前他太忙，忙着询问别人，反而忽略了最重要的事——回到自己身上找。

如同那位流浪者，你天生具有一份内在的地图，指引你离开忧虑和沮丧的黑森林。这个故事告诉人们，恐惧是每个人都有的，但是情绪性的恐惧是多余的。

当产生焦虑的情绪时，人们应该找出自己焦虑的原因，然后去解决让自己焦虑的根源。这样你不仅不会再让自己处于焦虑状态，还在解决问题的过程中学会了成长，积累了经验。何乐而不为呢？

人生得意莫骄狂

大师语录

宠，是得意的总表象。辱，是失意的总代号。当一个人在成名、成功的时候，如非平素具有淡泊名利的真修养，一旦得意，便会欣喜若狂，喜极而泣，自然会有震惊心态，甚至有所谓得意忘形者。……人做到得意不忘形很难。

点亮智慧

生活中我们常见这样的人，当他取得了成就时，就会向别人炫耀，宣扬自己的成绩。有的人甚至看不起别人，或者贬低别人。这样的人就是那种得意时骄狂之人。对待这样的人，相信大家都是很反感的。

其实人生就是由高潮和低谷组成的，今天你取得了成就，但是明天可能就一败涂地。向别人炫耀你的成功，让别人都来羡慕你、嫉妒你，这不是一个智者应该做的。每个人都不会一直处在一个高峰状态，总有一天你可能还不如别人。今天不去向别人炫耀，明天失败了，也不会有人嘲笑你。

南怀瑾先生成名之后，他一直保持着一种谦逊待人的态度。1985 年夏，南怀瑾离台赴美，在华盛顿创办“南怀瑾学院”，旨在推进东西文化交流。旅美期间，几乎每天都有不少客人来拜访他。这些人中，有美国人，也有德国人、日本人、英国人、法国人、埃及人以及美籍华人……

他们多数为教授、学者，也有将军、政要及工商巨子，他们请教的话题，涉及佛学、经济学、国际关系哲学等方方面面。其中也有一些人是因为倾慕南怀瑾学识修养的小职员、小老板。但是不论来者是什么人，他皆待之以礼，从来不会摆出一副傲慢的姿态。

1987 年，南怀瑾结束旅美生活，移居香港，致力于各项建设事业及文化教育事业。他住在半山寓所，每日讲学不辍，慕名而来求教的学生络绎不绝。这其中，除了门生故旧外，各种重量级人物也不时来访。他一如既往，以谦和诚敬之心接待各方访客，毫无“贡高我慢”之态。可以说南怀瑾先生是人生得意莫骄狂的表率。

俗话说：弓满则折，月满则缺。人不可能一直春风得意，如果在得意的时候飞扬跋扈，或者高估自己，往往会导致惨败的下场。一旦得意骄狂，你就会丧失警惕，飘飘然忘乎所以，忽视敌人对手的存在，并将你的弱点暴露无遗。与此同时，你的竞争对手却虎视眈眈，伺机攻击你。这时，你的下场将会是惨败的，甚至还会搭上性命。关羽不就因为大意失了荆州，败走麦城，最后搭上了自己的性命吗？所以无论在何时都要做一个谦逊有礼貌的人。

在富贵之时，要保持清醒的头脑，正确地评价自我。为人尽量保持低调，不过分张扬，谦虚待人，才能赢得别人的尊重。此外，不要丧失社会良知，如果条件允许，可以在享有荣耀富贵的同时，适度回报社会。如果富贵之时，能够保持这种低调谦逊的处世态度，就能立于不败之地。

一个人富有了，还有可能保持平常心；一旦贫穷了，就容易心态失常，自信心没有了，进取心没有了，甚至善良之心也跟着没有了。其实贫穷只是一种暂时的状态，才能、美德，才是我们永久的财富。只要这些东西没有失去，就不必被那些暂时的不利情况所困扰。

一个人最重要的是他的心、他的思想。心没变，人就没变；心变了，人也变了。至于名声、职位、穷富、年龄等等，都不过是外在的形式而已。好比一颗宝珠，如果放在名贵的檀木匣里，它本身的价值不会增多一分；如果放在普通的纸盒里，它的价值也不会降低一分。所以，没有必要因为外在的形式而忽略自己的内心。

老子曾说过："富贵而骄，自遗其咎"，意思是当一个人得意之时，难免变得骄狂，认为自己无所不能，做事就随心所欲，只图一时之快而不计后果，就可能做出伤天害理的事来，灾祸也随之而至了。生活的逻辑大都如此。因此，当你得意之时，千万不要变得骄狂。

身处困境，心在顺境

大师语录

《易经》告诉我们：人生命运都掌握在自己手里，任何一种外力都是靠不住的。而自己的心态就是自己真正的主人。一位伟人说："要么你去驾驭生命，要么是生命驾驭你。你的心态决定谁是坐骑，谁是骑师。

点亮智慧

一个人能否成功，就看他的心态了。成功人士与失败者之间的差别是：成功人士始终用最积极的思考、最乐观的精神和最辉煌的经验支配和控制自己的人生。失败者则刚好相反，他们的人生是受过去的种种失败与疑虑引导和支配的，他们把自己的未来交给了过去。

李·艾柯卡曾是美国福特汽车公司的总经理，后来又成了克莱斯勒汽车公司的总经理。作为一个聪明人，他的座右铭是："奋力向前，即使时运不济，也永不绝望，哪怕天崩地裂。"他于1985年发表的自传，印数达150万册，成为当年非小说类书籍中最畅销的书。艾柯卡不仅有成功的欢乐，也有挫折的懊丧。他的一生，用他自己的话来说，叫做"苦乐参半"。1946年8月，21岁的艾柯卡到福特汽车公司当一名见习工程师，但他对和机器做伴、做技术工作不感兴趣。他喜欢和人打交道，想搞经销。

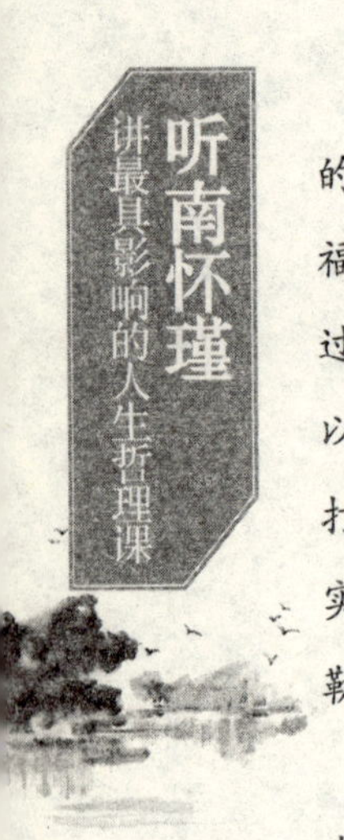

艾柯卡靠自己的奋斗，由一名普通的推销员，终于当上了福特公司的总经理。但是，1978年7月15日，他被大老板亨利·福特开除了。在福特工作一帆风顺32年、当了8年的总经理、从来没有在别的地方工作过的艾柯卡，突然间失业了。昨天他还是英雄，今天人人都远远避开他，以前公司里的所有朋友都抛弃了他，这对他来说是生命中受到的最大的打击。“艰苦的日子一旦来临，除了做个深呼吸，咬紧牙关尽其所能外，实在别无选择。”无奈之下，艾柯卡遂应聘到当时已经濒临破产的克莱斯勒汽车公司出任总经理。

艾柯卡，这位在世界第二大汽车公司当了8年总经理的事业上的强者，凭着他的胆识、智慧和魄力，对企业进行了大刀阔斧的整顿、改革。他舌战国会议员，向政府求援，取得了巨额贷款，重振企业雄风。1983年8月15日，艾柯卡把面额高达8亿多美元的支票，交到银行代表手里。至此，克莱斯勒还清了所有债务。这一天，距亨利·福特开除他，刚好5年多一点。

如果艾柯卡不敢接受新的挑战，不是一个坚强的人，在巨大的打击面前一蹶不振、偃旗息鼓，那么他和一个普通的失业者就没有什么区别了。正是他那种不屈服于挫折和命运的挑战精神，使艾柯卡成为世人所敬仰的英雄，这种精神也让他走出了事业的低谷。

在人生的航程中，必须做这样的抉择：是任凭别人摆布还是坚定地自强不息，是总要别人推着走，还是自己驾驭命运，自己控制情感？心态决定一个人的视野、事业和成就。

在南非某贫穷的乡村里，住了兄弟两人。他们受不了穷困的环境，便决定离开家乡，到外面去谋发展。弟弟去了菲律宾，大哥好像幸运些，到了富庶的旧金山。

40年后，兄弟俩又幸运地聚在一起。今日的他们，都有了不小的成就。做哥哥的，当了旧金山的侨领，拥有两间洗衣店、两间餐馆和一间杂货铺，而且子孙满堂，有些承继了其衣钵，有些则成了杰出的计算机、工程师等科技专业人才。弟弟呢？早已成为了一位享誉世界的银行家，拥有东南亚相当数量的山林、橡胶园和银行。

兄弟相聚，不免谈谈分别以来的遭遇。哥哥说，我们黑人到白人的社会，既然没有什么特别的才干，唯有用一双手煮饭给白人吃，为他们洗衣服。总之，白人不肯做的工作，我们黑人统统顶上了，生活是没有问题的，但事业却不敢奢望了。例如我的子孙，书虽然读得不少，但却不敢有什么妄想，只有安分守己地去担当一些中层的技术性工作来谋生。至于要进入上层的白人社会，却是很难办到。

看见弟弟这般成功，做哥哥的，不免羡慕弟弟的幸运。弟弟却说："幸运是没有的。初来菲律宾的时候，我只是担任些低贱的工作，但发现当地的人有些是比较懒惰的，于是便接下他们放弃的事业，慢慢地不断收购和扩张，生意便逐渐做大了。"

经过几十年的努力，兄弟俩终于都成功了，但为什么他们两人在事业上的成就，却有如此的差别呢？这个真实的故事告诉我们：影响我们人生的绝不仅仅是环境，心态也控制着个人的行动和思想，在通向成功的路上，各种障碍并不可怕，因为办法总会有的，可怕的是自己心里的羁绊。负面的信息对一个人的暗示作用是可怕的，它能摧毁一个人的激情让其止步不前。兄弟二人的差别在于哥哥与弟弟对世界的不同反应，一个只相信双手可改变现实，一个相信命运靠自己创造。弟弟心中有着更大的奢望，所以他要靠自己去实现自己的梦想。

解放自己的内心，命运靠自己创造。当遭受损失、挫折的时候，不要把焦点放在无法挽回的部分，而要把焦点放在"生活里还有那些值得感谢"、"还能为自己做些什么"的部分。当自己的情绪呈现负面或消极的时候，要确保自己的意念完全投注在解决办法上，而非问题上；学着即使在与不幸共存的时刻，还能够积极向上、活在此刻。其实生活就是这样，有酸甜苦辣，不一样的是人的心态。生活本来的面目就是如此，我们与其在埋怨中度过，不如转变一下态度，告诉自己生活本来就是让人热爱的。埋怨只能证明无奈，生活不相信懦弱。即使身处泥泞，也要有个好心态，也要往远处的山上看，看那满山花开的美艳。

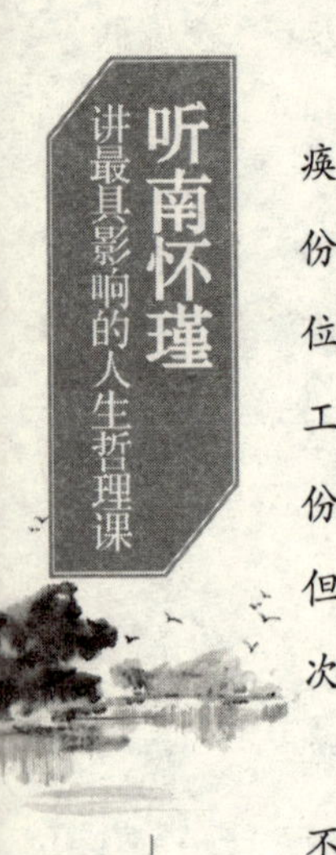

有一位朋友，因为幼年时患了一场大病，命虽保住了，但下肢却瘫痪了。他的父亲是邮局干部，在他中学毕业后设法在邮局给他安排了一份可以坐着不动的工作，工资及各种福利待遇都与常人无异。在这个岗位上，他干了三年。按说，一个重残的人，能有一份这样安稳有保障的工作，应该感到十分满足了。他的许多身体健康的同学，都还在为谋一份职业而四处奔波求人呢。但他却辞职了，因为他在人们的眼光中，不但看到了同情，更看到了怜悯还有不屑。他的自尊心在这种目光中一次次被刺伤，所以纵是父亲的耳光和母亲的哭求都没能阻止他。

辞职后，他开了一间小书店，但不到半年便因城市改造房屋拆迁而不得不关门大吉。后来，他又与人合办了一家小印刷厂，也仅仅维持了一年多，因合伙人背信弃义而倒闭。两次经商，都没成功，而且还债台高筑，这时他的父母和朋友们又来劝他说："你一个残疾人，就别胡折腾了，多少好手好脚的人都碰得头破血流呢，何况你！"父亲劝他趁自己还在领导岗位上，让他还是老老实实回邮局上班算了。但他还是没有回头，而是又选择了开饭店。这次他吸取了前两次的教训，一年下来，小饭店竟赢利两万多元，于是他又开了两家连锁店。

10年之后，他的连锁饭店不但在他居住的城市生根开花，而且还不断在周边的大小城市一间间开张。他自然也就成了事业成功的老板，且娶了漂亮能干的姑娘。当有人问他成功的经验时，他说了很多，但他说最重要的，就是千万不要同情自己。别人同情你不要紧，若自己同情自己，就会成为懦夫，而没有勇气去奋斗，一辈子只能在别人的同情中生活。

生活有时候会显出它不公平的一面，使我们经历磨难，屡遇挫折。可是当我们想想这世间的美好，就会发现生活本来就是让人热爱的。那些磨难与挫折，不过是生活中一点或酸或辣的调味品而已。因此我们应该看远一点，所有困难都是暂时的，如果把目光集中在这个地方，生活就会变得一团糟。把自己的眼光放得更远一点，更高一点，做一个生活的强者。

生活中总会有挫折，有失败，有艰难，有险阻，有不顺心，有不如意。很多人把大把的时间放在了懦弱的抱怨上。换个角度想，无论是快乐还是

痛苦，其实都是生活的一部分，虽然我们无法选择，但至少可以学着微笑着去接受。身处泥泞，遥看满山花开，未尝不是人生的一大境界。

从前，有一位年轻人，总是埋怨自己时运不济，发不了财，于是终日愁眉不展。这一天，走过来一个须发皆白的老人，问："年轻人，你为什么不快乐？"年轻人沮丧地说："我不明白，为什么我总是这么穷。""穷？你很富有嘛！"老人由衷地说。"这从何说起？"年轻人问。老人反问道："假如现在斩掉你一个手指头，给你 1 千元，你干不干？""不干。"年轻人回答。"假如斩掉你一只手，给你 1 万元，你干不干？"老人再问。"不干。""假如使你双眼都瞎掉，给你 10 万元，你干不干？""不干。""假如让你马上变成 80 岁的老人，给你 100 万，你干不干？""不干。""假如让你马上死掉，给你 1000 万，你干不干？""不干。""这就对了，你已经拥有超过 1000 万的财富，为什么还哀叹自己贫穷呢？"老人笑盈盈地问道。青年愕然无言，突然间什么都明白了。

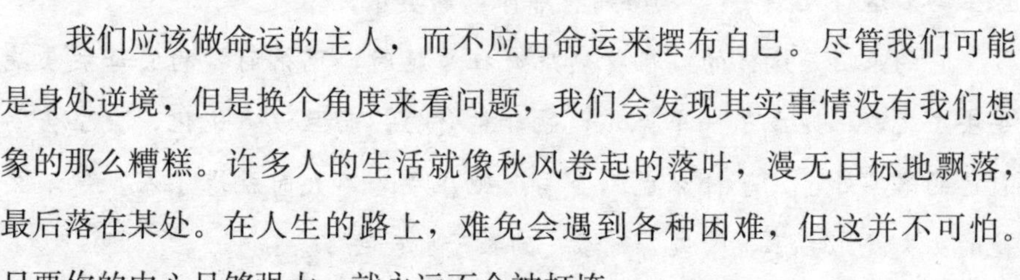

我们应该做命运的主人，而不应由命运来摆布自己。尽管我们可能是身处逆境，但是换个角度来看问题，我们会发现其实事情没有我们想象的那么糟糕。许多人的生活就像秋风卷起的落叶，漫无目标地飘落，最后落在某处。在人生的路上，难免会遇到各种困难，但这并不可怕。只要你的内心足够强大，就永远不会被打垮。

忍耐那些不如意

大师语录

我恭劝大家，学佛修道要严于律己，恕以责人，对自己要求严格。其实道德是要恕以责人，别人有错要包容，尽量宽恕别人，原谅别人。

首先我们来了解佛学忍辱的意思，看到一个"辱"字，我们会想到

受人侮辱叫做辱，譬如别人骂你啦，打你啦，各种不如意的刺激，算是辱，这是从文字上的了解。在佛法上讲，一切不如意就是辱，受一切痛苦就是辱。

点亮智慧

人生不如意事常有八九。可想而知，每个人每天要碰上很多不如意的事。遇到那些不如意的事该怎么办呢？有的人会去找那个给自己造成麻烦的人，有的人则会以牙还牙，还有的人则会选择忍耐，或者说是克制自己的情绪。

克制或者忍耐别人并不是一种无能的表现，恰恰相反，在遇到不如意事的时候，克制一下能够让人更加沉稳和理智，有时候甚至会散发出巨大的精神魅力来。

在美国新奥尔良的中心广场上，伫立着一座美丽的大理石雕像，雕像上写着这样几个字：“玛格丽特雕像，新奥尔良。”

它的来历是这样的：在黄热病疯狂蔓延时，玛格丽特的父母被疾病夺去了生命，她成了一个孤儿。她非常贫穷，而且没有文化，除了会写自己的名字外，几乎什么也不会写。她在年龄不大时就嫁了人，但不久她的丈夫就死去了，紧接着她唯一的孩子也死去了。

后来，她去了女子孤儿收容所，在那里，她每天从早到晚地忙碌不停，将整个生命都投入到了照料这些孤儿的工作中。玛格丽特非常努力地工作着，她已经把这些孤儿当成了自己的亲生孩子，她将节省下来的每一分钱都用来帮助这些孤儿。

她的努力后来得到了回报——她离开人世后，为表达对一个无私的、美丽的人的感激之情，这座城市就为这位孤儿的朋友和保护者建造了一座美丽的纪念雕像。

查尔斯·金斯利说：“让每个人都全身心地投入到应该做的事情中去，而不是别的。不久，他的脑门就将印上某种标记，那也有可能是一种殉道者的印记，以显示他所有勇敢坚毅的品质，也将显示其难能可贵的自我克制，显示其伟大的理想或无尽的悲痛。”玛格丽特的人生遭遇是如此地不幸，其实她完全有理由消沉度日，但是她却能坚强地站起来，以让人肃然起敬的毅力克制着由于苦难和不幸带来的情绪冲击。她完全做到了，她无怨无悔地奉献了她的一生。她克制住了自己的不如意，得到了一个全新的人生。

克制也是一种生存的智慧。俗语说“忍一忍，百气消”、“和气能生财”，正是此理。当面对别人的误解、谣言甚至是恶意的中伤时，不善于克制，会使误会加深，造成人际关系紧张，举步维艰。学会克制则能避免冤冤相报，能使大事化小，小事化无。克制使阴谋破灭，使误解冰消雪融。如果暴跳如雷，那就正中他人下怀。不仅解决不了问题，还会有“此地无银三百两”之嫌，至少也会背上个“没有修养、缺乏风度”的恶名。

我们容忍别人，其实是给别人方便，也是给我们自己方便。在狭窄的道路上通行，我们互相谦让一下，让别人先过，我们也就可以在最快的时间里通过了。

一天，父亲让儿子上街去购买酒菜，准备宴请从远方到访的客人，没想到儿子出门许久都没回来，父亲等得不耐烦了，于是自己就上街去看个究竟。

父亲快到街上的便桥时，发现儿子在桥头和另一个人正面对面地僵持着站在那儿，父亲就上前询问：“你怎么买了酒菜不马上回家呢？”儿子回答说：“老爸你来得正好，我从桥这边过去，这个人坚持不让我过去，我现在也不让他过来，所以我们两个人就对上了。看看究竟谁让谁！”

父亲听了儿子的一席话，上前声援道：“孩子，好样的，你先把酒菜拿回去给客人享用，这儿让爸爸来跟他对一对，看看究竟谁让谁！”

在社会上，无论做事也好，说话也好，好多人不愿给别人一点空间。不肯给别人一点余地，就像这对父子一样，往往只为了“争一口气”，非要大费周章，坚持己见，互不让步，本来没有什么大不了的琐事，结果

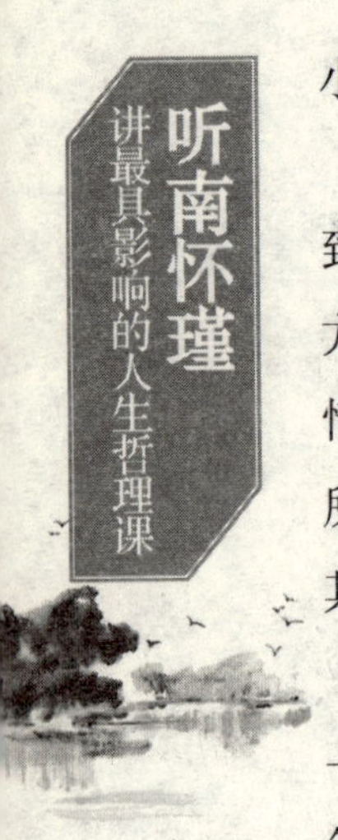

小事变大事，甚至搞得两败俱伤，这是何苦呢？

人在世间若是不能忍受一点闲气，不肯让人一步，给人方便，往往到最后吃亏的是自己，还会使自己到处碰壁，到处遭逢阻碍。不肯给人方便的人，结果就是自己也到处得不到方便。如果一个人平常为人在事情上留有余地，在语言上让人一句，肯让人一步，也许收获就能更大。所以，我们提倡“独木桥上，让对面的人先过”，自己方便，与人方便，其实这是在给自己的未来让路。

忍耐并不是完全讲侮辱。南怀瑾先生说：“忍辱”就是忍耐人生中的一切不如意。人生中的不如意有很多，比如烦杂、痛苦、挫折、委屈等等。

南怀瑾年轻时，拜禅宗大师袁焕仙先生为师，学习佛学禅学。

他学打坐之初，有点熬不住，因为盘着腿很是难受。袁先生就告诉他：“忍耐一点。多熬一下，多受一分罪，多消一分业力。”既然可以消业，他便熬下去了。下坐以后，再盘腿就吃不消了，可是他好胜，怕难为情，就硬熬。

后来为了“降服”这两条腿，他把自己关在藏经阁楼上练打坐。这是练腿，更是炼心。他心里求菩萨帮忙，盘起腿来硬熬，这样大概熬了五六天，可谓痛苦难耐。不过，他还是不服输，心想：连一双腿都降服不了，还能降服心？于是忍耐住腿痛，仍然坚持练习打坐。几天之后，两条腿贴得平平的，这回腿软了下来，舒服多了。

还有一个“唾面自干”的典故也讲了忍耐的道理。

唐朝人娄师德性格稳重，很有度量。他弟弟当上代州刺史，临行向他告别，并征询他的建议。娄师德对弟弟说：“我现在辅助丞相，你现在又承皇上厚爱，得以任州官，我们真是受皇上的宠幸太多了。而这正是别人所嫉恨的，你如何对待这些妒忌以求自免家祸呢？”弟弟说：“自今以后，若有人朝我脸上吐唾沫，我自己擦去唾沫，决不叫你为我担忧。”娄师德说：“这正是我所担忧的地方。别人向你吐唾沫，是对你恼怒，如果你将唾沫擦去，那岂不是违反了吐唾沫人的意愿吗？别人会因此而增加他的愤怒。不要擦去唾沫，让它自己干了，应当笑着去接受它。”

生活中总有诸多的失意、落寞，看不惯的人和事实在太多太多，遭人误解，被人诽谤，甚至被别人小耍一两回也是常有之事，因此，那种动不动就骂人，或以拳相向，或以牙还牙，或自暴自弃的冲动，实在不是明智之举。做人就应当学会心存坦然、宽容，意寄旷达、宁静，情系深沉、真挚。这是做人的一种境界。

人要经得起各种烦扰才能有所成就。比如，作为艺术家，如果作品做坏了，得从头再来，这样才会做出完美的作品；作为商人，如果做生意失败了，更应该卷土重来，这样才能有机会东山再起；作为老师，指导不同的学生相同的问题，一直重复，必须得耐得住性子，才能成就学生的学业，同时也不会丢了自己师长的本分……经不起各种烦琐，经不起外境的干扰，只知道整日深陷在各种烦恼中，那么就永远也无法逃脱困境。

忍耐还要能忍得住性子。性格急躁的人往往因为自己言行粗暴而得罪人，实在是性格上的大缺陷，会给自己的前途发展造成种种障碍。所以脾气大的人，应该努力培养平和冷静的心态，从根本上改掉急躁的毛病，这是标本兼治的最好方法。但是如果短时间内做不到，可以选择适当的发泄方式，比如将火气发泄在不会给自己带来危害的东西上，这样就不会与别人发生冲突，避免遭人怨恨。

人要能受得了委屈。李白诗云：“人生在世不如意”，面对种种不如意的事，人们常常觉得心里受尽了委屈，常常一个劲地生闷气。可是，生气并不能解决问题。生气不但不能成事，反而常常坏事。所以，当你生气的时候，首先要忍之于口，不要轻易骂人；然后再忍之于面，不要表现出愤怒的样子；最后再忍之于心，心不气了，也就没有事了。

人要耐得住挫折。当你遭受挫折，或被人打击、批评、陷害时，也要学会忍耐。“忍字头上一把刀”，可见“忍”所需要的功夫极深。一个人，如果没有忍耐的功夫，一点小挫折、一点小折磨都受不了，那么无论做什么事，他都不能达到目标。

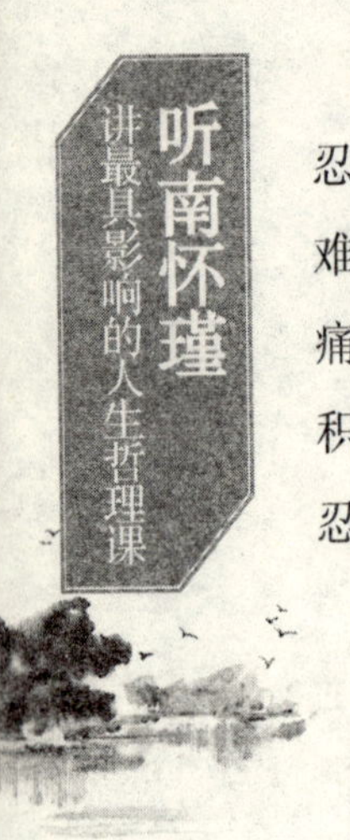

忍耐是人生的一堂必修课。无论何时，无论何地，我们都会遭遇它。忍耐的过程是漫长的，忍耐的感受是痛苦的，所以忍耐本身也是一件艰难的事情。不善忍耐者，遇到不顺时，就会拍案而起，拂袖而去，虽然痛快，却失去了机会。善于忍耐者，将挫折视为宝贵的经验，韬光养晦，积蓄能量，卧薪尝胆，等待时机成熟再成就正果。所以要想成功，就要忍耐那些不如意。

打磨顽石出美玉

大师语录

“如切如磋，如琢如磨”这八个字是引用古诗里的原句。这诗是讲做玉石的方法，如花莲的玉石，最初是桌面大的一块石头，买来以后，先将它剖开，里面也许能有几百个戒指面，也许只有十个八个也说不定。做玉器的第一步，用锯子弄开石头叫剖，也就是切；找到了玉，又用锉子把石头的部分锉去，就是第二步手术叫磋；玉磋出来了以后，再慢慢地把它雕琢，琢成戒指形、鸡心形、手镯形等一定的形式、器物，就是琢；然后又加上磨光，使这玉发出美丽夺目的光彩来，就是磨。切、磋、琢、磨，就就是譬喻教育。一个人天生下来，要接受教育，要慢慢从人生的经验中，体会出来，学问进一步，功夫就越细，越到了后来，学问就越难。

点亮智慧

《诗经》里说的：“如切如磋，如琢如磨。”南怀瑾先生解释，切、磋、琢、磨，是做玉石的方法。人做学问要像玉一样切磋琢磨，人生更得像雕刻一样，用后天的努力雕琢自已。

做人也是这样，一个成功的人必然也是要经过打磨的。这里说的打磨并不仅仅是指身体上的，也是指心理上的。玉石不经打磨成不了美玉，而人不经过一些困难、挫折的打磨也成不了才。看看那些成功的案例你就可以看出，每个成功的人都是被雕琢过的。经历的打磨越多，获得的成就也就越大。

无论是什么样的人都需要经历磨难，都需要打磨才能取得成就。即便是从小天资聪明的人，也需要磨炼，要不然长大之后也只能是一个庸才而已。

《伤仲永》一文中，仲永五岁时，便能指物作诗，被邻里乡亲视为神童。不断受到邀请，甚至还有人花钱请他题诗。他的父亲看到有利可图，每天拉着他四处拜访同县的人，不让他学习。这样年复一年，最后仲永的才能完全消失，成为一个普通人。

像仲永这样即便是天生聪明、才智过人的人，没有后天的努力，到最后也会成为平凡人；而原本平凡甚至愚笨的人，只要能不断磨砺自己、刻苦努力追求进步，最后也能成为让别人羡慕的了不起的人才。

一个天资聪颖的小男孩，从小到大一直很出色，后来以高分考上了一所名校，他对自己的前途充满了信心。在别人看来，这个孩子也一定能成就一番大事。大学毕业后，他被分到一家不太景气的企业，待遇不好，他上了两年班就辞职创业，开了一家商店，但是由于经验不足，又加上资金周转的问题，经营一直不顺，最后他放弃了经商。

虽然他经商不顺，但随后上帝还是眷顾了他，一家知名企业招聘管理人员时，由于他有活跃的思维、丰富的经历、朋友的引荐，他在众多应聘者当中脱颖而出。企业工作清闲，待遇很好，收入高，也没有什么压力，在这样轻松的工作环境中，他感到十分惬意。他每日都心安理得地过着轻松自在的生活，工作上日复一日没有什么创新。一年以后，以前的同学见到他，都说他有些变了。

光阴似箭，十年过去，当同学再聚会时，大家见到了他，都很吃惊。他和以前相比简直就像换了一个人，不仅没有精神，而且说话办事死气沉沉，慢慢吞吞，过去那种充满活力、朝气蓬勃的精气神消失殆尽。过

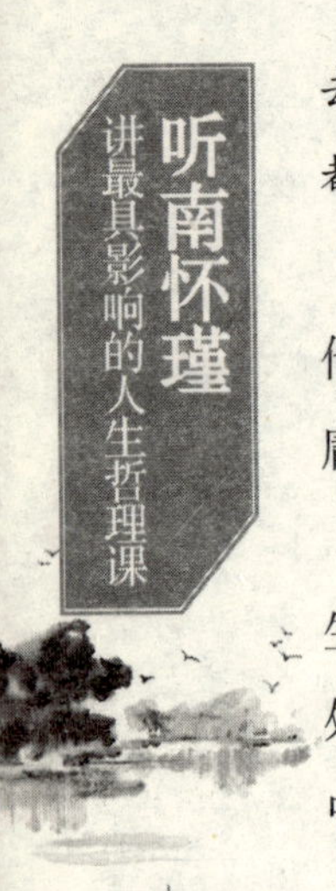

去了这么多年，他还是一个普通的职员，而他不少同学经过艰苦的打拼都取得了不小的成就。

一个没有经历人生磨炼的人，他的人生走起来可能四平八稳，但是他没有了上进的心，会错失生活中很多的精彩。这样的人，注定只会平庸。在安逸的环境里失去自我，最终一事无成，使自己的人生暗淡无光。

生活里充满智慧与学问，只有用心去领悟，才能体验到自在的真谛。生活，它就像一本大书，只有用心去读，才能品味到生活中处处有学问，处处有真理。只有感悟了生活中的真理，眼光才能看得更远，深知生活中的诀窍，才能活得自在、洒脱、游刃有余。

做人如同打磨玉石一样，无论表面怎样，经过琢磨，都会呈现美丽的纹理。人生是要经过磨炼的，不经过反复磨炼，就会使自己永远停留在原始的状态。无论在怎样的环境里都要精心琢磨，否则就不可能改变自己的人生，创造自己的价值。从生活中历练，正如同在雕砚时磨砺，外表敦厚、内心耿介的君子，经过心志与机体的劳苦之后，方能承担大任。修炼与磨砺都是正身的过程，戒与慎则是正身的方法。“一苦一乐相磨炼，炼极而成福者，其福始久；一疑一信相参勘，勘极而成知者，其知始真。”